中国高等学校计算机科学与技术专业（应用型）规划教材

计算机组成原理
（第3版）

谢树煜　编著

清华大学出版社
北　京

内 容 简 介

本书主要介绍了计算机的基本组成和工作原理。全书共分 10 章，分别介绍计算机的基本特性、布尔代数与逻辑电路、数据表示、运算方法和运算器、指令系统、存储系统、控制器、外围设备、输入输出系统和计算机发展展望。

本书整体结构清晰，内容充实，概念清楚，重点突出，深入浅出。为了方便学生理解掌握所学知识，本书还列举了丰富的实例加以说明。本书在写作过程中注重内容的先进性、实用性，特别强调基础知识、基本原理和基本技能。本书可作为应用型院校计算机、软件工程及其相关专业的计算机原理课程教材，也可供工程技术人员学习计算机知识时参考。

本书封面贴有清华大学出版社防伪标签，无标签者不得销售。
版权所有，侵权必究。举报: 010-62782989, beiqinquan@tup.tsinghua.edu.cn。

图书在版编目(CIP)数据

计算机组成原理/谢树煜编著. —3 版. —北京：清华大学出版社，2017(2024.3重印)
(中国高等学校计算机科学与技术专业(应用型)规划教材)
ISBN 978-7-302-47073-1

Ⅰ. ①计⋯ Ⅱ. ①谢⋯ Ⅲ. ①计算机组成原理—高等学校—教材 Ⅳ. ①TP301

中国版本图书馆 CIP 数据核字(2017)第 096280 号

责任编辑：谢 琛
封面设计：常雪影
责任校对：白 蕾
责任印制：刘海龙

出版发行：清华大学出版社
    网 址：https://www.tup.com.cn, https://www.wqxuetang.com
    地 址：北京清华大学学研大厦 A 座 邮 编：100084
    社 总 机：010-83470000 邮 购：010-62786544
    投稿与读者服务：010-62776969, c-service@tup.tsinghua.edu.cn
    质 量 反 馈：010-62772015, zhiliang@tup.tsinghua.edu.cn
    课 件 下 载：https://www.tup.com.cn, 010-83470236
印 装 者：三河市龙大印装有限公司
经 销：全国新华书店
开 本：185mm×260mm 印 张：20.5 字 数：476 千字
版 次：2003 年 9 月第 1 版 2017 年 7 月第 3 版 印 次：2024 年 3 月第 5 次印刷
定 价：59.00 元

产品编号：074214-03

前　言

　　计算机科学技术的发展日新月异,其内涵也发生着重要转变。计算机影响人类的生产方式、认知方式和社会生活方式。它不仅是与数学、物理、化学、天文、地理、生物平行的一门学科,而且是一门推动各学科进一步向前发展的学科。"计算学科"作为新的基础技术学科,从狭义工具论向"计算思维(Computation Thinking)"转变,它强调一切皆可计算。从物理世界到社会模拟、人类各种智能活动,都可以被认为是计算的某种形式的体现。运用计算机科学的基本概念和平台,通过建立物理模型,在计算机上模拟、分析、求解、处理,进行各种科学研究活动。

　　作为计算机科学的载体和硬件基础,计算机组织、计算机组成原理这类课程是不可逾越的。想得心应手地应用它,就要认识、了解它的思维方法,这可能会对你有启发。对于一些工科院校、文科院校、理科院校的学生来说,学习一些计算机课程是有意义的。计算机课程不要求太多,关键课程不缺即可。选择一本合适的教材,对学习来说很重要。内容太多的教材可能重点不够突出,课时安排不下;太浅的教材有些内容学不到,也不是最好的选择。

　　作为教材,首先要把课程中最重要的内容,如基本概念、基本方法、基本原理讲清楚。越是基本的内容越是具有普遍意义,是可以举一反三的。其次,内容要跟上技术发展的步伐,要努力缩小教材与产品的差距。第三,内容要有一定深度,面向应用型教育的计算机教材也是大学教材,与中专教材不同,不是越简单越好。第四,教材要有系统性,要按照事物发展规律由浅入深、由近及远地叙述。第五,教材内容要联系实际,计算机组成原理是一门计算机硬件基础课程,讲述计算机主要部件的具体组成和工作原理,只有通过典型事例才容易说明问题。本教材就是基于以上思想编写的。

　　作者1959年从清华大学计算机专业毕业留校后,长期从事计算机专业的教学和科研工作,先后主讲计算机原理、计算机组织与结构、并行和分布处理系统等课程,积累了一定的教学经验。2002年,作者有机会参与高等职业教育的教学工作,深感编写一本好教材的迫切,在清华大学出版社的大力支持下,2003年编写出版了《计算机组成原理》一书。这是一本面向普通高等教育,包括高等职业教育和成人教育的计算机原理教材,也是一本引导广大计算机爱好者步入计算机应用领域的计算机基础教材。为了培养学生的动手能力,加强实践教学环节,清华大学计算机系计算机组成原理实验室的老师们专门为本课程研制了EC-2003教学实验系统。2004年10月出版了该书的配套实验指导书——《计算机组成原理实验指导》。2005年4月又出版了《计算机组成原理例题分析与习题解答》。

三本教材密切配合,提供了一种教学理论联系实际,训练动手能力,掌握分析方法的良好学习环境,受到读者欢迎。该套教材于2006年被评为"北京高等教育精品教材"。

本教材的第1版主要是面向高职高专院校编写的,由于教材内容充实、重点突出、联系实际,很多应用型本科院校也希望选用,因此,第2版改版采纳了一些应用型本科院校的意见,结合计算机发展的新进展,对第1版内容进行了补充修改,对于不同类型、不同层次、不同要求的学校,书中提供一些可以选学的内容(目录中带＊号的章节)。本书第2版被教育部评定为"普通高等教育'十一五'国家级规划教材"。

本书在使用中得到大家厚爱,收到一些建议。如软件工程专业老师反映,本课程是该专业唯一一门与硬件相关的专业知识课程,重点让学生了解一个完整的计算机硬件系统结构、计算机的构成部件、各部件的作用和工作原理,以及一个程序在计算机中的运行过程,同时介绍一些新型计算机结构。由于没有开设独立的"数字电路"课程,建议教材适当补充布尔代数和门电路的相关基础知识。为了满足有关专业需求,本书第3版增加"布尔代数与逻辑电路"一章。并在指令系统汇编语言一节后增加汇编语言程序设计与上机调试等有关内容。对其他章节也做了部分补充,希望能有积极的意义。为了方便教学,重庆工程学院的老师们专为本书编制了课件,特此表示感谢。

本教材以面向应用型人才培养为特色,适合应用型本科和高职高专院校教学需要。由于计算机组成原理课程对学习计算机专业知识具有承上启下、承前启后的作用,本教材也可作为从事计算机应用开发人员的自学用书或培训教材。书中难免存在不足和疏漏之处,敬请指正。

谢树煜

2017年3月于清华园

目 录

第 1 章 绪论 ··· 1

    1.1 计算机的基本特性　1
        1.1.1 二进制数据　2
        1.1.2 存储程序　2
        1.1.3 逻辑运算　2
        1.1.4 高速电子开关电路　2
        1.1.5 数字编码技术　2
    1.2 计算机的基本组成　3
        1.2.1 基本组成原理　3
        1.2.2 CPU、主机与输入输出设备　5
        1.2.3 存储器　6
        1.2.4 总线　6
    1.3 计算机系统　7
        1.3.1 计算机系统组成　7
        1.3.2 计算机层次结构　8
    1.4 计算机分类　8
    1.5 计算机发展简史　10
    1.6 微处理器发展的启示　11
    1.7 计算机的应用　13
        1.7.1 科学计算、工程设计　13
        1.7.2 数据处理　13
        1.7.3 实时控制　13
        1.7.4 辅助设计　14
        1.7.5 人工智能　14
    习题　14

第 2 章 布尔代数与逻辑电路 ··· 15

    2.1 布尔代数基本逻辑运算　15
        2.1.1 "与"逻辑　15

  2.1.2 "或"逻辑　16
  2.1.3 "非"逻辑　16
 2.2 布尔代数的基本公式　16
  2.2.1 基本公式　16
  2.2.2 三个重要规则　17
 2.3 逻辑函数及其表示方法　18
  2.3.1 逻辑函数　18
  2.3.2 逻辑函数表示法　18
  2.3.3 逻辑函数化简　19
 2.4 基本逻辑电路　20
  2.4.1 门电路　21
  2.4.2 触发器　22
 2.5 基本逻辑部件　24
  2.5.1 寄存器　24
  2.5.2 计数器　25
  2.5.3 译码器　26
  2.5.4 多路数据选择器　27
 习题　28

第3章 数据表示 ······ 30

 3.1 计数制　30
  3.1.1 十进制计数制　30
  3.1.2 二进制计数制　31
  *3.1.3 R进制计数制　31
  *3.1.4 在计算机中为什么采用二进制数　32
 3.2 不同数制间数据的转换　33
  3.2.1 十进制整数转换为二进制整数　33
  3.2.2 十进制小数转换为二进制小数　34
  3.2.3 二进制数转换为十进制数　35
  *3.2.4 任意两种进制数间的转换　35
 3.3 十进制数据编码　36
  3.3.1 有权码方案　37
  *3.3.2 无权码方案　38
 3.4 字符编码　39
  3.4.1 ASCII字符编码　39
  3.4.2 EBCDIC码　40
  3.4.3 字符串　40
 3.5 汉字编码　41
  3.5.1 汉字输入码　41

3.5.2　国标码与内码　42
3.5.3　汉字输出码　44

3.6　机器数及其编码　45
3.6.1　定点小数编码　46
3.6.2　定点整数编码　49
3.6.3　浮点数编码　51

3.7　数据校验码　53
3.7.1　奇偶校验码　54
*3.7.2　海明校验码　55
*3.7.3　循环冗余校验码　57

习题　60

第4章　运算方法与运算器　62

4.1　定点加减法运算　62
4.1.1　补码加减法运算　63
4.1.2　溢出的产生及判别　64
4.1.3　全加器与加法装置　65

4.2　定点乘法运算　70
4.2.1　一位原码乘法　70
*4.2.2　两位原码乘法　72

4.3　定点除法运算　75
4.3.1　原码恢复余数除法　75
4.3.2　加减交替法除法　78

4.4　逻辑运算　80
4.4.1　逻辑乘法　81
4.4.2　逻辑加法　81
4.4.3　求反操作　81
4.4.4　异或运算　82

4.5　位片结构定点运算器　82
4.5.1　位片运算器电路 Am 2901　83
*4.5.2　先行进位电路 Am 2902　86
*4.5.3　多片 Am 2901 组成的位片结构运算器　87

4.6　浮点加减法运算　89
4.6.1　运算规则及算法　89
4.6.2　浮点加减法运算流程　91
4.6.3　浮点加减法装置及流水线结构运算器　93

4.7　浮点乘除法运算　94
4.7.1　浮点乘法　94
*4.7.2　浮点除法　96

V

习题　98

第5章　指令系统 …………………………………………………………………………… 100

　5.1　指令格式　100
　　　5.1.1　指令字　101
　　　5.1.2　指令操作码及其扩展技术　103
　　　5.1.3　地址码与数据字长　104
　5.2　寻址方式　105
　　　5.2.1　存储器寻址方式　105
　　　5.2.2　寄存器寻址方式　108
　　　5.2.3　立即数寻址方式　110
　　　5.2.4　堆栈寻址方式　110
　5.3　指令类型　112
　　　5.3.1　按操作数据类型分类　112
　　　5.3.2　按指令功能分类　113
　5.4　小型机指令系统举例　114
　　　5.4.1　PDP-11 计算机简介　114
　　　5.4.2　单操作数指令　114
　　　5.4.3　双操作数指令　117
　*5.5　大型机指令系统举例　118
　　　5.5.1　IBM 360/370 计算机简介　118
　　　5.5.2　指令格式　119
　　　5.5.3　指令举例　121
　5.6　微型机指令系统举例　122
　　　5.6.1　IBM PC 计算机及 Pentium Ⅳ 处理器简介　122
　　　5.6.2　Intel 8086 指令格式　123
　　　5.6.3　Intel 8086 指令的寻址方式　125
　　　5.6.4　8086 指令系统　127
　5.7　机器语言与汇编语言　128
　　　5.7.1　Intel 8086 汇编标记与运算符　128
　　　5.7.2　汇编语句　129
　*5.8　汇编语言程序设计和上机调试　130
　　　5.8.1　一般程序的设计步骤　130
　　　5.8.2　汇编语言程序的调试与运行　131
　5.9　精简指令系统计算机　132
　　　5.9.1　MIPS 指令格式　133
　　　5.9.2　MIPS 指令分类　134
　习题　136

第6章 存储系统 …… 138

6.1 存储器的基本特性 138
6.1.1 主存储器的特性 138
6.1.2 辅助存储器的特性 139
6.1.3 主存储器的主要技术指标 139

6.2 半导体存储器的基本记忆单元 140
6.2.1 随机存储器的记忆单元 140
6.2.2 只读存储器的记忆单元 142
6.2.3 闪速存储器 144

6.3 主存储器的组成和工作原理 144
6.3.1 主存储器概述 144
6.3.2 RAM集成电路 145
6.3.3 半导体存储器的组成 147
6.3.4 存储器控制 149
*6.3.5 存储器读写时序 151

6.4 高速存储器 152
*6.4.1 新型RAM芯片技术 153
6.4.2 并行存储结构 154
6.4.3 高速缓冲存储器及分级存储体系 155

6.5 高速缓冲存储器 156
6.5.1 高速缓冲存储器工作原理 156
*6.5.2 高速缓冲存储器组织 157

6.6 虚拟存储器 161
6.6.1 基本原理 161
6.6.2 页式虚拟存储器 162
*6.6.3 段式虚拟存储器 163
*6.6.4 段页式虚拟存储器 165

6.7 存储保护 165
6.7.1 存储区保护 165
6.7.2 访问方式保护 167

习题 167

第7章 控制器 …… 169

7.1 指令执行过程 169
7.2 控制器的功能和组成 170
7.2.1 控制器的功能 170
7.2.2 控制器的基本组成 171
7.3 处理器总线及数据通路 176

　　　　7.3.1　ALU 为中心的数据通路　177
　　　　7.3.2　单内总线 CPU 结构　177
　7.4　组合逻辑控制器　179
　　　　7.4.1　组合逻辑控制器的特征　179
　　　　7.4.2　组合逻辑控制器设计原理　179
　　　　7.4.3　可编程序逻辑阵列控制器　183
　7.5　微程序控制器　184
　　　　7.5.1　微程序设计的基本原理　184
　　　　7.5.2　微指令方案　187
　　　　7.5.3　微程序设计的基本问题　189
　7.6　微程序的顺序控制　191
　　　　7.6.1　后继微地址的增量方式　191
　　　　7.6.2　后继微地址的断定方式　192
　　　　7.6.3　顺序控制部件 Am 2910　193
　7.7　微程序设计举例　197
　　　　7.7.1　指令流程图　197
　　　　7.7.2　微程序控制器逻辑图　197
　　　　7.7.3　微程序编码　198
　7.8　指令流水线结构　199
　习题　201

第 8 章　外围设备 …………………………………………………………… 203

　8.1　外围设备的种类和特性　203
　　　　8.1.1　外围设备的分类　203
　　　　8.1.2　外围设备工作的特性　204
　8.2　常用输入设备　205
　　　　8.2.1　键盘　206
　　　　8.2.2　鼠标　207
　　　　8.2.3　扫描仪　208
　8.3　显示设备　209
　　　　8.3.1　显示设备的分类和基本概念　209
　　　　8.3.2　字符显示器　211
　8.4　打印装置　214
　　　　8.4.1　点阵式打印机　214
　　　　8.4.2　激光打印机　215
　　　　8.4.3　喷墨打印机　216
　　　　8.4.4　汉字的显示与打印　217
　8.5　磁表面外存储器　218
　　　　8.5.1　存储原理和记录方式　218

8.5.2 磁盘存储器 223
*8.5.3 软磁盘存储器 228
*8.5.4 磁带存储器 233
*8.5.5 磁盘阵列 236
8.6 光盘存储器 237
8.7 固态盘 239
8.7.1 固态盘的分类及特点 239
*8.7.2 基本结构 240
*8.8 通信设备 240
8.8.1 调制解调器 240
8.8.2 模/数与数/模转换装置 241
习题 243

第9章 输入输出系统与控制 245

9.1 系统总线 245
9.1.1 系统总线结构 245
9.1.2 总线控制方式 247
9.1.3 总线通信方式 249
9.2 微机总线 250
9.2.1 S-100 总线 251
9.2.2 STD 总线 251
9.2.3 IBM PC 总线 251
9.2.4 ISA 总线 251
9.2.5 EISA 总线 252
9.2.6 RS-232C 总线 253
9.2.7 IEEE-488 总线 254
9.2.8 IDE 磁盘接口 255
*9.2.9 SCSI 总线 255
9.2.10 PCI 总线 257
*9.2.11 串行总线 USB 258
9.3 基本 I/O 接口组成和工作原理 261
9.3.1 设备选择电路 261
9.3.2 数据缓冲寄存器 262
9.3.3 设备工作状态 262
9.3.4 传输中断的请求与屏蔽 263
9.4 输入输出控制方式 264
9.4.1 程序查询方式 264
9.4.2 程序中断方式 265
9.4.3 直接存储器访问方式 266

9.4.4 输入输出处理机方式　267

9.5 中断系统　269
　9.5.1 为什么要设置中断　269
　9.5.2 CPU 响应中断的条件　271
　9.5.3 中断周期　272
　9.5.4 优先排队器及编码电路　273
　9.5.5 中断处理过程　276
　9.5.6 中断级及中断嵌套　277

9.6 DMA 控制方式　279
　9.6.1 DMA 基本概念　279
　9.6.2 DMA 的工作方式　280
　9.6.3 DMA 控制器的组成　280
　9.6.4 DMA 数据传送过程　281
　*9.6.5 通用 DMA 接口 Intel 8257　282

9.7 通用并行接口　286
　9.7.1 分类　286
　9.7.2 基本的并行接口电路　287
　*9.7.3 可编程序并行接口　288

9.8 串行通信与通用串行接口　293
　9.8.1 串行通信方式　294
　*9.8.2 可编程序串行接口　294

习题　300

第 10 章 计算机发展展望 ……302

10.1 计算机发展史上的重大事件　302
10.2 中国计算机事业发展中重大事件　306
*10.3 并行处理技术进展　308
　10.3.1 超标量处理机　308
　10.3.2 超流水线处理机　309
　10.3.3 大规模并行处理系统 MPP　311
*10.4 智能计算机进展　311
　10.4.1 数据流计算机　312
　10.4.2 数据库机与知识库机　313
10.5 分布式计算机系统与机群系统　313
　10.5.1 分布式计算机系统　313
　10.5.2 计算机支持的协同工作　314
　10.5.3 机群系统(Cluster)　314
10.6 计算机网络　315
10.7 多媒体计算机　315

参考文献 ……316

第1章 绪 论

计算机是一种现代化信息处理工具,是20世纪最新科学技术的成就,是新的生产力的代表。当今世界正在经历一场新的技术革命,人类社会正在步入信息社会,这场变革的动力和核心是计算技术及其应用。一个国家计算技术的发展水平及其应用的深度和广度,已经成为衡量这个国家现代化水平的重要标志。

众所周知,任何机器和工具都是人类器官功能的延伸。例如:一切交通工具都是人腿功能的延伸;工具、机床是人手功能的延伸;望远镜、显微镜、电视、雷达是眼睛功能的延伸;而电话、无线电和卫星通信是耳朵功能的延伸;计算机则是人类思维器官——大脑功能的延伸。大脑是指挥人体各器官运作的中枢,因此计算机的创造和开创性应用比历来一切发明都具有更加深刻和广泛的意义。

自从世界上第一台电子计算机诞生以来,计算技术获得了飞速地发展,经历了一代、二代、三代、四代发展的过程,目前正在酝酿新的突破。70多年来,计算机的运算速度、存储容量、使用功能取得了巨大的进步,而且应用领域已遍及科学研究、军事防御、工业、农业、天文气象、商务营销、金融财会、交通运输、宇航通信、电子政务、文化教育、旅游餐饮、家庭娱乐等人类活动的一切领域,对人类活动的各个方面发挥着巨大的推动作用。特别是计算机网络的出现,大大地缩短了人与人之间的距离,世界各国人民,虽远在千里却如同近在咫尺,如同生活在一个地球村里。电子商务的发展,使各国厂商用户,可以不分地点、不分时间,一年365天,一天24小时都可以谈判交往,极大地提高了工作效率,改变了人们的生活方式。

计算机如此神通广大,具有如此魅力,原因何在?与人类祖先几千年来沿用的计算工具有什么本质区别?计算机是如何工作的?包括哪些部件?相互之间有什么关系?这些问题都将在本书中得到说明和解答。

1.1 计算机的基本特性

作为现代计算工具的电子计算机与过去使用的计算工具相比,主要区别表现在五个方面:①计算的对象是采用二进制表示的数据;②表示计算过程的计算程序像数据一样存储在存储器中;③计算机不但可以进行算术运算,还可以进行逻辑运算;④运算的速度很快,采用高速电子开关电路组成基本的功能部件;⑤采用数字化编码技术,使计算可以处理各种非数值数据,如文字、声音、图像等,各种信息的数字化编码技术是计算机在各种领域中广泛使用的桥梁。

1.1.1 二进制数据

电子计算机处理的对象是二进制数据,二进制数据只有两个符号:"0"和"1"。这种表示方法在物理上容易实现,运算规则简单,工作比较可靠。它与传统上称为电子模拟计算机不同,模拟机运算的对象是连续变化的电压、电流或电荷,虽然处理速度很快,使用比较简便,但运算精度有限。现代电子计算机与之对应称为电子数字计算机,简称计算机,它处理的对象是不连续变化的数字量,其精度主要决定于表示一个数据的二进制数的位数。计算机中表示一个数据的二进制数的位数叫字长,根据需要的精度可以设计各种字长的计算机,以满足不同用户的需要。计算机的准确性,使计算机在大规模复杂计算应用中,在高精度的计算应用中具有得天独厚的优势。

1.1.2 存储程序

计算机运算过程中不需要人工干预,计算程序和被处理的数据都放在计算机内,计算机能够自动存取、识别、执行每一步操作,自动、连续地完成程序规定的任务。存储程序技术保证计算机每秒钟能够执行千万次运算。存储程序概念是 1945 年冯·诺依曼(Von Neumann)提出来的,是现代计算机的革命性标志,后人为了纪念他,把这种结构的计算机称为冯·诺依曼计算机。

1.1.3 逻辑运算

现代计算机可以进行逻辑运算,具有逻辑判断能力,为人类思维领域的研究活动提供了有力的工具。计算机在定理证明、机器翻译、自然语言理解、专家系统、知识工程等人工智能研究中,开辟了一个崭新的技术领域。

1.1.4 高速电子开关电路

高速度是现代计算机的第四个特征。计算机可以在很短时间里完成非常复杂的运算,其计算速度非常快,每秒钟可以完成几百万次、几千万次、几亿次运算。主要原因是计算机内运算电路使用高速的电子开关器件,其开关速度达到纳秒(ns)级,($1ns=10^{-9}s$),这是过去机械式的、继电器式的、电动机式的计算工具无法比拟的。高速计算机在大范围天气预报、热核反应过程控制中大显身手,在生产过程实时控制中特别重要。

1.1.5 数字编码技术

现代计算机在非数值数据处理领域中应用特别广泛,如编辑出版、信息管理、办公自动化、文化娱乐等,需要特别强调的是计算机还可以处理语音、图像,可以播放电影电视。各种非数值信息只要能够转换成二进制的信息编码,就可成为计算机的处理对象,各种信息的数字化编码技术成为计算机在各个领域中广泛应用的桥梁。现代计算机的通用性是推广计算机应用的关键。

1.2 计算机的基本组成

计算机是现代化信息处理的工具。信息反映各行各业、各个领域有关活动的状态,包括数字、符号、语言、文字、图形、图像等。信息科学是研究这些信息产生、检测、加工、存储和利用的科学。

计算机处理不同信息时,首先要求对各种信息进行数字化编码,使其成为用二进制数表示的变量,同时制定对各种信息的处理方法,按照数学模型和算法编写运行程序。把加工对象和加工方法都送入计算机中保存。

计算机加工的对象是二进制数据,每一个数据包含多位二进制数,每一位二进制数称为一个 bit。各种信息表示成一个个数据字,一个数据字(Word)包含的二进制的位数称为计算机的字长,字长表示计算机每次存取、传送和加工的数据单位,不同的计算机根据用途的不同,其字长是不同的。如微型机的字长是 8 位二进制数或 16 位二进制数;小型机字长多采用 16 位二进制数;中型机和大型机的字长是 32 位或 64 位二进制数或更多。

为了适应文字处理的需求,在计算机中把英文大小写字母及各种符号用 7 位二进制数表示,其编码最多可有 128 个,用来表示 128 个不同的符号。各国间为了交流方便,都采用美国标准信息交换码(ASCII),表示各种常用的符号和英文字母,这种编码我们称为字符编码。计算机中规定:在运算器或存储器单元中,每 8 位二进制数称为一个字节(Byte),可以存放一个 ASCII 代码,存放 ASCII 码的字节的最高位为"0",也可当校验位使用。计算机为了便于处理字符,一般还设置字节寻址方式,即一次可以存取一个字节,处理一个字节的字符数据。

加工过程用计算机指令编写的程序表示,每条机器指令表示一种计算机处理信息的基本功能,它是程序员控制机器工作的基本界面。指令包括操作码和地址码,地址码给出被运算的数据在计算机中存放的地址,操作码指明对被运算的数据施加何种运算。指令也用二进制编码表示。通常一个指令字的长度与一个数据字的长度一致。

1.2.1 基本组成原理

计算机的基本组成包括数据处理部件、数据和程序的存储部件、程序和指令执行的控制部件,还包括数据的输入和输出部件。直到目前为止,计算机的主流产品仍是按照冯·诺依曼提出的模型构建的。

冯·诺依曼计算机的主要特点是:计算机由运算器、存储器、控制器、输入装置和输出装置五大部件组成;以运算器为中心;计算机处理的对象是二进制数据;计算机的指令用二进制编码表示,并且和被运算的数据放在一个存储器中,存储器采用一维线性编址,计算机按地址访问存储器等。冯·诺依曼清楚地描述了现代计算机的组成,给出了计算机结构的经典模型。冯·诺依曼计算机模型如图 1-1 所示。

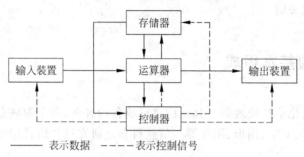

图 1-1　计算机基本组成框图

1. 运算器

运算器(Arithmetic Unit)是计算机中处理数据的部件,主要进行算术运算和逻辑运算。

计算机中各种数值计算都可分解为加法运算和移位操作,因此运算器的核心部件是一个并行加法器,可对一个字长的多位二进制数据同时进行加法操作。加法器和进行"与"、"或"运算的逻辑部件一起称为算术逻辑部件(Arithmetic and Logic Unit,ALU),运算器中还设有若干个数据寄存器,存放参加运算的二进制数据和运算结果。一般算术运算和逻辑运算都需要两个操作数,同时送入加法器,因此,加法器的输入端设有两个多路数据选择器,以便从不同寄存器或其他数据来源中分别选择一个操作数送入加法器中。运算器是计算机的加工中心。

2. 存储器

存储器(Memory)是存放计算程序和原始数据的记忆装置。它的基本功能是对指定地址单元存取数据。

一个存储器好像一座宿舍大楼,整个大楼分成许多房间,每个房间可以安排一名住户,当要访问某位住户时,必须知道他住在几层几号,也就是他的住址,才能找到他。存储器也分成许多存储单元。每个存储单元都有一个地址,每个单元可以存放一个数据字。需要读写存储器时,必须给出存储单元的地址,按地址进行访问。

存储器中设有地址寄存器,用于存放要访问的存储单元地址号码,还设有数据缓冲寄存器,用来存放从指定单元中读出的数据或向指定单元写入的数据。

存储器地址的位数,决定了可以访问的存储器的容量。如果地址码是 10 位二进制数,则其最小编码是 10 个"0",最大编码是 10 个"1",其编码的数目有 1024 个,也就是说房间编号有 1024 个,当然只能管理 1024 个房间。所以 10 位地址可以访问的存储器最大容量是 $2^{10}=1024$ 个单元。

存储器中存放数据的存储阵列,我们称为存储体。需要注意:只有写入操作才能改变某一单元的内容,读出操作只能知道存储单元里边存放的是什么数,不能改变存储单元的内容,例如一个单元存放内容是"1011",读出 100 次,该单元的内容还是"1011"。

3. 控制器

控制器(Control Unit)第一个功能是决定程序中指令执行的顺序。要连续地执行指令，必须在本指令结束前给出下一条指令的地址。控制器专门设有程序计数器(Program Counter，PC)，用于存放下一条指令的地址。通常指令是顺序执行的，因此在存储器中也顺序存放，每执行完一条指令，让指令地址加"1"，即可给出下一条指令地址，所以程序计数器又叫指令计数器。

控制器第二个功能是按照指令操作码的要求发出一系列控制命令，并执行一系列的操作，最终完成指令要求的功能。这一功能是最复杂的，也是最重要的，控制器必须设有指令寄存器，存放正在执行的指令；必须有指令译码器，译出操作性质，控制产生该指令要求的一系列控制信号。

根据产生操作控制信号的方案不同，控制器又分为组合逻辑控制器和微程序控制器，这些内容在以后专门章节内论述。

控制器是整个计算机的控制中心、指挥中心，是司令部，其作用是非常重要的。

4. 输入装置

输入装置(Iuput Device)用于把计算程序与原始数据转换成计算机可以识别的信号送给计算机。

早期的输入装置有卡片机、纸带机。现在最常用的是键盘、鼠标器、扫描仪、U盘、光盘也可用来作为输入装置使用。

5. 输出装置

输出装置(Output Device)负责把计算结果通知用户，通常使用的有显示器，各种型号的打印机、绘图仪等。

与输入输出有关的装置还有通信设备，如调制解调器、模拟数字转换设备等。

为了用户使用方便，现代计算机配备了各种系统程序，占据很大存储空间，加上各种复杂的应用程序，使程序变得非常庞大。为了解决存储容量不足的问题，人们又研制了大容量的外存储器，如磁盘、磁带等设备。

1.2.2 CPU、主机与输入输出设备

由于大规模集成电路技术的发展，电路的集成度越来越高，如何把整个计算机的逻辑电路划分成几个模块，适当搭配组合成各种计算机，成为集成电路设计者和整机设计者特别关心的问题。

由于计算机的指挥中心和计算机的处理中心关系最紧密，连线最多，速度要求最高，所以把运算器和控制器做成一个芯片成为大规模集成电路首要研制目标。于是各个厂家，各种型号，不同指令系统的中央处理部件纷纷面世。我们把运算器和控制器合称为中央处理器(Central Processing Unit，CPU)。

CPU在执行程序中经常要访问存储器取出指令，读写数据。离开存储器，就谈不上现代计算机，因此把CPU与存储器称为主机，构成计算机的主体。

输入输出设备也是计算机不可缺少的部分，没有输入装置，计算机中没有可运算的程

序和数据,计算机无事可干;没有输出装置,人们不知道计算结果,计算机等于白干。输入输出设备简称 I/O 设备。

1.2.3 存储器

随着计算机应用领域的扩充,人们要求 CPU 的速度越快越好,要求 I/O 设备的使用越方便越好。对存储器的要求除了速度要快外(最好和 CPU 速度一样快),就是容量要足够大,同时价格要便宜。对存储器的这三个要求是互相矛盾的,很难做到。后来人们根据程序存储的局部性原理,提出了分级存储系统的概念。即设立一个速度较快的存储器负责和 CPU 打交道,称为主存储器,CPU 可以访问主存储器内任一个单元,且速度一样快。主存储器又叫随机读写存储器(RAM)或内存储器,简称为内存或主存。另外设立一个存储容量非常大的存储器,以满足存储大量数据的需要。这种存储器叫外存储器,又叫辅助存储器。它的缺点是 CPU 要想从这种存储器中取一个数据或一条指令速度非常慢。为了发挥其特长,让外存储器存放当前不用的程序和数据,CPU 使用外存储器中有关指令时,把它们成批调往主存,CPU 再从主存中读出它们。由于已经调来一批指令和数据,后续的指令和数据多半已经调到主存中来了,从主存中可以很快地读出它们。外存如磁盘、磁带等的存储机理决定它们也适于成批存取。

I/O 设备和外存储器通称外围设备或外部设备,简称外设。

1.2.4 总线

计算机中各部件间经常要交换数据,各个寄存器之间要建立传输通路。如果每对寄存器之间都建立直接的传送路径,直接连线,则计算机内部连线太多,而且控制非常复杂。为了减少机内连线,提出了总线(Bus)方式,用总线作为传送数据信息的公共通路。显然总线是一组共享的传输线路,在每一时刻,一组总线上只能传送一组数据,需要传送多个数据时必须错开时间,分时使用。总线具有连线整齐,扩充方便的优点,为现代计算机普遍采用。

计算机总线按传送的内容分为三类:传送数据的数据总线(DBus)、传送地址的地址总线(ABus)以及传送控制信号的控制总线(CBus)。具有单总线结构的计算机的原理图如图 1-2 所示。

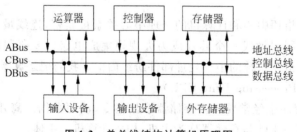

图 1-2 单总线结构计算机原理图

需要注意：这里说的单总线，并不是指一根线，而是一组总线，其中，地址总线传送访问的单元地址码，如 1K 容量主存的地址码为 10 位，地址总线显然要 10 根线。数据总线传送数据时使用，其线路根数与字长有关，例如计算机字长 32 位，数据总线需 32 根线；控制总线专门传送控制器发出的控制命令、各有关设备的工作状态信息以及使用总线时的请求信号。

总线的特点是分时共享，因此遇到两个设备同时使用总线时，还需要有仲裁机构决定使用顺序，显然使用总线时机器速度要慢一些。为了提高数据传送速度，计算机内可设置多组总线。

1.3 计算机系统

1.3.1 计算机系统组成

一个完整的计算机系统包括机器系统和程序系统。机器系统，即我们平常说的计算机，是构成计算机的电子装置或部件，以及电磁的、机械的设备的总体。它主要指计算机各组成部分，包括运算器、控制器、主存储器、输入输出设备以及外存储器等。我们常称机器系统为计算机硬件。程序系统是为了充分发挥计算机各部分的功能，方便用户使用计算机而编制的各种程序的总称。程序系统研究如何管理计算机和如何使用计算机的问题。程序系统的性能和质量在很大程度上决定了计算机系统的效能。与计算机硬件相对应，程序系统称为计算机软件。

计算机软件可分为系统软件与应用软件。

系统软件是计算机出厂时由厂家配置的。包括语言处理程序，如把汇编语言转换为计算机可以执行的机器语言的汇编程序，把高级程序设计语言翻译成机器语言的编译程序和解释程序。系统软件还包括提高系统资源使用效能的存储管理、设备管理、处理机管理和文件管理等程序，实现这些功能的软件称为操作系统。

整个计算机系统都是在操作系统控制下运行的。从用户观点来看，可把操作系统控制下的计算机看成一台新计算机——操作系统计算机。人们使用操作系统规定的命令、程序请求等与计算机打交道。操作系统响应用户发出的各种操作命令，把用户程序装入计算机，调用语言处理程序把高级语言翻译成机器语言，并加以执行。操作系统控制输入输出设备及其他软硬件资源，尽可能快地完成用户要求。

从资源观点出发，可把操作系统看成资源管理程序。对每一种资源，管理程序都必须做以下几件事：

（1）监视该资源，记录该资源使用情况；
（2）按照某种策略，决定谁该获得这种资源，何时获得，获得多长时间；
（3）分配资源；
（4）回收资源。

系统程序还包括作为软件研制工具的编辑程序、调试程序、装配和链接程序、测试程序等。

为了适应事务处理的需要,系统软件还包括数据库管理系统。用户可以把各种文件存放在数据库中,按照需要实现数据文件的产生、输入、维护、修改、报告和查询。

随着计算机的应用日益普及,各种针对用户需要的专用软件应运而生。例如,各种图形软件、文字处理软件、计划报表软件、辅助设计软件、程序开发软件以及模拟和仿真软件,这些软件将进一步促使计算机发挥更大的效能。这些软件统称为应用软件。

1.3.2 计算机层次结构

早期计算机受器件的限制,硬件规模较小,也比较简单。用户使用计算机,必须使用机器语言,即利用二进制代码表示的机器指令编写程序。这是很不方便的,也容易出错。

20 世纪 50 年代出现了符号语言(汇编语言),程序设计工作跨进了一步。用户使用符号表示的机器指令来编写程序,容易编写,也容易核对。但实际上并不存在对应汇编语言的计算机,为了执行汇编语言,首先必须利用汇编程序将汇编语言翻译成机器语言,再在实际的计算机上运行。但对汇编语言程序设计者来说,他面对的就好像是一部汇编语言计算机。我们把这种实际上并不存在的汇编语言计算机叫做汇编语言虚拟计算机。

在 FORTRAN、Pascal 等早期高级语言出现后,用户可以使用高级语言与计算机打交道,就好像使用一台高级语言计算机一样。实际执行时是利用编译程序将高级语言翻译成机器语言(或先翻译成中间语言,再翻译成机器语言),最后在实际的计算机上运行。我们把实际并不存在的高级语言计算机叫做高级语言虚拟计算机。

利用这种虚拟计算机的层次概念,容易理解各种语言的实质及其实现过程。

虚拟计算机与实际计算机之间的关系可用图 1-3 表示。

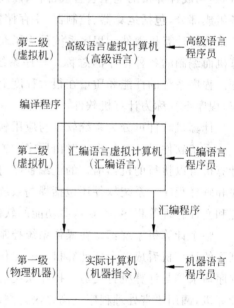

图 1-3　虚拟计算机及其实现过程

1.4　计算机分类

计算工具的出现和发展有着悠久的历史。随着人类生存活动的需要,以及生产和科学技术发展进程,人们从使用算筹、算盘、计算尺、齿轮式机器和继电器式机器,进入到使用现代的电子计算机阶段。电子计算机包括电子模拟计算机和电子数字计算机两类。模拟计算机使用连续变化的物理量(电压、电流等)表示数据,并基于数学模拟原理进行计算,得出计算结果,虽然得到计算结果的速度很快,但计算精度较低,且计算功能有限,完全可被后者取代。电子数字计算机的处理对象是用不连续变化的数字量表示数据,计算精确度决定于设计的数据字长(位数),各种事物(如文字、声音、图像)只要能转换成数字编码,均可在数字计算机上进行处理。数字计算机还具有记忆功能和逻辑推理能力,是20世纪人类伟大的创造,是新技术革命的巨大推动力。现在人们常说的电子计算机或计算机,都是指电子数字计算机,也可称为不连续作用电子计算机。

依据不同分类方法,计算机的分类可有多种。

1. 按照规模分类

根据机器的指令系统复杂程度、字长、主存容量、外部设备配置规模以及系统软件情况,计算机可分为:

(1) 巨型计算机,也可称作超级计算机。通常采用并行处理技术,多处理机结构,计算机和外部设备规模庞大。第一台流水线向量巨型机是 CRAY-1,1974 年推出。

(2) 大型计算机,具有完善的指令系统,字长 64 位,采用虚拟存储器结构,外部设备齐全,特别是磁盘机、磁带机数目较大。1964 年推出的 IBM S360 是第一个大型机系列计算机。

(3) 小型计算机,指令系统简单,字长 16～32 位,主存储器的容量为几十兆字节。一般配备有温彻斯特硬盘和盒式磁带机。20 世纪 70 年代 DEC 公司推出的 PDP-11 计算机可作为此类计算机的代表。

(4) 微型计算机,采用 VLSI 超大规模集成电路微处理器 CPU 作为其主要特征。1978 年推出的每个芯片上集成 29 000 个晶体管的 Intel 8086 具有重要意义,字长 16 位,支持 1MB 主存。其后继的较慢、较便宜的 Intel 8088 在 1980 年被选为 IBM PC 的 CPU,标志着个人计算机的新纪元。微型计算机体积小、功耗低、外设简单,如只有温盘、软盘、光驱等,价格便宜。微型机又可分为台式机、笔记本、Pad 等。

(5) 单片机,在 CPU 芯片上集成存储器及 I/O 接口,主要用于控制系统,也称微控制器。

2. 按照用途分类

按照用途不同,计算机可分为:

(1) 通用计算机,可以进行科学计算、数据处理、企业管理、辅助设计等多种用途的机器。

(2) 专用计算机,为专门应用而开发的机器,如数字信号处理 DSP,生产过程控制用计算机等。在通用机基础上开发的设有专门处理指令和特殊应用软件、具有专门用途的计算机也可称之。

(3) 嵌入式计算机,作为信息处理部件嵌入到应用系统中的计算机,成为其他设备的一部分。特点是结构简单、可靠性高、支持实时任务,如用于冰箱、空调、照相机中的单片机、单板机。

3. 按照采用的逻辑电路元件分类

按照使用的逻辑电路元件不同,计算机可分为:

(1) 电子管计算机。

(2) 晶体管计算机。

(3) 集成电路计算机。

(4) 大规模集成电路、超大规模集成电路计算机。

目前新的逻辑器件正在积极探索中,如光器件、量子器件等,不久的未来会有新的突破。

4. 按照指令系统结构分类

按照指令系统结构的不同,计算机可分为:

(1) 复杂指令系统计算机(CISC),大型计算机指令系统的设计目标应是方便用户编写程序,提高计算机解题速度,为高级语言提供有效支持,简化编译器程序编写工作,理想情况下,尝试开发一种高级语言计算机,直接执行高级语言程序,因而产生了复杂指令系统的通用计算机。

(2) 精简指令系统计算机(RISC),对指令系统合理性研究表明:占指令系统 20% 的最常用的简单指令在程序中出现的频度占 80% 以上,也就是说 80% 以上指令在程序中使用的频率只占 20%。因此提出要求简化指令系统、改进机器结构,提高常用指令执行速度,出现了精简指令系统计算机。

RISC 的主要特点是:简化指令格式,固定指令字长度,减少寻址类型,增加 CPU 中通用寄存器数目,除了两条读写主存指令,其余指令均采用寄存器——寄存器型指令。采用流水线技术使指令平均执行时间小于 1 个时钟周期。

MIPS 是推出的第一台 RISC 计算机。

5. 按照计算机系统结构分类

按照计算机系统结构的不同,计算机可分为:

(1) 诺依曼结构计算机,也可称为传统结构计算机。有五大部件,以运算器为中心,具有存储程序的功能,使用程序计数器顺序串行执行指令。

(2) 非诺依曼计算机,由于计算机应用领域的发展,传统计算机结构束缚了计算机新领域的应用。各种非诺依曼结构计算机应运而生。如数据流计算机、知识库计算机、逻辑推理计算机等。

计算机的分类方法很多,如定点机、浮点机;串行机、并行机;微程序控制计算机、组合逻辑控制计算机等,不再叙述。

1.5 计算机发展简史

一般公认现代计算机的历史开始于 1946 年美国宾夕法尼亚大学研制成功的 ENIAC(Electronic Numerical Integrator and Computer)计算机。它是第二次世界大战期间为美国陆军解决快速计算弹道的需求而研制的。是一台使用 18 000 个电子管,耗电 150kW,

重 30 吨的庞然大物。每秒可做 5000 次加法或 300 次乘法,比机电式机器速度提高 1000 倍。ENIAC 采用十进制数运算,存储器最多可存放 20 个 10 位的十进制数。使用排题板通过手工接线安排计算步骤,很不方便。

接受美国陆军部委托,1945 年冯·诺依曼(Von Neumann)提出了 EDVAC 设计方案,发表了电子计算机逻辑结构初探的报告,第一次提出了存储程序的概念,被称为冯·诺依曼结构模型,至今仍被采用。剑桥大学 M. V. 威尔克斯接受诺依曼的思想,于 1949 年研制成功第一台存储程序计算机——EDSAC,而 EDVAC 1951 年才完成。

计算机从 1946 年出现到现在经历四代变迁是历史上发展速度最快的技术。

第一代计算机 1946—1955 年,采用真空电子管作为逻辑电路器件,利用水银延迟线和阴极示波管作为存储元件,容量不超过 4096 字。使用二进制机器语言。用卡片和纸带作为 I/O 设备。

第二代计算机 1955—1965 年,采用晶体管作为逻辑电路器件,速度快、耗电省、体积小、可靠性高,使用磁芯作为主存储器,磁鼓作外存储器。开始使用高级语言 FORTRAN、ALGOL。

第三代计算机 1965—1980 年,采用半导体集成电路代替分立元件,进一步提高了速度和可靠性,减小了体积和功耗。半导体存储器代替磁芯存储器,磁盘代替磁鼓。引入微程序技术、流水线技术、系列机概念。IBM 360、PDP-11、CDC 6600 都可作为杰出代表。

第四代计算机是以超大规模集成电路 VLSI 作为特征。1978 年 16 位微处理器 Intel 8086,每个芯片上集成 29 000 个晶体管,1980 年诞生的 IBM PC,开创了个人计算机的新时代。作为新的设计理念,提出精简指令计算机 RISC 与复杂指令计算机 CISC 相抗衡。1985 年推出第一台 RISC 计算机 MIPS。微型计算机性能的迅速提高,改变了研制超级巨型计算机途径,向多处理机和分布式系统发展,计算机网络的迅速普及改变着人们工作、学习的生活方式,人类社会进入新的选择。

新一代计算机何时出现?其主要技术特征是什么?仍在孕育中。

1.6 微处理器发展的启示

计算机发展历史表明,计算机采用的逻辑元件是计算机发展的主要推动力。每一代计算机持续约 10~15 年,速度提高 1000 倍。半导体技术,微电子技术的进步,超大规模集成电路的出现,每片集成千万个上亿个晶体管的微处理器的使用,或许可以给我们某种启示。我们以 Intel 公司 Pentium 系列微处理器为例展示这一发展进程。

1971 年 Intel 公布了 4004 的 4 位 CPU 芯片,片上集成 2300 个晶体管,晶体管间连线采用 $50\mu m$ 宽度。

1974 年推出 Intel 8080,是 8 位 CPU,片上集成 6000 个晶体管。

1978 年推出 Intel 8086,这是一个定点 16 位的 CPU 芯片,主频 4.77MHz,片上集成 29000 个晶体管。如果需要执行浮点运算,还可增加一个协处理器 Intel 8087 选件。值得指出的是为了降低造价,提高成品率,Intel 公司把 8086 的片外数据线数目由 16 根改为 8

根。处理16位数据时用二个时钟周期取一个字,地址线20位,这个称为Intel 8088的CPU被指定为IBM PC/XT的中央处理器,备受青睐。

1985年发布Intel 80386,32位微处理器,拥有32根数据线、32根地址线,可寻址空间4GB,主频16~33MHz,片上集成275 000个晶体管,处理浮点指令需要时可增加Intel 80387协处理器选件。

1989年发布Intel 80486,32位CPU,功能与80386类似,但把浮点协处理器也集成在80486片中,另外还设置8KB高速缓存Cache,每片上包含120万个晶体管。

1993年Intel推出Pentium处理器,又称P5结构,片上导线采用$0.8\mu m$工艺。采用超标量结构,片上设置两个32位整数处理部件,和一个浮点运算部件,设有8KB指令Cache和8KB数据Cache,集成度每片达到310万个晶体管。片上电源电压由5V降为3.3V,功耗由16W降为4W。

1997年推出多能Pentium MMX,指令系统中增加57条支持处理多媒体的指令,有效地增强了音频、视频、图像的处理能力,又叫P55C结构。片内采用$0.35\mu m$工艺,电源电压2.8V。

1997年5月和1999年2月Intel又先后推出了PentiumⅡ和PentiumⅢ,其整数处理部件仍为32位宽度,但地址线为36位,可寻址64GB。PentiumⅡ采用$0.28\mu m$工艺,共集成750万个晶体管。从PentiumⅢ开始又增加71条SIMD单指令流多数据流指令,支持在并行处理模式中实现向量运算的指令SSE。采用$0.25\mu m$工艺,片内增加L2 Cache 256KB,集成度达950万个晶体管。

2000年11月Intel发布新一代CPU PentiumⅣ,采用$0.18\mu m$工艺,电源电压1.65V,主频2GHz,集成度达到4200万个晶体管。在指令系统中新增144条SSE2指令,具有更强的多媒体和3D图像处理能力。

2001年Intel公布至强系列微处理器Intel Xeon。采用$0.13\mu m$工艺和Net Burst结构,2005年推出双核至强,片上二级缓存2MB×2,主频2.3GHz。以后又推出32位、64位Xeon、DP、MP,片上三级缓存1~4MB。

2006年7月Intel推出了Pentium Core Duo酷睿双核处理器,采用65nm工艺,每片2.9亿个晶体管,采用4发射超标量结构。每核都有32KB指令Cache,32KB数据Cache,主频1066MHz。两核共享4MB L2级高速缓存。

2008年初,Intel公布45nm 4核微处理器×5482,片上包括12MB Cache,150W功耗,主频3.2GHz。

AMD公司、Motorola、Sun等集成电路厂家都有相应产品推出。

2008年11月第31届世界超级计算机TOP 500强公布的评测结果表明,发展超级巨型计算机之路正在利用VLSI最新成就,采用成千上万个高性能的微处理器来实现。

2016年6月20日第47届世界超级计算机TOP 500强公布,中国神威·太湖之光计算机一举夺冠,采用国产申威26010处理器共40 960个,浮点处理速度9.3亿亿次/秒,遥遥领先各国。

新的计算机应用领域,新的算法,将推动计算机系统结构的新发展。

1.7 计算机的应用

计算机应用领域已经拓宽到国民经济各部门,深入人类生活各个角落,从科学计算发展到数据处理、实时控制、辅助设计、数字通信、远程教育、文化娱乐及日常活动。嵌入式计算机的出现,将计算机集成到生产装备、武器系统、仪器仪表、家用电器、娱乐产品中,成为各种设备的一个组成部分,起着关键作用。计算机的广泛应用,已经成为计算机技术发展的强大动力;计算机的应用水平已经成为国家综合国力的标志。

1.7.1 科学计算、工程设计

在现代科学研究中,如火箭发射、热核试验、天气预报、人类基因密码研究、蛋白质结构计算等各领域,采用高速度、高精度的计算机改变了科学研究的根本面貌。高性能计算机基础上的数值模拟已经成为促进重大科学发现和科技发展、支撑国家实力持续提高的关键技术。我国2006—2020年国家中长期科学技术发展纲要指出,发展高性能计算机对提高国防建设、国家安全、经济建设、国家重大工程和基础科学研究等尖端科技领域核心支撑能力,具有十分重要的战略意义。全面提升科技自主创新能力,以期2020年建成一个创新型国家。

1.7.2 数据处理

在实际应用中有时要求对大量数据进行分析加工、综合处理。如银行系统、证券业务、财会系统,以及市场预测、销售分析、情报检索、图书管理、飞机票火车票订票系统等都属于数据处理范畴。我国1993年开始实施"三金"工程(金卡工程、金桥工程、金关工程),加快了金融电子化、国民经济信息化的进程。各种管理信息系统、办公自动化都是计算机应用的重要领域。电子商务的发展、大数据处理的迫切需求,云计算应运而生。

1.7.3 实时控制

计算机用于生产过程控制,可以提高产品质量和生产效率,减轻工人劳动强度。如炼钢过程配料和炉温控制、化工生产过程的温度、压力、原料的调节等,计算机都发挥巨大的作用。计算机集成制造系统(CIMS)的关键技术是计算机控制。控制过程中输入的信息为温度、压力、重量、位移必须先要转换成数字量,计算机才能计算,计算结果的数字量要再转换成模拟量,才能控制生产对象。

1.7.4 辅助设计

计算机辅助设计(CAD)是计算机应用的重要领域。为了提高设计质量,缩短产品设计周期,以及进行各种设计方案的比较,飞机、船舶、各种建筑工程,大规模集成电路等设计制造部门广泛利用计算机进行辅助设计和辅助制造。特别是在大规模集成电路的设计和生产过程中,工作量极大、工序非常复杂,需要进行版图设计、照相制版、光刻腐蚀、内部连接等,要求非常严格,绝不能有丝毫差错,这是人工难以完成的。计算机在各种工程设计中,如土木、建筑、水利、石油、化工、铁路、矿山的设计中发挥了很好的作用,成为不可缺少的工具。

另外,计算机辅助测试(CAT)、计算机辅助教学(CAI)也属于这个领域。

1.7.5 人工智能

人类智慧是一个复杂而又神秘的课题。人工智能是借助计算机研究解释和模拟人类智能和智能行为及其规律的一门学科。包括知识表示,自动推理和搜索方法,机器学习和知识获取,知识处理系统,自然语言理解,计算机视觉,智能机器人等方面。

知识处理系统主要由知识库和推理机组成。知识库中的知识的合理组织与管理是很重要的,特别是知识有多种表示方法时。推理机在问题求解时规定知识的使用方法和策略。存有某一领域(如医疗)专家知识的知识系统称专家系统。人与机器进行自然对话也是人工智能研究目标,机器翻译、智能机器人取得了可喜的进展,如自动驾驶、无人机技术等,人们更加注意面向解决实际问题。

习题

1. 说明电子数字计算机的基本特性。
2. 说明计算机的基本组成。
3. 什么叫CPU？什么叫主机？
4. 什么叫主存？什么叫外存？
5. 说明如何划分计算机发展的四个阶段。
6. 什么是机器语言？什么是汇编语言？什么是高级语言？
7. 存储程序的含义是什么？有何意义？
8. 在冯·诺依曼结构计算机中,以运算器为中心是什么含义？
9. 计算机系统包括哪些内容？
10. 什么是虚拟计算机？计算机最终能够辨识和执行的是什么程序？高级语言和汇编语言通过什么办法转换成机器能够认识和执行的程序。

*第 2 章 布尔代数与逻辑电路

自然界中许多现象都是连续变化的,如大气中的温度、湿度,电路中的电压、电流等。我们称这种时间上、数值上都是连续的物理量为模拟量。处理模拟量的电路,叫模拟电路。人们为了记述、处理自然界这些物理现象,常常使用不同瞬间、不连续的数字来表示,这种时间上、数值上都是离散的物理量,称为数字量。处理数字量的电路,叫数字电路。

在社会生活中,人们必须认识不断变化的事物,分析各种事物变化规律,不断改变思维方式,提高推理和认证能力。公元 1850 年英国数学家乔治·布尔提出了一种用符号叙述命题的数学系统,用类似代数的方式书写和解答与"是"、"非"相关的逻辑命题,人们称为布尔代数或逻辑代数。逻辑代数的变量只有二个:"是"、"非",与二进制计数制变量类似,技术上也叫"二进制逻辑代数"。随着数字技术的进展,布尔代数也成为分析、设计数字电路的有力工具。

数字电路又称逻辑电路。

2.1 布尔代数基本逻辑运算

逻辑变量与普通代数类似,使用字母代表变量,如 A、B、C 等。逻辑变量取值只有 1 和 0 两种。本意表示"是"或"非"两种相互对立的状态。数字电路中可用晶体管通导或截止、电压高或低、脉冲有或无等来表示。

逻辑代数有三个基本逻辑运算:与、或、非。

2.1.1 "与"逻辑

与逻辑至少要有两个变量。其定义是:决定一个事件产生的所有条件都同时具备时,这件事就发生;否则,这件事就不发生。这种逻辑关系称"与逻辑"。

与逻辑也可叙述为:当函数中所有输入变量的值是 1 时,函数值是 1,否则函数值是 0。

假定逻辑变量为 A、B,函数值是 F,"与"逻辑关系用"与运算"代数式表示为:

$$F = A \cdot B$$

这里乘号"·"表示"与"运算,有时也用 $\wedge$ 或 $\cap$ 表示。不过与运算符常常省去,记作

$$F = AB$$

运算规则：

$$1 \cdot 1 = 1$$
$$1 \cdot 0 = 0 \cdot 1 = 0$$
$$0 \cdot 0 = 0$$

运算规则与普通代数中乘法相似，又称"逻辑乘"。

2.1.2 "或"逻辑

或逻辑至少要有两个变量。其定义是：决定一个事件发生的条件中，只要有一个或一个以上的条件具备，这件事一定发生，否则就不发生。这种逻辑关系称为"或逻辑"。

或逻辑也可叙述为：在函数中任一个输入变量的值是 1 时，函数值就是 1；只有当所有输入变量的值都是 0 时，函数值才是 0。表示"或运算"用加号"+"。例如用 A、B 两个变量组成或函数 F，记作：$F = A + B$

或运算符有时用 ∨ 或 ∪ 表示。

其运算规则：

$$0 + 0 = 0$$
$$0 + 1 = 1 + 0 = 1$$
$$1 + 1 = 1$$

规则与普通代数中加法相似，又称"逻辑加"。但须注意 $1+1=1$，与二进制加法不同。

2.1.3 "非"逻辑

非逻辑只有一个变量。函数值 F 与输入变量相反。这样的逻辑关系称非逻辑。输入变量 A 的逻辑非记作 $\overline{A}$，读作"A 非"或"A 反"。非函数记作：$F = \overline{A}$。

运算规则：若 $A = 0$，则 $F = 1$；若 $A = 1$，则 $F = 0$。

2.2 布尔代数的基本公式

除了上述三种基本逻辑运算外，还有一些常用公式，非常重要。

2.2.1 基本公式

1. 变量和常量的关系

$$A + 0 = A$$
$$A \cdot 0 = 0$$
$$A + 1 = 1$$

$$A \cdot 1 = A$$
$$A + \overline{A} = 1$$
$$A \cdot \overline{A} = 0$$

2. 与普通代数相似的公式

交换律
$$A + B = B + A$$
$$A \cdot B = B \cdot A$$

结合律
$$(A + B) + C = A + (B + C)$$
$$(A \cdot B) \cdot C = A \cdot (B \cdot C)$$

分配律
$$A(B + C) = AB + AC$$
$$A + (BC) = (A + B)(A + C)$$

3. 逻辑代数特有的公式

重叠律
$$A + \overline{A} = 1$$
$$A\overline{A} = 0$$

反演律
$$\overline{A + B} = \overline{A} \cdot \overline{B}$$
$$\overline{A \cdot B} = \overline{A} + \overline{B}$$

反演律又称摩根定律。

否定律
$$\overline{\overline{A}} = A$$

2.2.2 三个重要规则

1. 代入规则

任何一个含有函数变量 A 的等式，若将等式中所有出现 A 的位置代之以逻辑函数 F，则等式仍成立。

【例 2-1】 已知等式 $\overline{A \cdot B} = \overline{A} + \overline{B}$，若用等式 $F = CD$ 代替变量 A，则等式
$$\overline{CD \cdot B} = \overline{CD} + \overline{B}$$
仍成立。即得
$$\overline{CDB} = \overline{C} + \overline{D} + \overline{B}$$

这样，即可将反演律扩充到三变量。同理，可以证明对于 n 个变量，反演律也是成立的。

2. 反演规则

对于任何一个逻辑函数 F，求 $\overline{F}$ 时，只要将 F 中所有"·"变"+"，"+"变"·"，常量"0"变"1"，"1"变"0"，原变量变反变量，反变量变原变量即可求得 $\overline{F}$。

【例 2-2】 求 $F = A + B + C$ 的反函数。

解：直接根据反演律求得。
$$\overline{F} = \overline{A} \cdot \overline{B} \cdot \overline{C}$$

【例 2-3】 求 $F = A \cdot \overline{B} + \overline{C} \cdot D$ 的反函数

解：$\overline{F} = (\overline{A} + B)(C + \overline{D})$，求解过程中注意运算符的顺序，先做逻辑乘，再做逻辑加。

3. 对偶规则

对于任一个逻辑函数 F，如果将其表达式的"·"变"+"，"+"变"·"，常量"0"变"1"，"1"变"0"。得到一个新的表达式，称为 F 的对偶式。

【例 2-4】 求 $F = A \cdot (B + C)$ 的对偶式。

解：对偶式 $F' = A + B \cdot C$

对偶规则常用来证明恒等式。运算时括号优先。

2.3 逻辑函数及其表示方法

2.3.1 逻辑函数

逻辑电路中，当给定一组输入变量的取值后，输出变量的值也就唯一被确定了。输出变量与输入变量间存在一定的对应关系。我们称输出变量是输入变量的逻辑函数，简称函数。利用与、或、非三种基本逻辑运算，可以组成各种复杂的逻辑函数。如

$$F = AB + \overline{A}\overline{B}$$

当 A、B 的值均为 1 或均为 0 时，函数值 F 为 1。其他情况因 AB、$\overline{A}\overline{B}$ 都等于零，所以 F 等于 0。可见 AB 取一组值后 F 就有一个确定的值与之对应。所以 F 是 A、B 的函数。记作

$$F = f(A, B)$$

在一个逻辑函数中，可能包含多种逻辑运算，执行这些运算时应按照一定顺序进行。例如式中有括号时，先做括号内的运算；没有括号时，按非、与、或的顺序进行。

2.3.2 逻辑函数表示法

为了处理方便，逻辑函数有多种表示方法。

1. 逻辑函数表达式

按照输入输出对应关系，把输出变量表示为输入变量的与、或、非运算组合的表达式，称为该函数的逻辑函数表达式，简称逻辑表达式。如

$$F = \overline{A}B + A\overline{B}$$

2. 真值表

将输入变量的各种可能取值和相应函数值排列在一个表上而组成。如表 2-1 是 $F = \overline{A}B + A\overline{B}$ 的真值表。表中给出了真值表的求出过程。

表 2-1　$F=\bar{A}B+A\bar{B}$ 函数真值表

输入		输出		
A	B	$\bar{A}B$	$A\bar{B}$	F
0	0	0	0	0
0	1	1	0	1
1	0	0	1	1
1	1	0	0	0

真值表和逻辑表达式是一个逻辑函数的两种表达方法，两者可以互相转换。

根据逻辑表达式可以列出真值表。对于函数 $F=\bar{A}B+A\bar{B}$，有两个输入变量，可能取值有 $2^2=4$ 种，即 00、01、10、11。代入表达式，分别得到对应函数值，把它们对应填入列表中即可得到该函数的真值表。

对于有 n 个输入变量的逻辑函数的真值表，输入有 2^n 种组合，需列出 n 列、2^n 行，通常按输入变量的二进制数的大小，从 0000 到 2^n-1 依次排列，可避免遗漏和重复。将其对应函数值 F 写在该行最右边。

根据真值表求逻辑表达式。

在真值表中，分别将函数值为 1 的各项挑出来，将每一项用其输入变量的逻辑乘表示，其中用原变量表示 1，用反变量表示 0。如上例中函数值=1 有两项：输入变量是 01 组合的记作 $\bar{A}B$，输入变量是 10 的组合项记作 $A\bar{B}$。再将所有 $F=1$ 的各逻辑乘项进行逻辑加，即得函数逻辑表达式。记为：

$$F = \bar{A}B + A\bar{B}$$

3. 逻辑图

用规定的符号表示逻辑函数中输入变量与输出变量关系的电路图称逻辑电路图，给出实现该逻辑函数的电路。每一个逻辑图输出与输入的逻辑关系，也可用相应的逻辑函数表示。上例中 $F=\bar{A}B+A\bar{B}$ 的逻辑图如图 2-1 所示。

4. 卡诺图

卡诺图也称图解法，限于篇幅，不再叙述。

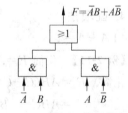

图 2-1　$F=\bar{A}B+A\bar{B}$ 逻辑电路图

2.3.3　逻辑函数化简

一个逻辑函数的表达式不是唯一的。逻辑表达式越简单，组成的逻辑电路也越简单。在逻辑设计中，为了减少器件、提高速度、提高工作可靠性、节省成本，在不改变逻辑关系前提下希望把逻辑函数化成最简。有时为了适应器件的需要，也要求对逻辑表达式做些调整。

化简的要求有两层含义：表达式中与项最少，每项中包含的因子最少。

逻辑函数化简常用公式法、图解法等。图解法又称卡诺图法，因篇幅所限，仅以公式法为例说明。常用化简方法如下：

1. 吸收法

利用公式 $A+AB=A$ 和 $A+\bar{A}B=A+B$ 消去多余变量。

【例 2-5】 求证 $A+AB=A$

证明 $A+AB=A(1+B)=A$

【例 2-6】 化简 $AB+AB(C+D)E=?$

化简 $AB+AB(C+D)E=AB[1+(C+D)E]=AB$

2. 并项法

利用公式 $AB+A\bar{B}=A$ 进行并项。

【例 2-7】 求证 $AB+A\bar{B}=A$

证明 $AB+A\bar{B}=A(B+\bar{B})=A$

【例 2-8】 化简 $F=\bar{A}\bar{B}CD+\bar{A}BCD+AB\bar{C}D+ABCD$

化简 $F=\bar{A}BD(\bar{C}+C)+ABD(\bar{C}+C)=(\bar{C}+C)(\bar{A}BD+ABD)$
$=\bar{A}BD+ABD=BD(\bar{A}+A)=BD$

3. 消去法

利用公式 $AB+\bar{A}C+BC=AB+\bar{A}C$ 消去多余项。

【例 2-9】 求证 $AB+\bar{A}C+BC=AB+\bar{A}C$

证明 $AB+\bar{A}C+BC=AB+\bar{A}C+(A+\bar{A})BC=(AB+ABC)+(\bar{A}C+\bar{A}BC)$
$=AB(1+C)+\bar{A}C(1+B)=AB+\bar{A}C$

【例 2-10】 化简 $F=AC+ADE+\bar{C}D$

化简 $F=AC+\bar{C}D+AD+ADE=AC+\bar{C}D+AD=AC+\bar{C}D$

4. 配项法

如 $A+\bar{A}=1$

【例 2-11】 化简 $F=A\bar{B}+\bar{B}C+\bar{B}C+\bar{A}B$

化简 $F=A\bar{B}(C+\bar{C})+\bar{B}C(A+\bar{A})+\bar{B}C+\bar{A}B$
$=A\bar{B}C+A\bar{B}\bar{C}+A\bar{B}C+\bar{A}\bar{B}C+\bar{B}C+\bar{A}B$
$=(A+1)\bar{B}C+A\bar{C}(\bar{B}+B)+\bar{A}B(\bar{C}+1)$
$=\bar{B}C+A\bar{C}+\bar{A}B$

注意：化简要求是不改变逻辑函数表示的逻辑功能。化简前后逻辑函数相等。化简的方法很多，证明两个逻辑函数相等最基本的方法是两个逻辑函数真值表完全相同。

2.4 基本逻辑电路

庞大的电子计算机系统，实际上是由大量的、但种类不多的基本逻辑单元电路组成的。基本逻辑单元电路分为门和触发器两类。关于逻辑电路中逻辑变量取值，在正逻辑系统中规定：高电位表示 1，低电位表示 0。以下叙述中采用正逻辑表示。

2.4.1 门电路

基本门电路包括与门、或门和非门。

1. 与门

与门是有两个或两个以上输入端、一个输出端的逻辑电路,用来实现与逻辑。如输入变量是 A、B,输出变量是 F,其逻辑关系 $F=A\cdot B$,逻辑符号如图 2-2 所示,真值表如表 2-2 所示。

表 2-2 与门的真值表

A	B	F
0	0	0
0	1	0
1	0	0
1	1	1

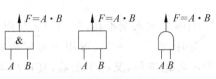

图 2-2 与门的逻辑符号

2. 或门

或门具有两个或两个以上输入端,一个输出端的逻辑电路,实现"或"功能。如输入变量是 A、B,输出变量是 F,其逻辑关系 $F=A+B$,其逻辑符号如图 2-3 所示。真值表如表 2-3 所示。

表 2-3 或门的真值表

A	B	F
0	0	0
0	1	1
1	0	1
1	1	1

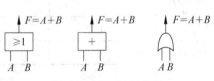

图 2-3 或门逻辑符号

3. 非门

非门又称反相器,实现非函数。逻辑符号如图 2-4 所示,真值表如表 2-4 所示。
其中 $F=\overline{A}$

表 2-4 非门的真值表

A	F
0	1
1	0

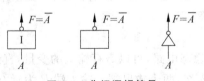

图 2-4 非门逻辑符号

4. 与非门

利用与、或、非基本逻辑单元的不同组合,可以构成各种复合门。与非门经常使用逻辑单元电路。其输入输出的逻辑关系是:当且仅当所有输入端均为 1 时,输出为 0,否则输出为 1。若 A、B 为输入变量,F 为输出变量,其逻辑表达式为:

$$F=\overline{AB}$$

逻辑符号如图 2-5 表示。

与非门真值表如表 2-5 所示。

表 2-5 与非门真值表

输入 A	输入 B	输出 $F=\overline{AB}$
0	0	1
0	1	1
1	0	1
1	1	0

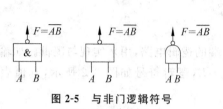

图 2-5 与非门逻辑符号

5. 异或门

如果函数的输入变量是 A、B，输出变量是 F，当两个输入端不相同，即 $A \neq B$ 时，输出 $F=1$；两个输入端相同，当 $A=B=0$ 或 $A=B=1$ 时，输出 $F=0$。可用来实现两个一位二进制数相加求和，$0+1=1$，$1+0=1$。但因为不考虑进位，又称半加器，其输出可称为半和。异或门实现 $F=\overline{A}B+A\overline{B}$ 的逻辑功能。异或门的功能可用四个与非门实现，逻辑符号如图 2-6 所示，也可记作 $F=A \oplus B$，真值表如表 2-6 所示。

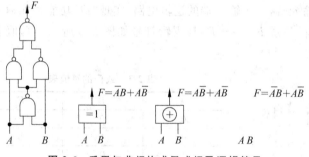

图 2-6 采用与非门构成异或门及逻辑符号

表 2-6 异或门真值表

A	B	F
0	0	0
0	1	1
1	0	1
1	1	0

2.4.2 触发器

用来存放一位二进制数据的双稳态电路，称为触发器。触发器有许多种，如基本 RS 触发器、同步 RS 触发器、JK 触发器、D 型触发器等。

1. 基本 RS 触发器

由两个与非门输入输出端交叉耦合组成的双稳态电路，可以寄存输入的变量，直到人为改变其状态时为止。基本 RS 触发器有两个输入端，两个输出端。输入端 R 为置 0 端，低电平有效，即 R 端输入 0 信号时，触发器变成 0 状态。输入端 S 为置 1 端，低电平有效，当 S 端输入 0 信号，触发器被置成 1 状态。输出端 Q、$\overline{Q}$ 表示触发器当前的状态：当 Q 是高电平表示触发器当前是 1 状态，(此时 $\overline{Q}$ 一定是低电平)；当 $\overline{Q}$ 为高电平表示触发器是 0 状态，(此时 Q 端一定是低电平)。其逻辑图、符号如图 2-7 所示，真值表如表 2-7 所示。

第 2 章 布尔代数与逻辑电路

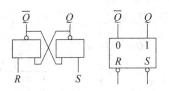

图 2-7 基本 RS 触发器逻辑图

表 2-7 基本 RS 触发器真值表

R	S	Q
0	0	不定
0	1	0
1	0	1
1	1	不变

注意：当 R、S 端同时输入高电平（1 信号），触发器保持原来状态不变；
当 R、S 端同时输入低电平（0 信号），触发器状态不定，工作时不允许出现。
另外，表示 RS 触发器的逻辑符号中 R、S 输入端增加两个小圈，表示 0 电平有效。
基本 RS 触发器又称 RS 暂存器，或 SR 锁存器。

2. 同步 RS 触发器

为了使 RS 触发器状态反转能与时钟脉冲（CP）同步，在基本 RS 触发器的基础上增加一级 CP 脉冲控制门，其逻辑图、符号如图 2-8 所示，真值表如表 2-8 所示。

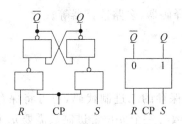

图 2-8 同步 RS 触发器逻辑图

表 2-8 同步 RS 触发器真值表

R	S	$Q(t+1)$
0	0	$Q(t)$
0	1	1
1	0	0
1	1	不定

注意：同步 RS 触发器中，R、S 置 0 置 1 信号是高电平有效，且二者不能同时为 1。当二者同时为 0 时，触发器状态保持不变。

3. D 型触发器

计算机中使用最多的触发器，由 6 个与非门组成。其逻辑符号、真值表如图 2-9 所示。

D 型触发器有两个当前状态输出端 Q、$\bar{Q}$，意义同前所述。主要不同是 CP 控制下的数据输入端 D 只有一个。当时钟脉冲 CP 到来时，将 D 端输入的数据打入触发器中保存。触发器新状态与触发器原来状态无关。

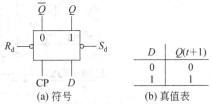

(a) 符号　　(b) 真值表

图 2-9 D 型触发器逻辑符号及真值表

另外还有两个输入端：R_d 为清 0 端，S_d 为置 1 端，均为低电平有效，且与时钟无关，显然二者不能同时为低。

4. JK 触发器

JK 触发器又称计数触发器。Q、$\bar{Q}$ 分别称为触发器 1 输出端和 0 输出端，表示触发器当前状态。R_d 和 S_d 分别称为直接置 0 端和置 1 端，低电平有效。J、K 为数据输入端，在时钟 CP 作用下，JK 触发器的状态如下所述：

当 $J=0, K=1$ 时,将触发器置 0,而与触发器原来状态无关。

当 $J=1, K=0$ 时,将触发器置 1,也与触发器原来状态无关。

而当 $J=1, K=1$ 时,在 CP 作用下,触发器状态翻转。即原来触发器状态 $Q(t)=0$,触发器翻转后 $Q(t+1)=1$;原来 $Q(t)=1$,触发器翻转后 $Q(t+1)=0$,可以理解为:送来一个 CP 脉冲,触发器计数一次。

而当 $J=0, K=0$ 时,CP 脉冲不改变触发器状态,$Q(t+1)=Q(t)$,JK 触发器逻辑符号、真值表如图 2-10 所示。

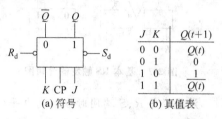

图 2-10 JK 触发器逻辑符号及真值表

2.5 基本逻辑部件

计算机中常用的逻辑部件有:寄存器、计数器、译码器、多路选择器等。

2.5.1 寄存器

寄存器是计算机中存放数据的部件。接收需要保存的二进制代码,也可将保存的数据送给其他部件。一个触发器可以寄存一位二进制数。一个 n 位二进制数需要 n 个触发器组成的寄存器保存。图 2-11 是一个用 n 个 RS 触发器组成的 n 位数据寄存器。

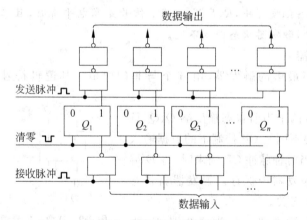

图 2-11 数据寄存器逻辑图

寄存器接收数据前必须统一清 0,在 R 端加入负脉冲可以清 0。接收数据时,在接收脉冲控制下输入数据经 S 端并行送入寄存器 Q 中。发送数据时,在发送脉冲控制下由寄存器中每位触发器的 Q 端(1 端)输出。

寄存器输出端增加左右移位电路,即可构成移位寄存器。

2.5.2 计数器

计数器是计算机中一种重要逻辑部件,用于对脉冲进行计数。由触发器组成。计数器有串行计数器和并行计数器之分。图 2-12 是由三个 D 型触发器构成的三位并行二进制计数器。最多可计 8 个脉冲。计数规律与计数器状态如表 2-9 所示。

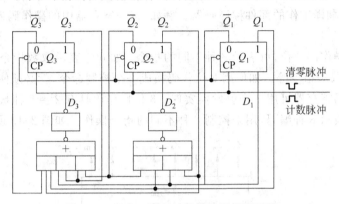

图 2-12 三位二进制计数器的逻辑原理图

表 2-9 三位二进制计数器的计数状态表

计数脉冲	计 数 器 状 态		
	Q_3	Q_2	Q_1
0	0	0	0
1	0	0	1
2	0	1	0
3	0	1	1
4	1	0	0
5	1	0	1
6	1	1	0
7	1	1	1
8	0	0	0

并行计数器的特点是计数过程中各位触发器是同步翻转的。

计数器低位触发器 Q_1,每计一个脉冲 Q_1 都要翻转一次。因此 Q_1 的数据输入端 $D_1=\overline{Q}_1$,$Q_1(t+1)=\overline{Q}_1(t)$。

触发器 $Q_2(t+1)=1$ 的条件:$Q_2(t)Q_1(t)=01$ 或 10,因此 Q_2 数据输入端 $D_2=\overline{Q}_2Q_1+Q_2\overline{Q}_1$。

触发器 $Q_3(t+1)=1$ 的条件:$Q_3Q_2Q_1=011+100+101+110$。

因此 Q_3 数据输入端 $D_3 = \overline{Q}_3Q_2Q_1 + Q_3(\overline{Q}_2 + \overline{Q}_1) = \overline{Q}_3Q_2Q_1 + Q_3\overline{Q}_2 + Q_3\overline{Q}_1$。这样 D_1、D_2、D_3 同时形成,计数时钟到来时,三个触发器同时翻转。翻转速度较快。

2.5.3 译码器

计算机中常需要把某个寄存器中的代码组合转换成特定的控制信号,控制其他部件工作,完成这种翻译工作的部件称译码器。例如,指令寄存器中的操作码译码器就是典型的译码器。

假定某机操作码 3 位,可表示 8 种不同的指令:如 000 表示取数指令,001 表示加法指令,010 表示减法指令等。如何用 3 位代码换成一个控制命令,就必须使用译码器。

这时操作码寄存器可用 3 个触发器实现。3 位操作码具有 $2^3 = 8$ 种状态,因之需要 8 个输出端分别表示 8 种编码,用来控制 8 种不同的指令操作。如图 2-13 所示。

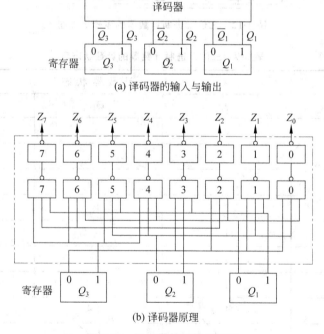

图 2-13 译码器的逻辑原理图

如果用 Q_3、Q_2、Q_1 三个触发器,存放输入的 3 位二进制代码,译码器的 8 个输出端 Z_0、Z_1、Z_2、Z_3、Z_4、Z_5、Z_6、Z_7 分别对应 8 个编码。

当寄存器存放的编码是 000 时,输出端只有 Z_0 是高电位,其他输出端均为低电位。寄存器编码是 001 时,只有 Z_1 是高电位,其他输出端均为低电位。以此类推,寄存器编码是 111 时,Z_7 为高电位,其他输出端均为低电位。某个输出线高电位时,表示执行对应二进制编码规定的操作。显然任何时候寄存器只能处于一种状态,任何时候 8 根输出线只有一根为高电位。只能执行一种指令的操作。三位操作码译码器真值表如表 2-10 所示。

表 2-10 三位译码器真值表

输入			输出							
Q_3	Q_2	Q_1	Z_7	Z_6	Z_5	Z_4	Z_3	Z_2	Z_1	Z_0
0	0	0	0	0	0	0	0	0	0	1
0	0	1	0	0	0	0	0	0	1	0
0	1	0	0	0	0	0	0	1	0	0
0	1	1	0	0	0	0	1	0	0	0
1	0	0	0	0	0	1	0	0	0	0
1	0	1	0	0	1	0	0	0	0	0
1	1	0	0	1	0	0	0	0	0	0
1	1	1	1	0	0	0	0	0	0	0

2.5.4 多路数据选择器

又称多路选择器,多路开关。其功能是从多路输入数据中选择指定的一路数据送至多路开关的输出端,选择哪一路输出,是由输入的控制变量决定的。如四选一多路开关的控制变量是 2 位,$2^2=4$,故可据此从四路输入中选择一路输出。图 2-14 为四选一一位多路选择器逻辑图。

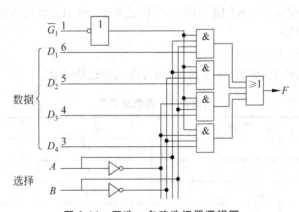

图 2-14 四选一多路选择器逻辑图

图 2-14 中 A、B 为控制变量,经过反向器可得 $\overline{A}$、$\overline{B}$,通过与门控制,由四路数据中选择一路数据输出。图 2-14 中只给出一位数据选择电路图,如果一个字长 8 位 的四选一多路开关,则这样的逻辑电路就需要 8 个。图 2-14 中 $\overline{G}$ 为使能输入端,当决定使该电路工作时,给出 $\overline{G}$ 信号(低电位),若禁止该电路工作时,使能输入端 $\overline{G}$ 为高电位。

习题

1. 求证：
   (1) $AB + A\bar{B} = A$
   (2) $AB + \bar{A}C + BCD = AB + \bar{A}C$
   (3) $AB + A\bar{B} + \bar{A}B + \bar{A}\bar{B} = 1$
   (4) $A\bar{B} + B + BC = A + B$

2. 写出图 2-15 和图 2-16 所示的电路的逻辑表达式。

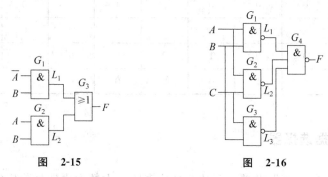

图 2-15　　　　　图 2-16

3. 写出下列函数真值表：
   (1) $F = AB + C$
   (2) $F = A \cdot B + \bar{A} \cdot \bar{B}$

4. 试画出下列逻辑表达式的逻辑图。（可将逻辑式中逻辑运算符用相应的逻辑门表示）
   (1) $F = AB + CD$
   (2) $F = (A + B)(C + D)$

5. 已知函数真值表（如表 2-11 所示），写出其逻辑表达式。

表 2-11　函数真值表

输	入		输 出
A	B	C	F
0	0	0	0
0	0	1	0
0	1	0	0
0	1	1	1
1	0	0	0
1	0	1	1
1	1	0	0
1	1	1	0

6. 用反演规则求下列函数的反函数。
(1) $F=(A+C)(B+\bar{C})$
(2) $F=A\bar{B}+B\bar{C}+C(\bar{A}+D)$

7. 利用代数法证明等式：
(1) $AB+BCD+\bar{A}C+\bar{B}C=AB+C$
(2) $AD+(\bar{A}+\bar{B})C+BC\bar{D}=AD+C$
(3) $\bar{A}B+CDE+\bar{B}D+AD=\bar{A}B+D$

8. 用真值表验证下列等式：
(1) $A\bar{B}+\bar{A}B=(\bar{A}+\bar{B})(A+B)$
(2) $AB+\bar{B}C+AC=AB+\bar{B}C$
(3) $\overline{ABC}=\bar{A}+\bar{B}+\bar{C}$

第3章 数据表示

电子数字计算机处理的基本对象是数字。现代计算机还可以处理语言、图像、文字、符号等各种非数值信息,其方法是将非数值信息用数字形式表示为数字化信息。用少量的基本的数字符号表示大量的复杂的各种非数值信息的方法称为数字化信息编码。

数据是信息的载体。计算机中处理的数据可分为两类:数值数据和非数值数据。数值数据有大小、正负之分,包含量的概念;非数值数据包括字母、符号、语音、图像等,不同的数字编码表示不同含义,没有大小之分。

计算机中数的表示方法与人们常用的表示方法不同。数据的表示方法直接影响计算机的结构和性能。由于计数和进位方式不同,可把数制分为二进制、八进制、十进制、二——十进制、十六进制等;在机器中为了对正负数运算方便,又引入了原码、补码、反码、移码的概念。为了扩大数据的表示范围、提高数据表示的精度,又提出了浮点数与定点数的表示方法。

若要对字母、符号、文字等非数值信息进行处理,首先要对它们施行数字化信息编码,常用的有 ASCII 码以及各种汉字编码等。

为了提高计算机工作的可靠性,及时发现和纠正数据存储和传送中的错误,又设计了各种检错码和纠错码,如海明校验码和 CRC 循环冗余校验码等。

数据表示是计算机运算的基础。

3.1 计数制

3.1.1 十进制计数制

在日常生活和生产劳动中,人们习惯使用"逢十进一"的十进制计数制。十进制计数制使用 10 个不同的符号来表示每一位数的大小,相邻 2 位数间的进位关系是"满十进一","十"称为计数制的基数。

例如一个十进制数

$$123.45 = 1 \times 10^2 + 2 \times 10^1 + 3 \times 10^0 + 4 \times 10^{-1} + 5 \times 10^{-2}$$

其中 $10^2, 10^1, 10^0, 10^{-1}, 10^{-2}$,分别叫做对应各位数的权。

第3章 数据表示

一般情况,任意一个十进制数 N 可表示为

$$N = K_n \times 10^n + K_{n-1} \times 10^{n-1} + \cdots + K_1 \times 10^1 + K_0 \times 10^0 + K_{-1} \times 10^{-1} + \cdots + K_{-m} \times 10^{-m}$$

$$= \sum_{i=-m}^{n} K_i \times 10^i$$

其中 $K=0,1,2,3,4,5,6,7,8,9$ 中任一个数,$i=-m \sim n$,m、n 为正整数。10 是计数制的基数,表示相邻 2 位数字的数的倍数关系。10^i 表示对应系数 K_i 的数值,称为 K_i 的权。

3.1.2 二进制计数制

在计算机中广泛使用二进制计数制,其每个数位只用两个不同的符号"0"或"1"表示,每位数计满 2,向相邻高位进 1,称"逢二进一"。

一个二进制数所代表的十进制数值,可用下列展开式之和表示:

$$(101.11)_2 = 1 \times 2^2 + 0 \times 2^1 + 1 \times 2^0 + 1 \times 2^{-1} + 1 \times 2^{-2}$$
$$= (4+0+1+0.5+0.25)_{10}$$
$$= (5.75)_{10}$$

一般情况,任意一个二进制数 N 可表示为

$$N = K_n \times 2^n + K_{n-1} \times 2^{n-1} + \cdots + K_1 \times 2^1 + K_0 \times 2^0 + K_{-1} \times 2^{-1} + \cdots + K_{-m} \times 2^{-m}$$

$$= \sum_{i=-m}^{n} K_i \times 2^i$$

其中 K 取 0 或 1,$i=-m \sim n$,m、n 为正整数,2 是计数制的基数,2^i 称为 K_i 对应的权。

*3.1.3 R 进制计数制

一般情况,如果计数制的基数是 R,则任意一个 R 进制的数 N 可表示为

$$N = \sum_{i=-m}^{n} K_i R^i$$

其中:$K=0,1,2,\cdots,(R-1)$,$i=-m \sim n$,m、n 为正整数,R 是计数制的基数,R^i 称为 K_i 的权。

显然,八进制计数制的基数 $R=8$,每位数可用 8 个不同的符号 0,1,2,3,4,5,6,7 表示,相邻 2 位数间的进位关系是"满八进一"。

十六进制计数制的基数 $R=16$,每位数可用 16 个不同的符号 0,1,2,3,4,5,6,7,8,9,A,B,C,D,E,F 来表示,相邻两位数间进位关系是"满十六进一"。

根据以上分析,各种计数制有以下特点:

(1) 每一种计数制都有一个固定的基数,基数都取正整数。

(2) 对于 R 进制的数,它的每一个数位只能用 R 个不同符号中的一个来表示,当该数位计满 R 时,就向相邻高位进 1,叫做"满 R 进一"。

(3) 每种计数制表示的数的值,都能用展开式来表示。它的每一位数 K_i 都确定对应一个固定的权 R^i。因此,其展开式又叫该计数制的按权展开式。

可以看出：对于 R 进制的小数而言，当小数点向右移一位，该数即增大 R 倍；当小数点向左移一位，该数缩小为原数的 $1/R$。

*3.1.4 在计算机中为什么采用二进制数

计算机中采用什么计数制主要考虑的原则是：物理上是否容易实现；运算方法是否简便；工作是否可靠；器材是否节省。

二进制数具有以下特点：

(1) 二进制数只使用两种符号"0"和"1"，任何具有两个不同的稳定状态的器件都可用来表示一位二进制数。可以找到许多具有这种特性的元件，如晶体管的导通和截止，磁性材料的两种磁化状态等。我们规定一种状态表示"1"，另一种状态表示"0"。而要找到或制造出具有十种稳定状态的器件则十分困难，要想识别这些状态也是十分复杂的。

采用二进制数，利用电位高低，脉冲有无来表示数"0"和"1"，对于数的存储、传送、识别都是很方便的，实现起来比较容易，也比较可靠。

(2) 运算规则简单。十进制数的运算规则最基本的是求两个一位数的和与积，其加法规则及乘法规则各有 $10 \times (10+1) \div 2 = 55$ 个，要求机器具备这种计算能力，显然是很复杂的。

采用二进制数，加法和乘法规则各有 $2 \times (2+1) \div 2 = 3$ 个，而被运算的数只有"0"和"1"，因而运算规则特别简单。

加法规则： $0+0=0$

$0+1=1+0=1$

$1+1=10$

乘法规则： $0 \times 0 = 0$

$0 \times 1 = 1 \times 0 = 0$

$1 \times 1 = 1$

用二进制数设计计算机的运算器和控制器比十进制数机器简便得多。

(3) 节省器材。如有一个 n 位 R 进制的数，它能表示的最大数是 R^n，亦是其能够表示的最大信息量。3 位十进制数可以表示 0~999 共 1000 个数，共需 $nR = 3 \times 10 = 30$ 个物理状态。若采用二进制数表示十进制数 1000，则需 10 位，即 $2^{10} = 1024$，需要 $nR = 10 \times 2 = 20$ 个物理状态。因此用二进制表示一个数，比用十进制表示相同的数需要的器材少。

(4) 二进制数包含两个变量"0"和"1"，可以用来表示逻辑变量"真"和"假"，在处理逻辑思维问题和在人工智能领域中具有巨大意义。

二进制数的缺点是表示同样一个数，用的位数较多，读起来不方便，与人们习惯不同，不直观。在使用上，输入时要把十进制数转化成二进制数才能在机器中处理；计算结果输出时，还需把二进制数转化成十进制数，也显得不方便。

3.2 不同数制间数据的转换

3.2.1 十进制整数转换为二进制整数

【例 3-1】 把十进制数 23 转换为二进制数。

解：设 $(23)_{10} = (K_n K_{n-1} \cdots K_1 K_0)_2$

问题在于如何决定 $K_n, K_{n-1}, \cdots, K_1, K_0$ 之值，它们可能是"0"或"1"，把它们写成按权展开式：

$$(23)_{10} = (K_n K_{n-1} \cdots K_1 K_0)_2$$
$$= K_n \times 2^n + K_{n-1} \times 2^{n-1} \cdots + K_1 \times 2^1 + K_0 \times 2^0$$
$$= 2(K_n \times 2^{n-1} + K_{n-1} \times 2^{n-2} + \cdots + K_1) + K_0$$

等式两边同除以 2，得到

$$(23/2)_{10} = \left(11 + \frac{1}{2}\right)_{10}$$
$$= K_n \times 2^{n-1} + K_{n-1} \times 2^{n-2} + \cdots + K_1 + \frac{K_0}{2}$$

等式两边整数部分与小数部分必须对应相等；因此，$K_0 = 1$，它正好是 23÷2 之余数，整数部分

$$(11)_{10} = K_n \times 2^{n-1} + K_{n-1} \times 2^{n-2} + \cdots + K_1 + K_1$$
$$= 2(K_n \times 2^{n-2} + K_{n-1} \times 2^{n-3} + \cdots + K_2) + K_1$$

等式两边同除以 2，得到

$$(11/2)_{10} = \left(5 + \frac{1}{2}\right)_{10}$$
$$= K_n \times 2^{n-2} + K_{n-1} \times 2^{n-3} + \cdots + K_2 + \frac{K_1}{2}$$

等式两边小数部分相等，因此得 $K_1 = 1$，即 11÷2=5 的余数是 1。

以此类推，可得 $K_2, K_3, \cdots, K_n$。

其步骤可写作：

```
2 | 23
2 | 11 …… 余数 1 = K₀
2 |  5 …… 余数 1 = K₁
2 |  2 …… 余数 1 = K₂
2 |  1 …… 余数 0 = K₃
      0 …… 余数 1 = K₄
```

因此换算结果为：

$$(23)_{10} = (10111)_2$$

注意：最先得到的余数是二进制整数的最低位，最后得到的余数是二进制数的最高位。另外除法必须除到商为"0"才结束。

这种十进制整数转换成二进制整数的方法称为"除 2 取余法"。

3.2.2 十进制小数转换为二进制小数

【例 3-2】 把十进制小数 0.625 换算为二进制小数。

解： $(0.625)_{10} = (0.K_{-1}K_{-2}\cdots K_{-m})_2$

问题在于如何决定 $K_{-1}, K_{-2}, \cdots, K_{-m}$ 之值。

把它们写成按权展开式：

$$(0.625)_{10} = K_{-1} \times 2^{-1} + K_{-2} \times 2^{-2} + \cdots + K_{-m} \times 2^{-m}$$

等式两边同乘以 2，得到

$$(1.250)_{10} = K_{-1} + (K_{-2} \times 2^{-1} + K_{-3} \times 2^{-2} + \cdots + K_{-m} \times 2^{-m+1})$$

等式两边整数部分、小数部分均对应相等，则 $K_{-1} = 1$，是 0.625×2 的整数位。

$$(0.250)_{10} = K_{-2} \times 2^{-1} + K_{-3} \times 2^{-2} + \cdots + K_{-m} \times 2^{-m+1}$$

等式两边同乘以 2，得到

$$(0.500)_{10} = K_{-2} + (K_{-3} \times 2^{-1} + \cdots + K_{-m} \times 2^{-m+2})$$

等式两边整数部分相等，得 $K_{-2} = 0$。

等式两边小数部分相等，得到

$$(0.500)_{10} = K_{-3} \times 2^{-1} + K_{-4} \times 2^{-2} + \cdots + K_{-m} \times 2^{-m+3}$$

等式两边同乘以 2，得到

$$(1.000)_{10} = K_{-3} + (K_{-4} \times 2^{-1} + \cdots + K_{-m} \times 2^{-m+4})$$

等式两边整数部分相等，得 $K_{-3} = 1$。

等式两边小数部分相等，得

$$0.00 = K_{-4} \times 2^{-1} + \cdots + K_{-m} \times 2^{-m+4}$$

因此，系数 $K_{-4}, K_{-5}, \cdots, K_{-m}$ 均应为 0。

如果乘法结果小数部分得不到全 0，则当二进制小数取到一定精度也可停止。

换算过程可写作：

```
        0.625
    ×     2
    ─────────
        1.250   取整数部分 1 = K₋₁   高位
    ×     2
    ─────────
        0.500   取整数部分 0 = K₋₂
    ×     2
    ─────────
        1.000   取整数部分 1 = K₋₃   低位
```

余数为 0，转换结束。

因此换算结果 $(0.625)_{10} = (0.101)_2$。

注意：最早得到的整数是二进制小数的高位，另外乘 2 转换做到小数之余数为零或转换得到指定的位数后结束转换。

这种十进制小数转换成二进制小数的方法,称为"乘2取整法"。

如果一个十进制数,既有整数部分,也有小数部分,转换成二进制数时,可将整数部分与小数部分分别进行换算,然后再加以合并得到最后结果。

如 $(23.625)_{10} = (23)_{10} + (0.625)_{10}$
$= (10111)_2 + (0.101)_2 = (10111.101)_2$

3.2.3 二进制数转换为十进制数

转换的方法是将二进制数按权展开求和。

【例 3-3】 把二进制数 1101.1101 转换成十进制数。

解:把二进制数按权展开,得到

$(1101.1101)_2 = 1 \times 2^3 + 1 \times 2^2 + 0 \times 2^1 + 1 \times 2^0 + 1 \times 2^{-1} + 1 \times 2^{-2} + 0 \times 2^{-3} + 1 \times 2^{-4}$
$= 8 + 4 + 0 + 1 + 0.5 + 0.25 + 0 + 0.0625$
$= (13.8125)_{10}$

因此,要把二进制数转换成十进制数时,只需分别把各位二进制数与其对应的权相乘,再求其和,即可得到相应的十进制数。

*3.2.4 任意两种进制数间的转换

任意两种进制数的转换原理与方法,原则上和十进制数与二进制数间的转换方法类似,例如将十进制数转换成八进制数,换算方法是:整数部分除8取余,小数部分乘8取整,然后将两个部分合并起来。

【例 3-4】 将十进制数 875.8125 转换为八进制数。

解:首先用除8取余的方法处理整数部分:

```
8 | 875
8 | 109  ……余数 3 = K₀
8 |  13  ……余数 5 = K₁
8 |   1  ……余数 5 = K₂
      0  ……余数 1 = K₃
```

所以整数部分 $(875)_{10} = (1553)_8$。

小数部分用乘8取余的方法处理:

```
        0.8125
    ×       8
      6.5000    取整数部分 6 = K₋₁    高位
    ×       8
      4.0000    取整数部分 4 = K₋₂    低位
```

所以小数部分 $(0.8125)_{10} = (0.64)_8$。

最后得到结果:
$$(875.8125)_{10} = (1553.64)_8$$

八进制数在计算机中的表示方法:

要想找到一个器件具有 8 种不同的稳定状态是非常困难的,但是我们可以利用 3 位二进制数表示 1 位八进制数,因为 3 位二进制数恰好具有 8 个不同的状态,用来表示八进制数的 8 个不同符号。

这样八进制数转换成二进制数非常方便,只要把每位八进制数依次用 3 位二进制数表示即可实现八进制数到二进制数的转换。

【例 3-5】 将八进制数 456 转换为二进制数。

解:将各位八进制数依次用 3 位二进制数表示。
$$(4\ 5\ 6)_8 = (100\ 101\ 110)_2$$

反之,可将二进制数转换成八进制数,但要特别注意:在二进制数分组时,必须从小数点开始向两边分组,即整数部分由小数点开始向左分组,每 3 位一组,用 1 位八进制数表示,最高分组若不是 3 位,则高位补零;小数部分由小数点开始向右分组,每 3 位 1 组,用 1 位八进制数表示,最低分组不是 3 位,则低位补零。

【例 3-6】 把二进制数 11011101.11110 转换成八进制数。

解:由小数点开始向两边数,3 位 1 组,进行分组,且在最高位最低位补零,补成每组 3 位二进制数。

$$\begin{array}{cccccc} 011 & 011 & 101. & 111 & 100 \\ 3 & 3 & 5. & 7 & 4 \end{array}$$

得到
$$(11011101.11110)_2 = (335.74)_8$$

同理,十六进制数可用 4 位二进制数表示。十六进制数 0~9 的表示与 4 位二进制数表示的 0~9 相同,十六进制数 A,B,C,D,E,F 分别表示十进制数的 10,11,12,13,14,15。十六进制数与二进制数的转换方法与八进制转换成二进制数方法类似。

3.3 十进制数据编码

在商用计算机中,数据的输入输出量很大,而数据的处理都很简单。为了减少十进制数转换为二进制数和二进制数转换为十进制数的工作量,常需要设置十进制运算指令,直接对十进制数进行处理。

为了表示十进制数,需要 10 个不同的符号 0~9,要想找到一个器件具备 10 个不同的稳定状态是很困难的,然而用多位二进制数表示一位十进制数的方案是现实可行的。

表示 10 种不同符号,至少需要 4 位二进制数,4 位二进制数可表示 $2^4 = 16$ 种不同状态,有 6 种状态是多余的,由 16 种状态中选取 10 种状态表示 0~9 的编码方法很多,常用的方案分有权码方案和无权码方案。

3.3.1 有权码方案

表示 1 位十进制数的 4 位二进制数中,每 1 位二进制数都有固定的权,用 4 位二进制数之和表示所代表之十进制数,这种编码方案称有权码方案。

各种有权码方案因每位二进制数的权不同而加以区别,因此常用各位权来命名。

最常用的有权码是 8421 码。它依次表示各位二进制数的权分别是 8,4,2,1。这样表示的十进制数 0～9 与二进制数 0～9 表示的代码完全相同,故称为二进制编码的十进制码(binary-coded decimal),简称 BCD 码或二——十进制码。这种编码的优点是 4 位二进制数之间满足二进制数规则,而十进制数位之间是十进制规则。另一优点是与字符代码 ASCII 转换方便,ASCII 码的低 4 位即 BCD 码,输入输出操作简便。缺点是 BCD 码算术运算方法复杂,有些情况需要对运算结果进行修正。

另外几种实用的有权码有 2421 码、5421 码、5211 码、4311 码、84-2-1 码等。

这些编码有如下特点:

(1) 从右边数第 1 位数(低位)的权必为 1,否则十进制数 1 不能表示;
(2) 从右边数第 2 位数的权必为 2 或 1,否则十进制数 2 不能表示;
(3) 4 位二进制数的对应的权之和最少为 9,否则十进制 9 不能表示,但不能大于 15;
(4) 2 位十进制数相加和等于 9 时,其和的各位最好都是 1,即 9 的编码为 1111;
(5) 2 位十进制数相加和等于 10 时,它们的二进制码的最高位应该产生向高位十进制数的进位,而本身 4 位二进制数变成 0000,否则结果要修正。

常见十进制数据有权码编码如表 3-1 所示。

表 3-1 十进制数据有权码编码

十进制数	8421 码	2421 码	5421 码	5211 码	84-2-1 码
0	0000	0000	0000	0000	0000
1	0001	0001	0001	0001	0111
2	0010	0010	0010	0011	0110
3	0011	0011	0011	0101	0101
4	0100	0100	0100	0111	0100
5	0101	1011	1000	1000	1011
6	0110	1100	1001	1010	1010
7	0111	1101	1010	1100	1001
8	1000	1110	1011	1110	1000
9	1001	1111	1100	1111	1111

十进制数据有权码编码方案中还有采用 5 位二进制数表示 1 位十进制数的,例如五中取二码。这种编码用 5 位二进制数表示 1 位十进制数,5 位数中各位的权分别表示 0,1,2,4,7;这种编码是利用 5 位中取出 2 位(也只取 2 位)来表示十进制数据的,其编码格式如表 3-2 所示。

表 3-2 五中取二码编码格式

十进制数	五中取二码 (位数) 0 1 2 4 7	十进制数	五中取二码 (位数) 0 1 2 4 7
1	1 1 0 0 0	6	0 0 1 1 0
2	1 0 1 0 0	7	1 0 0 0 1
3	0 1 1 0 0	8	0 1 0 0 1
4	1 0 0 1 0	9	0 0 1 0 1
5	0 1 0 1 0	0	0 0 0 1 1

这种编码的优点是可靠,如果出现差错,很易发现。因为在这种代码中,具有1的位数均为2个,如果发生差错,该数的1的个数将变成1个或3个。

*3.3.2 无权码方案

表示一位十进制数的各位二进制数没有固定的权,这种编码方案称无权码方案。常用的无权码有余3码(excess-3 code)和格雷码(Gray code),格雷码又称循环码。

1. 余3码

余3码是在8421 BCD码基础上再加上二进制数0011形成的。其优点是两位十进制数相加时,能正确产生向高位进位的信号。

当两位余3码相加时,结果有进位,表示正确进位,但和的结果应再加上0011,得到和的余3码。

当两位余3码相加时,结果无进位,表示两个十进制数相加不应该产生进位,但结果应减法0011,才能得到和的余3码。

余3码的重要特点是:余3码的0和9,1和8,2和7,3和6……表示方法相反(互为反码),求反容易,有利于减法运算。

余3码的编码方案见表3-3。

2. 格雷码

格雷码也是一种常用的无权码,其编码规则是:任何相邻两数的代码只有一位二进制数不同,保证了代码变换的连续性,即从一个数加1变换为相邻一个数时,其中只有一位二进制数改变状态,变换瞬间不会出现其他代码。在计数器,节拍电路,模拟/数字转换电路中非常有用,其编码格式如表3-3所示。

表 3-3 余3码和格雷码编码格式

十进制数	余3码	格雷码	十进制数	余3码	格雷码
0	0011	0000	5	1000	1110
1	0100	0001	6	1001	1010
2	0101	0011	7	1010	1011
3	0110	0010	8	1011	1010
4	0111	0110	9	1100	1000

3.4 字符编码

现代计算机中不仅进行数值计算，而且要处理大量非数值的问题。特别是处理办公领域的文本信息。字符是计算机中使用最多的信息形式之一，是人与计算机交互、通信的工具。字符又叫符号数据，用来表示文字信息，包括字母和符号。通常人们通过键盘向计算机输入需要处理的原始数据和操作命令，计算机也要把处理结果以字符形式输出到显示屏幕上，或从打印设备上输出。计算机只能识别处理二进制数，不能识别处理英文字母和各种符号，要想扩展计算机在这方面的应用，必须把各种字母、符号变换成二进制数代码才行。在计算机中，要为每个字符指定一个确定的编码，作为输入、存储、处理和输出有关字符的依据。字符编码也是利用二进制数的符号"0"和"1"表示的。

3.4.1 ASCII 字符编码

目前国际上普遍采用的字符系统是用 7 位二进制信息表示的美国国家信息交换标准码(American Standard Code for Information Interchange)，简称 ASCII 码。

ASCII 码可表示 10 个十进制数字 0～9，26 个英文字母，通用运算符号＋、－、×、÷、/、>、=、<以及标点符号等共计 95 个可显示字符；另外还有 33 个编码，作为控制字符，控制计算机和一些外部设备的操作。

ASCII 码和 128 个字符的对应关系如表 3-4 所示。一个字符在计算机中占据一个字节，用 8 位二进制数表示。

表 3-4 ASCII 字符编码表

$b_3b_2b_1b_0$ \ $b_6b_5b_4$	000	001	010	011	100	101	110	111
0000	NUL	DLE	SP	0	@	P	、	p
0001	SOH	DC1	!	1	A	Q	a	q
0010	STX	DC2	"	2	B	R	b	r
0011	ETX	DC3	#	3	C	S	c	s
0100	EOT	DC4	$	4	D	T	d	t
0101	ENQ	NAK	%	5	E	U	e	u
0110	ACK	SYN	&	6	F	V	f	v
0111	BEL	ETB	'	7	G	W	g	w
1000	BS	CAN	(	8	H	X	h	x
1001	HT	EM	)	9	I	Y	i	y
1010	LF	SUB	*	:	J	Z	j	z
1011	VT	ESC	+	;	K	[	k	{
1100	FF	FS	,	<	L	\	l	|
1101	CR	GS	-	=	M	]	m	}
1110	SO	RS	.	>	N	^	n	~
1111	SI	US	/	?	O	_	o	DEL

正常情况下,最高一位 b_7 为"0"。在需要奇偶校验时,这一位可用于存放奇偶校验的值,此时称这一位为校验位。

ASCII 是 128 个字符组成的字符集。其中编码值 0~31 不对应任何可印刷(或称有字形)字符,通常称它们为控制字符,用于通信中的通信控制或对计算机设备的功能控制。编码值为 32 的是空格(或间隔)字符 SP。编码值为 127 的是删除控制 DEL 码。其余的 94 个字符称为可印刷字符(若把空格也计入可印刷字符时,则称有 95 个可印刷字符)。

请注意:这种字符编码中有如下两个规律:

(1) 字符 0~9 这 10 个数字符的高 3 位编码为 011,低 4 位为 0000~1001。当去掉高 3 位的值时,低 4 位正好是二进制形式的 0~9。这既满足正常的排序,又有利于完成 ASCII 码与二进制数之间的类型转换。

(2) 英文字母的编码值满足正常的字母排序关系,且大、小写英文字母编码的对应关系相当简便,差别仅表现在 b_5 一位的值为 0 或 1,有利于大、小写字母之间的编码变换。ASCII 每个字符用 7 位二进制数表示,其排列顺序为 $b_6、b_5、b_4、b_3、b_2、b_1、b_0$,在表中 $b_6 b_5 b_4$ 为高位部分,$b_3 b_2 b_1 b_0$ 为低位部分。共有 $2^3 \times 2^4 = 8 \times 16 = 128$ 个字符。前三位表示 $2^3 = 8$ 列,各列分配规律如下:000,001 列为控制字符;010 列为运算符号等;011 列为数字符;100,101 两列为大写英文字母;110,111 两列为小写英文字母。后四位 $2^4 = 16$ 行。为列内编码。计算机内一个字符实际上是 8 位二进制数,其最高位 b_7 规定为 0,当需要进行校验时,b_7 可用来作为奇偶校验位。因此一个字符的编码标准长度是 8 位二进制数,称为一个字节。

在进行字符编码时,尽量按照一定的规律排序,使得编码简单明了。

3.4.2 EBCDIC 码

EBCDIC 是 Extended Binary Coded decimal Interchange Code 的缩写,是扩展的二-十进制字符交换码,最早用于 IBM 系列计算机中。它采用 8 位码,有 256 个码点,可表示更多字符,目前只使用一部分。它也遵循编码简明、转换方便的要求。如十进制数字 0~9 这 10 个数字符,高 4 位编码为 1111,低 4 位编码为 0000~1001;大小写英文字母的编码,同样满足正常的顺序要求,而且有简单的对应关系。

3.4.3 字符串

随着计算机在非数值处理领域中的广泛应用,在管理信息系统中和办公系统中迫切要求进行文字处理,字符串已成为最常用的数据类型,许多计算机中都提供字符串操作。

字符串是指连续的一串字符,在主存中通常占用连续的多个主存单元,每个单元存放一个字符。当主存单元中一个字由若干个字节构成,每个字节存放一个字符时,字符串中各个字符既可从低字节向高字节依次存放,也可按从高字节到低字节顺序存放,不同的计算机有不同的约定。

【例 3-7】 在主存中存放字符串:
IF X>Y THEN READ (Z)

假定计算机字长 32 位,每个存储单元分成 4 个字节,每个字节存放一个字符,字符串从高位字节到低位字节顺序存放有关字符的 ASCII 码。字符串表达式中的空格在主存中也占用一个字节位置。因之每个字节中分别存放十进制数 73,70,32,88,62,89,32,84,72,69,78,32,82,69,65,68,40,90,41,32。存放情况如表 3-5 所示。

表 3-5 字符串在主存中存放方法

I	F	空格	X
>	Y	空格	T
H	E	N	空格
R	E	A	D
(	Z	)	空格

3.5 汉字编码

计算机能否处理汉字是在我国能否推广计算机应用的关键。许多技术人员做过开创性的工作。汉字是一种象形文字,数量很大。根据统计在汉字使用中,高频字约 100 个;常用字约 3000 个;次常用字约 4000 个;罕见字约 8000 个。正在使用的汉字总数约有 15 000 个。根据 1981 年国家公布的 GB 2312—80 方案,汉字基本字符集共 6763 个,按出现频度分为一级汉字 3755 个,二级汉字 3008 个。还有西文字母、数字、图形符号等 682 个,共计 7445 个。如何对汉字进行编码,把汉字输入到计算机中进行处理,成为人们研究的重要课题。

3.5.1 汉字输入码

汉字输入方法很多,五花八门、百花齐放,我们把按照汉字输入方法制定的汉字编码称为汉字输入码,又叫外码。评价汉字输入码的标准应该是容易学习、记忆,编码长度短,输入快,重码少,没有二义性,不会混淆。当前利用标准英文键盘输入的方法约有 2000 种,可分为以下几类:
- 拼音输入码,如全拼码、双拼码等。拼音码是以我国文字改革委员会公布的汉语拼音方案为基础制定的输入方法,在普通话说得标准的人群中容易推广。其特点是易学易用,只要会汉语拼音,就能输入汉字,缺点是同音字多,重码率高,输入速度较慢。
- 字形输入码,如五笔字型码、首尾码等,是以汉字字形为基础制定的汉字输入编码。汉字都是由若干笔画组成的,把构成汉字笔画部件用数字表示,按汉字笔画书写顺序依次输入,表示一个汉字。五笔字型输入法是最有影响的字形编码方法,优点是在世界各地发音不同的地区都可使用,输入也比较快,但需要记忆一些专门符号。

- 音形编码，是一种发音与字形二者兼顾的汉字输入编码。
- 数字编码，如区位码、电报码等。区位码，属数字编码。其编码方案是将全部汉字按一定规则排序，再依次逐个赋予其一定的数字编号，作为该汉字的代号。电报码和区位码是典型的数字码，都是利用4位数字表示一个汉字，其特点是无重码，缺点是难记。

区位码是根据国家1981年公布的汉字基本字符集，其两级汉字共6763个，另有英文字母、阿拉伯数字、图形符号等682个，共计7445个，对其统一进行编码的一种方案。

区位码把全部常用汉字分成94个区，每区有区号；每个区内又细分成94个位置，每个位置有位号；每个汉字都有固定的位置，固定的编号；区号、位号都用两位十进制数表示。4位十进制数表示的区号位号可唯一地指定一个汉字，称为该汉字的区位码。

区位码最多可表示94×94＝8836个汉字，从1区到94区各区具体分配如下：

01～03区　存放常用图形、符号。
04～07区　存放日文、俄文字母(备用)。
08～09区　空,备用。
10～15区　空,作为自定义符号区。
16～55区　一级汉字,按拼音音序排列。
56～87区　二级汉字,按字形偏旁部首排列。
88～94区　空。

区号位号用二进制数表示的十进制数字表示，各占一个字节(8位二进制数)。每个汉字编码占两个字节,高位字节为区号,低位字节表示位号。

例如"中国"两个汉字的区位码分别是5448,2590。汉字"中"在54区48位，"国"字在25区90位。

3.5.2 国标码与内码

汉字编码方案有许多种，各不相同，为了大家交流方便，国家必须有统一的计算机汉字编码。1981年公布了"中华人民共和国国家标准信息交换汉字编码"，是汉字的国家标准编码，简称GB2312—1980，与西文的ASCII码属同一种制式，也可看作是ASCII码的扩展。

1. 国标码

国标码的基础是汉字区位码，区位码将国家筛选的汉字分成94区，每区分成94位，每个位表示一个汉字，组成一个94×94的二维平面。区号位号各用一个字节表示。

国标码与区位码有两点不同：

一是区号位号都用十六进制数表示，而不是用二-十进制的 BCD 码表示。例如"中国"的区位码是$(5448)_{10}(2590)_{10}$，区号、位号分别转换成十六进制数后表示为：

"中"：$(54)_{10}(48)_{10}=(36)_{16}(30)_{16}$
"国"：$(25)_{10}(90)_{10}=(19)_{16}(5A)_{16}$

国标码与区位码一一对应，也是数字编码，不重码。每个汉字用两个字节表示。

国标码与区位码的第二个不同点是它们第一个汉字的定位不同。我们知道汉字是2

字节编码,区号位号各有 8 位,则共有 $2^8 \times 2^8 = 64K$ 个编码,或者说共有 65 536 个位置存放 7445 个汉字,汉字放在 2 字节平面的哪个位置上?或者说 1 区 1 位第 1 个汉字放在 2 字节平面哪个位置上,需要进行定位。

国标码规定:把区位码第 1 个汉字 $(0101)_{10}$ 放在 2 字节平面 $(21)_{16}$ 区 $(21)_{16}$ 位置上。用重新定位后十六进制数字表示的区号位号表示汉字国标码。这样,区位码用十六进制数表示后与国标码的区号位号分别相差 $(20)_{16} = (0010\ 0000)_2$。

如果要把区位码转换成国标码,只要把区位码的区号位号分别用十六进制表示,再分别加上 $(20)_{16}$ 即可得到这个汉字的国标码。

例如,已知"中国"的区位码是 5448,2590,转换成国标码时,先把区位码十进制数换算成十六进制数:汉字"中"区位码 $(54)_{10}(48)_{10} = (36)_{16}(30)_{16}$

"国"区位码 $(25)_{10}(90)_{10} = (19)_{16}(5A)_{16}$

再在十六进制表示的区号位号上分别加上 $(20)_{16}$,最终得到汉字"中国"的国标码:

"中"的区号:$(36)_{16} + (20)_{16} = (56)_{16}$

位号:$(30)_{16} + (20)_{16} = (50)_{16}$

所以"中"的国标码是 5650,

"国"的区号:$(19)_{16} + (20)_{16} = (39)_{16}$

位号:$(5A)_{16} + (20)_{16} = (7A)_{16}$

所以"国"的国标码是 397A。"中国"的国标码是 5650 397A。

随着 Internet 普及应用,中文信息处理领域的拓宽,2000 年 3 月信息产业部国家技术监督局颁布了 GB18030—2000《信息技术信息交换用汉字编码字符集 基本集的扩充》新标准。该标准共收录 27 000 多个汉字,包括藏文、蒙文、维吾尔文及繁体汉字等,总编码空间超过 150 万个码点。新方案采用单、双、四字节混合编码,与现有多数操作系统,中文平台兼容。

2. 内码

区位码是一种汉字输入编码,在计算机内不能使用。国标码,是一种国家汉字标准编码,也不是机内使用的汉字编码。

在计算机内传输、存储、处理的汉字编码称为汉字机内码,简称内码。ASCII 码是英文机内码。汉字内码是用二进制数表示的汉字数字编码。设计汉字机内码时要求其编码没有二义性,且与其他编码严格区分,不会造成混淆。要求其编码长度要短,存放、处理方便,便于查找。

汉字机内码是基于汉字国标码制定的,也用两个字节,为了与英文字符编码 ASCII 相区分,规定表示汉字内码的两个字节的最高位必须都是"1",而 ASCII 码是一个字节,且其最高位必须是"0"。汉字内码的生成方法是把国标码中表示区号位号的字节最高位变成"1"。也就是把国标码区号位号分别再加上 $(80)_{16}$ 即可。

$$(80)_{16} = (1000\ 0000)_2$$

【**例 3-8**】 已知"中国"的国标码是 $(5650)_{16}(397A)_{16}$,求其内码。

解:汉字"中"的区号 $(56)_{16} + (80)_{16} = (1101\ 0110)_2 = (D6)_{16}$

位号 $(50)_{16} + (80)_{16} = (1101\ 0000)_2 = (D0)_{16}$

汉字"中"的内码是D6D0。

汉字"国"的区号$(39)_{16}+(80)_{16}=(1011\ 1001)_2=(B9)_{16}$

位号$(7A)_{16}+(80)_{16}=(1111\ 1010)_2=(FA)_{16}$

汉字"国"的内码是B9FA。

3.5.3 汉字输出码

计算机内处理汉字时，不是对汉字字形本身直接进行的，因为这样不但存储容量很大，处理速度很慢，简直不可想象。

计算机处理汉字时，都是对该汉字的二进制代码进行的，不但节省存储容量，传送处理也很方便。但当汉字处理完毕，输出汉字时，给出这些代码，人们是无法看懂的，很难辨认。

为了显示打印输出汉字本来的字形，必须将每个汉字的内码转换成汉字字形，必须将每个汉字的形状在计算机内存储起来。通常使用点阵表示汉字字形，这种汉字点阵编码称为汉字字模，所有汉字的字模，组成汉字字库。一个汉字有多种字体、字形，用不同的字模码表示。因此，一个汉字内码对应多个汉字字模，有多个汉字字库，不同字体对应不同的字库。输出时，使用汉字内码作为汉字字库的地址，当选完字形后，每一个内码将驱动一个字模，将其字形显示出来。

所谓点阵字模方式是把汉字像图形一样，画在网状方格上，每个网格一个点，用二进制数中一位(bit)表示。16×16点阵是指横向16行，纵向16列的16×16网格，点阵中有笔画标记的方格对应置为"1"，无笔画标记的方格为"0"，把所有"1"的方格连接起来即可显示一个汉字字形。如图3-1，表示一个汉字"华"的16×16点阵字形，每行16位可用两个字节的二进制信息来表示，一个汉字16行，可用32字节的信息编码来表示，称为点阵字模编码。

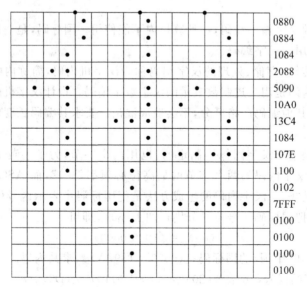

图3-1 "华"16×16点阵字模编码

如果一个汉字由 24×24 点阵组成,即表示一个汉字需要 24 行,每行 24 位二进制数(三个字节),则一个 24×24 点阵汉字要占用。

$$3 字节/行 \times 24 行 = 72 字节$$

7500 个汉字共占用 72B×7500＝540KB。

字模点阵规模小,分辨率差,字形不美观,一些复杂的汉字或繁体字表示困难,但所需容量较小,容易实现。字模点阵规模大,字形美观、分辨率高,占用存储容量大。

汉字输出码的点阵字模信息编码的集合叫汉字库,通常把汉字库放在磁盘上,输出时使用专门软件,用汉字内码作为地址访问汉字库读出相应字模信息,这种字库叫软字库。还有一种汉字库,把汉字字模信息固化在只读存储器 ROM 芯片中,制成汉字字模卡,插在系统板的扩展槽中。使用汉卡的输出快,但成本高,这种汉字库叫硬字库。

3.6 机器数及其编码

计算机的基本功能是对数据进行算术运算。计算机中的数是用二进制表示的,那么,数的符号如何表示? 数有正数和负数之分,它们也是相反的两种概念,因此也可采用具有两种状态的逻辑元件来表示,通常用"0"表示正数,用"1"表示负数。这个表示正、负号的二进制数放在被表示的数的最高位之前,称为符号位。

最高位 MSB＝0,表示正数,如:＋1011＝01011;

最高位 MSB＝1,表示负数,如:－1011＝11011。

为了简化算术运算规则,又提出了各种编码方法,如原码、补码、反码、移码等。

我们把在计算机中表示的二进制数据代码称为机器数,它约定了数据的符号和数据的格式。而机器数代表的实际数值称为真值。

机器数的编码可分为定点数和浮点数两种。定点数又可为定点小数和定点整数两种。

定点小数表示的是纯小数。在定点小数的机器数编码格式中,规定小数点的位置固定在最高数据位之前,符号位之后,小数点的位置在整个运算过程中是固定不变的。在定点机器中,小数点的位置一经约定,即固定不变,不需要用专门代码指定小数点位置。

对于一个 $n+1$ 位的定点二进制小数 $x = x_0 x_1 x_2 \cdots x_n$,其中 x_0 表示符号位,x_0 为 0 或 1。

若 $x_0 = 0$,表示正数,这个数代表的数值为

$$x_1 \times 2^{-1} + x_2 \times 2^{-2} + \cdots + x_n \times 2^{-n}$$

它能表示的最大正数为 $1 - 2^{-n}$。

若 $x_0 = 1$,表示负数,其绝对值与正数相同。

因此,该定点小数的表数范围是

$$-(1 - 2^{-n}) \leqslant x \leqslant (1 - 2^{-n})$$

定点整数的机器数编码方法中,规定小数点固定放在最低数据位的右边。对于一个 $n+1$ 位定点二进制整数:

$$x = x_n x_{n-1} x_{n-2} \cdots x_0$$

其中 x_n 为符号位,x_n 为 0 或 1。

当 $x_n = 0$,表示正数,其表示的数值是

$$x_{n-1} \times 2^{n-1} + x_{n-2} \times 2^{n-2} + \cdots + x_0 \times 2^0$$

它能表示的最大正数是 $2^n - 1$。

$x_n = 1$,表示负数。

因此,该定点整数的表数范围是

$$-(2^n - 1) \leqslant x \leqslant 2^n - 1$$

计算机中有时使用无符号数,即所有二进制代码均为数值位,它只能表示正数和零,它能表示的正数可比带符号数大一倍。

3.6.1 定点小数编码

1. 原码表示法

原码用最高位表示数的符号,又叫符号-绝对值表示法:最高位为"0"表示正数,为"1"表示负数,其余代码表示数的绝对值。设 x 为任意二进制小数,

若 $x > 0$ 为正数,表示为 $x = +0. x_1 x_2 \cdots x_n$

$$[x]_原 = 0. x_1 x_2 \cdots x_n = x$$

若 $x < 0$ 为负数,表示为 $x = -0. x_1 x_2 \cdots x_n$

$$\begin{aligned}[x]_原 &= 1. x_1 x_2 \cdots x_n \\ &= 1 + 0. x_1 x_2 \cdots x_n \\ &= 1 - (-0. x_1 x_2 \cdots x_n) \\ &= 1 - x\end{aligned}$$

若 $x = 0$,0 的原码有两种形式:

$$[+0]_原 = 0. 0 0 \cdots 0$$
$$[-0]_原 = 1. 0 0 \cdots 0$$

归纳起来,原码的定义为

$$[x]_原 = \begin{cases} x & \text{当 } 0 \leqslant x < 1 \\ 1 - x & \text{当 } -1 < x \leqslant 0 \end{cases}$$

原码表示法简单、直观与真值转换方便。缺点是加减运算不方便。当同号两数相加求和时,数值部分相加,符号不变;当异号两数相加时,先判断绝对值谁大,用绝对值大的数减去绝对值小的数,结果符号取绝对值大的数的符号。这样使得机器结构复杂,运算时间增加。由于加减法是计算机中最基本、最常用的运算,必须设计更好编码方法,解决提高加减法速度的需求。

2. 补码表示法

为了解决异号两数相加和同号两数相减问题,引入补码概念。补码表示法的实质是把减法变成加法。

我们日常生活中会碰到拨钟表对时间问题,例如现在是 7 点钟,钟表时针指在 11 点

钟。拨正时间有两种方法：一种是逆时针向后拨 4 小时,可拨到 7 点,相当于减 4;或者可以顺时针向前拨 8 小时,也可拨到 7 点,相当于加 8;由此看出加 8 与减 4 是等价的,但其前提条件是表盘一周划分为 12 小时才是正确的。加上的数与减去的数的关系必须是二数绝对值之和等于 12。我们把这样两个数,对于表盘中的 12 称互为补数。例如 1 与 11,2 与 10,3 与 9,4 与 8,5 与 7 等,12 叫做模数。

减去一个数,可用加上该数的补数来代替,二者对于模数具有同余关系。另外加减其模的整数倍,其值不变。而做加法时,不需要进行变换。

一般说：任意一个数 x 的补码,等于该数加上其模数。模数 m 为一个正整数,则

$$[x]_{补} = m + x \quad (\text{mod } m)$$

当 $x > 0$, $[x]_{补} = m + x = x \quad (\text{mod } m)$

当 $x < 0$, $[x]_{补} = m + x = m - |x| \quad (\text{mod } m)$

对任意一个 $n+1$ 位二进制小数 $x = x_0 x_1 x_2 \cdots x_n$, 其中 x_0 为符号位, 其补码为

$$[x]_{补} = \begin{cases} x & \text{当 } 0 \leqslant x \leqslant 1 - 2^{-n} \\ 2 - x & \text{当 } -1 \leqslant x \leqslant 0 \end{cases} \quad (\text{mod } 2)$$

关于定点二进制小数补码模数 $m = 2$ 的说明：

$$[x]_{\max} = 0.11\cdots11$$

如果把符号位看作整数位,则负数的绝对值最大数为 $1.11\cdots11$;模数取 x 的最大数加上 $0.00\cdots01$,即最低位 +1,

$$m = 1.11\cdots11 + 0.00\cdots01 = 10.00\cdots0 = 2$$

即取符号位之进位为模。当 x 为正数, x 加 2 的整数倍,仍为 x,对 x 无影响;当 x 为负数,即可得其补码 $2 + x$。

【例 3-9】 给定 4 位二进制小数(含 1 位符号),求其补码。

解：因为 $[x]_{补} = 2 + x$

当 $x \geqslant 0$ 时, $[x]_{补} = 2 + x = x$

x 的真值	$[x]_{补}$
+0.111	0.111
+0.110	0.110
⋮	⋮
+0.001	0.001
+0.000	0.000

当 $x \leqslant 0$ 时, $[x]_{补} = 2 + x = 10.000 - |x|$

x 的真值	$[x]_{补}$
−0.001	1.111
−0.010	1.110
−0.011	1.101
−0.100	1.100
−0.101	1.011
−0.110	1.010

$$-0.111 \quad\quad 1.001$$
$$-1.000 \quad\quad 1.000$$

补码具有以下性质：

① $[+0]_{补}=0.000$

$[-0]_{补}=0.000=2+x=10.000-|x|=10.000-0.000=0.000$

零的表示是唯一的，且为全零，在计算机中判结果为零很方便。

② 定点小数的补码中，可表示 -1，这是其他编码中做不到的。

③ 负数的补码求法中，用 2 减去 x 的绝对值，可以看作是用 1111 减去 x 的绝对值，然后末位再加 1。因而负数求补的方法，可用 x 逐位求反，末位加 1 得到。

④ 关于补码的符号位：

当 $x \geqslant 0$ 时，$[x]_{补}=x \geqslant 0$，此时 $x_0=0$；

当 $x \leqslant 0$ 时，$[x]_{补}=2+x \geqslant 1$，此时 $x_0=1$。

因此，补码为负数时，$x_0=1$；补码为正数时，$x_0=0$。

⑤ 已知 $[x]_{补}=x_0\,x_1\,x_2\cdots x_n$，可求 x 的真值。

根据补码定义，可综合写成 $[x]_{补}=2x_0+x$，其中 x_0 为符号位，x 为该数之真值，对于正数负数均能成立。

因此其真值

$$\begin{aligned}
x &= [x]_{补} - 2x_0 \\
&= x_0.x_1\,x_2\cdots x_n - 2x_0 \\
&= x_0 + 0.x_1\,x_2\cdots x_n - 2x_0 \\
&= -x_0 + 0.x_1\,x_2\cdots x_n \\
&= -(x_0 - 0.x_1\,x_2\cdots x_n)
\end{aligned}$$

当 x 为正数时，$x_0=0$，$x=0.x_1\,x_2\cdots x_n$；

当 x 为负数时，$x_0=1$，$x=-(1-0.x_1\,x_2\cdots x_n)$。

即对补码的数值部分求补，并加上负号求得真值。

⑥ 补码的符号扩展及右移规则：

已知 $[x]_{补}=x_0.x_1\,x_2\cdots x_n$，求 $\left[\dfrac{1}{2}x\right]_{补}$。

由性质⑤可知：

$$\begin{aligned}
x &= -x_0 + 0.x_1\,x_2\cdots x_n \\
&= -x_0 + x_1\times 2^{-1} + x_2\times 2^{-2} + \cdots + x_n\times 2^{-n} \\
\frac{1}{2}x &= -x_0\times 2^{-1} + x_1\times 2^{-2} + x_2\times 2^{-3} + \cdots + x_n\times 2^{-n-1} \\
&= -x_0 + x_0\times 2^{+1} + x_1\times 2^{-2} + x_2\times 2^{-3} + \cdots + x_n\times 2^{-n-1} \\
&= -x_0 + 0.x_0\,x_1\,x_2\cdots x_n
\end{aligned}$$

$$\left[\frac{1}{2}x\right]_{补} = 2x_0 + \frac{1}{2}x = x_0.x_0\,x_1\,x_2\cdots x_n$$

当一个数的补码除 2 时，可将该数的符号位与数值位一起右移一位，且保持原符号位不变。这就是补码右移时,高位补符号位之原因。

如当$[x]_补=0.1011$时,$\left[\dfrac{x}{2}\right]_补=0.01011$;

当$[x]_补=1.1011$时,$\left[\dfrac{x}{2}\right]_补=1.11011$。

同理可得右移2位、3位……之方法。

3. 反码表示法

反码与补码类似,正数的反码是其本身;负数的反码,只需每位求反即可。

反码的符号位:正数用"0"表示,负数用"1"表示。

反码定义:设x为$n+1$位定点二进制小数(包含一位符号位):

$$[x]_反=\begin{cases}x & 0\leqslant x<1 \\ (2-2^{-n})+x & -1<x\leqslant 0\end{cases}$$

因此,也可把反码看作以$(2-2^{-n})$为模的补码。在定点小数补码表示中,$2\equiv 0$,(mod 2),因为2与0同余。若以$(2-2^{-n})$为模,则$(2-2^{-n})\equiv 0$,(mod $2-2^{-n}$),因此在反码运算中当最高位产生进位2时,不能随便扔掉,还必须在最低位加"1"(即2^{-n})才行。

另外反码表示中:

$$[+0]_反=0.00\cdots 0$$
$$[-0]_反=1.11\cdots 1$$

零的表示不是唯一的,这也是反码不便之处,但常常用反码作为求补码的跳板。

3.6.2 定点整数编码

定点整数的编码方法与定点小数的编码方法类似,也可用原码、补码、反码来表示。另外为了比较两个数的大小,又引入了移码的概念。定点整数与定点小数的主要区别是小数点位置不同。定点整数规定小数点固定设在最低数据位右边,定点整数的取值范围及补码的模数与表示一个数的二进制数的位数有关。

设x为$n+1$位定点二进制整数。

$$x=x_n x_{n-1} x_{n-2}\cdots x_1 x_0$$

其中:x_n为符号位。

$x_{n-1}\cdots x_1 x_0$为数值位,其能表示的最大正数是2^n-1。

1. 原码

设$x=x_n x_{n-1}\cdots x_1 x_0$

$$[x]_原=\begin{cases}x & 0\leqslant x\leqslant 2^n-1 \\ 2^n-x & -(2^n-1)\leqslant x\leqslant 0\end{cases}$$

【例3-10】 已知x,当$n=3$时,求$n+1$位二进制整数x的原码。

解:按定义求出其原码

x 的真值	$[x]_\text{原}$
$+111$	0111
$\vdots$	$\vdots$
$+001$	0001
$+000$	0000
-000	1000
-001	1001
$\vdots$	$\vdots$
-111	1111

其表示的最大正数为 $2^n-1=2^3-1=7$。

其表示的最小负数为 $-(2^n-1)=-(2^3-1)=-7$。

$[\pm 0]_\text{原}$ 有两种形式。

2. 补码

设：$x=x_n x_{n-1} \cdots x_1 x_0$ 为 $n+1$ 位定点二进制整数，x_n 为符号位。

$$[x]_\text{补} = \begin{cases} x & 0 \leqslant x \leqslant 2^n-1 \\ 2^{n+1}+x & -2^n \leqslant x \leqslant 0 \end{cases} \pmod{2^{n+1}}$$

注意：模为最高位符号位之进位为 2^{n+1}，$[\pm 0]_\text{补}$ 有唯一的表现形式，且都是 0，表示的最小负数是 -2^n。

各种性质与定点小数补码性质类似。

3. 反码

设：$x=x_n x_{n-1} \cdots x_1 x_0$ 为 $n+1$ 位定点二进制整数，x_n 为符号位。

$$[x]_\text{反} = \begin{cases} x & 0 \leqslant x \leqslant 2^n-1 \\ (2^{n+1}-1)+x & -(2^n-1) < x \leqslant 0 \end{cases}$$

4. 移码

对于任意一个 $n+1$ 位定点二进制整数 x，可表示为

$$x=x_n x_{n-1} \cdots x_1 x_0$$

其中 x_n 为符号位，x 的移码定义如下：

$$[x]_\text{移} = 2^n+x, \quad -2^n \leqslant x \leqslant 2^n-1$$

当 x 为正数时，$[x]_\text{移}$ 只要将最高位（符号位）加 1 即可得到；

当 x 为负数时，$[x]_\text{移}=2^n-|x|$。

【例 3-11】 求 $x=(\pm 6)_{10}=(\pm 110)_2$ 的移码。

解：$[x]_\text{移}$ 为 4 位二进制整数，

当 $x=(+110)_2$ 时

$$[x]_\text{移}=2^3+0110=1110$$

当 $x=(-6)_{10}=(-110)_2$ 时

$$[x]_\text{移}=2^3-110=0010$$

可以看出：移码的数值部分与其对应的补码相同，移码的符号位与补码相反。在移

码表示中,符号位为"1"表示正数,符号位为"0"表示负数。表 3-6 是 4 位二进制整数的补码和移码对照表。

移码的主要特点是比较数的大小方便。

表 3-6 4 位二进制整数的补码和移码

真值 x	$[x]_补$	$[x]_移$	真值 x	$[x]_补$	$[x]_移$
+7	0111	1111	−1	1111	0111
+6	0110	1110	−2	1110	0110
+5	0101	1101	−3	1101	0101
+4	0100	1100	−4	1100	0100
+3	0011	1011	−5	1011	0011
+2	0010	1010	−6	1010	0010
+1	0001	1001	−7	1001	0001
0	0000	1000	−8	1000	0000

3.6.3 浮点数编码

定点数规定,机器中所有数的小数点位置都是固定的。定点数表示方法直观、简单、在硬件上容易实现。但定点数表示数的范围小,使用很不方便。

1. 浮点数表示

为了扩大数的表示范围,方便用户使用,在大、中型计算机中通常都采用浮点数表示法。表示一个浮点数需要两个部分。一部分表示数的有效值,称为尾数 M(mantissa);一部分表示该数小数点的位置,称为阶码 E(exponent)。

一般计算机中规定阶码 E 为定点整数,尾数 M 为定点小数。阶码在浮点运算中只作加减运算,通常采用补码或移码表示。尾数要作加减运算和乘除运算,通常采用补码或原码表示。

浮点数中阶码和尾数的关系,用下式表示:$x = M_x R^{E_x}$。

其中 x 是一个浮点数,M_x 是其尾数,用定点二进制小数表示;E_x 是其阶码,用定点二进制整数表示;R 是阶的底,可以取 2、8 或 16,通常取 2,阶的底与尾数 M_x 的进位制的基数相同。若阶的底 $R=2$,则 M_x 为二进制数。一个机器中所有浮点数阶的底都是一样的,因此 R 就不再表示出来。

浮点数的格式:

M_s	E	M
尾数符号	阶码	尾数

其中,M_s 为尾数符号位,放在最高位,M 为尾数的值,是定点小数。例如,把十进制数 $(21.25)_{10}$ 表示成浮点数时,必须先把阶和尾数化成二进制数,然后指定阶码和尾数的位数、采用的码制以及阶的底。通常阶的底 R 取为 2,在浮点数中不再表示出来。把尾数化成小数,并相应地调整其阶码,以保证该数大小不变。

$$(21.25)_{10}=(10101.01)_2=(0.1010101)\times 2^5=0.1010101\times 2^{0101}$$

若浮点数的阶码为 4 位,尾数为 8 位,均采用原码,则机器数可表示为

0 0101 1010101

2. 规格化数

在浮点数表示方法中,同一个数可以有多种表示形式,如 $x=(0.1)_2$,可以写成 $(0.1)\times 2^0$,$(0.01)\times 2^1$,$(0.001)\times 2^2$ 等。为了使尾数表示具有较多的有效位,同时也为了使浮点数具有唯一的表现形式,提出了规格化的概念。规定尾数最高数据位不为零,为有效数据。这样要求 $|M_x|\geq R^{-1}$,当 $R=2$ 时,$|M_x|\geq 0.5$,对于用原码表示的尾数,要求尾数最高位为 1;对于补码表示的尾数,要求数据最高位与尾数符号不同,即 $M_x=0.1x\cdots x$,或 $M_x=1.0x\cdots x$;因为当 $M_x=1.0x\cdots x$ 时,M_x 的真值应为 $-0.1x\cdots x$。要注意此时已经去掉了 $M_x=-0.10$ 之值,因为 $[-0.10]_{\text{补}}=1.10$,不满足规格化的判断方法要求,为了简化判断规格化数的方法,做此小小牺牲。

3. 机器零

当一个浮点数,其尾数 $M_x=0$,不管阶码取何值,或者阶码小于其阶码的最小负值时,不管尾数取何值,都把该浮点当零看待,叫机器零。此时要求把浮点数的阶码和尾数都清为零,保证零这个数表示的唯一性。

4. 浮点数溢出

当一个数的大小,超出浮点数的表示范围,而无法表示这个数时,称为溢出。显然,此时尾数用规格化的形式表示,判断浮点数溢出主要看阶码是否超出了阶数的表示范围。

当一个数的阶码大于机器数的最大阶码时,称为上溢;当一个数的阶码小于机器数的最小阶码时,称为下溢。显然,上溢时,机器不能继续运算,转溢出处理。下溢时,把浮点数各位强制清零,当零处理。

5. IEEE 浮点数格式

对于浮点数的编码格式,当前已广泛采用 IEEE 制定的国际标准,称为 IEEE-754 标准。

IEEE 标准规定浮点数的字长有 3 种:32 位的短实数、64 位的长实数和 80 位的临时实数。因为尾数已经采用规格化方法表示,其最高位一定是有效数据位,因此可节省 1 位,这样表示的尾数有效位数可再增加 1 位。规格化尾数最高数据位称隐藏位;显然,此时规定阶码的底数 $R=2$。IEEE-754 浮点数格式如表 3-7 所示。

表 3-7 IEEE-754 浮点数格式

浮点数	符号位	阶码位数	尾数位数	总位数
短实数	1	8	23	32
长实数	1	11	52	64
临时实数	1	15	64	80

IEEE 规定 32 位的单精度浮点数尾数符号 1 位,尾数数值 23 位,再加 1 位隐藏位,实际上是 24 位,用原码表示;阶码 8 位,包含 1 位阶符,用移码表示。64 位双精度浮点数尾数符号位 1 位,尾数数值位 52 位,再加 1 位隐藏位,实际数值位有 53 位,用原码表示;阶

码包括符号共 11 位,用移码表示。临时实数尾数不采用隐藏位表示方法。

【例 3-12】 已知一个浮点数 x,包括 1 位符号位,n 位阶码,m 位尾数,尾数用原码表示,阶码用移码表示,阶的底数 $R=2$。求数值表示范围。

解:最大阶码:$2^{n-1}-1$

最小阶码:-2^{n-1}

最大正规格化尾数:$1-2^{-m}$(不采用隐藏位)

最小正规格化尾数:2^{-1}

最大正浮点数:$(1-2^{-m}) \times 2^{(2^{n-1}-1)}$

最小正浮点数:$2^{-1} \times 2^{-(2^{n-1})}$ (规格化数)

最大负浮点数:$-2^{-1} \times 2^{-(2^{n-1})}$ (规格化数)

最小负浮点数:$-(1-2^{-m}) \times 2^{(2^{n-1}-1)}$

【例 3-13】 已知浮点数,阶码用补码表示,且 $n=4$,尾数用原码表示,且 $m=5$。其中尾数符号占 1 位,求浮点数表示范围。

解:浮点数有关数据如下:

最大阶码:$2^3-1=8-1=7$

最小阶码:$-2^3=-8$

最大正规格化尾数:$1-2^{-4}=0.1111$

最小正规格化尾数:$2^{-1}=0.1000$

最大正浮点数:0.1111×2^7

最小正浮点数:0.1000×2^{-8} (规格化数)

最大负浮点数:-0.1000×2^{-8} (规格化数)

最小负浮点数:-0.1111×2^7

浮点数的特点是:(1)表示数的范围比定点数宽,在科学计算及工程设计中多采用浮点数;(2)运算精度高,结果用规格化数表示,可保留较多有效数字;(3)运算过程复杂,需要分别对阶码和尾数进行运算;(4)机器结构复杂,运算器中要专门设置阶码运算器和尾数运算器,控制器也较复杂,造价较高。

3.7 数据校验码

数据是计算机的处理对象。计算机在运行过程中,CPU 与主存、外围设备之间要频繁的交换数据。由于结构、工艺、元件质量等原因,数据在传送、存储过程中会产生错误。为了提高机器工作的可靠性,除了采用可靠性高的结构及硬件外,在数据编码上采用能够及时发现错误和纠正错误的方案,也是非常重要的。这种能够发现某些错误并自动纠正某些错误的数据编码称为数据校验码或纠错码。编码的基本思路是给被测的正确的数据字增加一些冗余的(额外的)校验位,使得当数据传送出错时,读出的数据变成非法码而被检测出来,从而可以发现错误并纠正错误。

如果被校的信息为 k 位,用 $m=(m_1 m_2 \cdots m_k)$ 表示;按照一定的线性规则形成 r 位校验信息,放在被校信息后边,得到一个字长为 $n=k+r$ 位的二进制码: $U=(U_1U_2\cdots U_kU_{k+1}\cdots U_n)$,称为 (n,k) 线性码。这种 n 位二进制数称为码字,n 称为码长。

n 位二进制数共有 2^n 个码字,而 k 位有效信息只有 2^k 个字;我们从 2^n 个码字中,选取 2^k 个码字表示有效信息,其余 (2^n-2^k) 个码字称为非法码字。k 位有用信息经过编码器形成 n 位有效码字,存储在存储器中,需要时再读出来。经过这一过程有可能发生错误,读出的编码为 $R=(R_1R_2\cdots R_kR_{k+1}\cdots R_n)$,如果读出的编码 R 是非法编码,则说明信息在存储和读出过程中发生了错误。根据一定的规则,可将 R 还原成 U,并找到对应的有用信息 m,即可达到纠正错误。

根据非法码的数目,引入码距的概念。在两个相邻有效码字之间间隔的非法码的个数加1称码距。任意两个有效码字之间最小的码距称为最小码距,它是衡量一种编码抗干扰能力大小的标志。最小码距越大,表示这种编码系统中任意两个合法码字之间差别越大,抗干扰能力越强。

如果读出的编码 R 是非法编码,在相邻的合法编码间,如何选择正确的码字呢?一般来说,数据在传送过程中,出错位数较少的概率比出错位数较多的概率大。因此,实际纠错时,把与 R 距离最小的码字作为实际传送的码字。这种方法称为"最似然译码原则",我们常用的奇偶校验、海明校验、循环冗余校验,都是建立在这个基础上。

一般情况:最小码距为2时,可以检测1位错;最小码距为3时,可以发现两个错;当假定系统只能出现一个错误时,可纠正一个错。例如,图3-2表示一种最小码距为3的校验码。实线 A、B 表示两个相邻的合法码字,虚线 x、y 表示 A、B 之间的两个非法码字。通过取存之后,码字 A、B 可能变成 x 或 y,如果变成 x;首先 x 是一个非法码字,肯定发生了错误,但是码字 x 是因为码字 A 出现1个错引起的,还是码字 B 出现两个错误引起的不能肯定。根据出错概率统计,出现一个错误的概率远远大于出现两个错误的概率。假定出现一位错,那么就能断定正确的码字是 A,从而达到纠正一位错。

—————————————— 码字 A
—————————————— 码字 x
—————————————— 码字 y
—————————————— 码字 B

图 3-2　最小码距为 3 的码距示意图

3.7.1　奇偶校验码

1. 奇偶校验的原理

奇偶校验是指在被校验代码后边增加1位奇偶校验位,即可形成奇偶校验码。

对于偶校验,校验位之值等于被校验各位数之和。因此,偶校验码中,包括校验位在内,所有各位中"1"的个数是偶数的,如果某一位由"1"变成"0",或是由"0"变成"1",则各位数中"1"的个数变成奇数,破坏了偶校验的规则,即可发现有一位数据出错了。

对于奇校验,校验位的值等于被校验位各位和的反。因此,奇校验码中,包括校验位在内,各位数是"1"的位数是奇数个,当有一个数据位出错时,校验位的值将改变,各位数中"1"的个数变成偶数,从而发现有一位出错。

例如,8421码的4位码后边增加1位校验位,即可构成8421奇偶校验码,如表3-8所示。

表 3-8 8421 奇偶校验码

BCD 码	8421 奇校验码	8421 偶校验码	BCD 码	8421 奇校验码	8421 偶校验码
0000	00001	00000	0101	01011	01010
0001	00010	00011	0110	01101	01100
0010	00100	00101	0111	01110	01111
0011	00111	00110	1000	10000	10001
0100	01000	01001	1001	10011	10010

如果被校数据为 7 位二进制数 $C_7C_6C_5C_4C_3C_2C_1$，增加 1 位校验位 C_0。

偶校验时，满足

$$\sum_{i=1}^{7} C_i + C_0 = 0$$

奇校验时，满足

$$\sum_{i=1}^{7} C_i + C_0 = 1$$

奇偶校验可发现奇数个数位同时出错，但不能纠正错误。另外当偶数个数位同时出错时，则不能发现。奇偶校验编码方法简单，应用很广泛。

2. 纵横奇偶校验

如果从主存读出 n 个字节，对每个字节都进行偶校验，这种横向的校验称为横向偶校验；如果对主存读出的 n 个串行字节中相同位进行偶校验，将所得校验位放在 n 个字节之后第 $n+1$ 个字节的位置上，这种校验称为纵向偶校验。所有横向校验的校验位加起来也可得到各校验位的纵向校验位。

这种纵横奇偶校验码具有较强的查错能力，它能够

(1) 查出某行、某列所有奇数个错；

(2) 查出大部分偶数个错，因为横向看是偶数个错，纵向不一定是偶数个错，反之亦然；

(3) 能够发现突发长度小于行数的突发错；

(4) 在横向校验错、纵向也错的交叉点上可纠正一位错。

*3.7.2 海明校验码

海明码是一种纠错码。在被校验的数据中，增加几位校验位，当某一数据位出错时，引起几位校验位的值改变，不同代码位出错，得到不同的校验结果（非法编码）。这样不仅可以发现错误，还可知道错误的位置，进而纠正错误。

1. 校验位的位数

校验位的位数与被校数据的位数有关。假设被校数据是 k 位，校验位是 r 位，校验位共有 2^r 个状态。2^r 个状态中，应有 k 个状态表示 k 个数据位中是哪一个出错；校验位本身也可能出错，因此有 r 个状态分别表示不同校验位出错；另外还有一个状态表示被校数

据位和校验位都不出错。因此,为了查出每一位出错,必须满足 $2^r \geqslant k+r+1$。

当 $r=3$ 时,$2^3 \geqslant k+3+1$,即 $8 \geqslant k+4$,k 最大为 4;

当 $r=4$ 时,$2^4 \geqslant k+4+1$,即 $16 \geqslant k+5$,k 最大为 11,最小为 5。因为若 $k=4$,取 $r=3$ 就可以了。

因此,当被校数据为 8 位时,r 取 4;被校数据为 16 位时,r 取 5。

2. 编码规则

如果被校数据为 $D_8 D_7 D_6 D_5 D_4 D_3 D_2 D_1$ 共 8 位二进制数据,校验位取 4 位,为 $P_4 P_3 P_2 P_1$。形成海明码为:$H_{12} H_{11} H_{10} H_9 H_8 H_7 H_6 H_5 H_4 H_3 H_2 H_1$。

1) 校验位的分布

规定校验位 P_i 放在海明位号为 2^{i-1} 的位置上。因此

P_1 的海明位号为 $2^{1-1}=2^0=1$,即 H_1 为 P_1;

P_2 的海明位号为 $2^{2-1}=2^1=2$,即 H_2 为 P_2;

P_3 的海明位号为 $2^{3-1}=2^2=4$,即 H_4 为 P_3;

P_4 的海明位号为 $2^{4-1}=2^3=8$,即 H_8 为 P_4。

2) 数据位的分布

数据位按原来的顺序,插空排列。如

H_{12} H_{11} H_{10} H_9 H_8 H_7 H_6 H_5 H_4 H_3 H_2 H_1

D_8 D_7 D_6 D_5 P_4 D_4 D_3 D_2 P_3 D_1 P_2 P_1

3) 校验关系

每个数据位用多个校验位进行校验,但要求满足被校数据位的海明位号等于校验该数据位的各校验位海明位号之和。另外校验位不需要再被校验。

各数据位与校验位之关系:

D_1 放在 H_3 上,由 $P_2 P_1$ 校验, $3=2+1$

D_2 放在 H_5 上,由 $P_3 P_1$ 校验, $5=4+1$

D_3 放在 H_6 上,由 $P_3 P_2$ 校验, $6=4+2$

D_4 放在 H_7 上,由 $P_3 P_2 P_1$ 校验, $7=4+2+1$

D_5 放在 H_9 上,由 $P_4 P_1$ 校验, $9=8+1$

D_6 放在 H_{10} 上,由 $P_4 P_2$ 校验, $10=8+2$

D_7 放在 H_{11} 上,由 $P_4 P_2 P_1$ 校验, $11=8+2+1$

D_8 放在 H_{12} 上,由 $P_4 P_3$ 校验, $12=8+4$

4) 校验位取值

根据上述校验关系,用偶校验法可得到各位校验位之值,如校验位 P_1 之值是根据被校数据位 D_1,D_2,D_4,D_5,D_7 得到的。同理可得 P_2,P_3,P_4 之值。

$$P_1 = D_1 + D_2 + D_4 + D_5 + D_7$$
$$P_2 = D_1 + D_3 + D_4 + D_6 + D_7$$
$$P_3 = D_2 + D_3 + D_4 + D_8$$
$$P_4 = D_5 + D_6 + D_7 + D_8$$

5) 海明校验值

第 3 章 数据表示

$$C_1 = P_1 + D_1 + D_2 + D_4 + D_5 + D_7$$
$$C_2 = P_2 + D_1 + D_3 + D_4 + D_6 + D_7$$
$$C_3 = P_3 + D_2 + D_3 + D_4 + D_8$$
$$C_4 = P_4 + D_5 + D_6 + D_7 + D_8$$

3. 校验结论

如果海明校验值为全 0，即 $C_4C_3C_2C_1 = 0000$，表示数据传输没有错误。

如果海明校验值 1 位出错，就是校验位出错。

当 $C_4C_3C_2C_1 = 0001$，H_1 出错，即校验位 P_1 出错；
当 $C_4C_3C_2C_1 = 0010$，H_2 出错，即校验位 P_2 出错；
当 $C_4C_3C_2C_1 = 0100$，H_4 出错，即校验位 P_3 出错；
当 $C_4C_3C_2C_1 = 1000$，H_8 出错，即校验位 P_4 出错。

如果海明校验值中有 2 位或 2 位以上出错，则是被校验数据位出错。$C_4C_3C_2C_1$ 的编码就是出错位的海明位号。

当 $C_4C_3C_2C_1 = 0011$　　H_3 出错，即 D_1 出错；
当 $C_4C_3C_2C_1 = 0101$　　H_5 出错，即 D_2 出错；
当 $C_4C_3C_2C_1 = 0110$　　H_6 出错，即 D_3 出错；
当 $C_4C_3C_2C_1 = 0111$　　H_7 出错，即 D_4 出错；
当 $C_4C_3C_2C_1 = 1001$　　H_9 出错，即 D_5 出错；
当 $C_4C_3C_2C_1 = 1010$　　H_{10} 出错，即 D_6 出错；
当 $C_4C_3C_2C_1 = 1011$　　H_{11} 出错，即 D_7 出错；
当 $C_4C_3C_2C_1 = 1100$　　H_{12} 出错，即 D_8 出错。

当确切知道某位出错时，只要将该数据位变反即可纠正错误。所以海明码可纠正一位错。

3.7.3 循环冗余校验码

循环冗余校验码（CRC 码）简称循环码，是一种纠错码。因为其编码电路与译码电路简单，得到广泛应用。

循环码是在 n 位被校数据位后边再加上 k 位校验码而形成的编码。这种编码能够被生成多项式整除，其余式为 0，表示传送正确；若余式不为 0 时，表示传送发生错误，且余式与出错位有对应关系，因而可以发现和纠正一位错。循环码有下述特性：其中一个合法码字，向右循环一位，或向左循环一位后得到的仍然是一个合法码字。循环移位是指将代码每一位数据向右边或者左边移动一个位置，将移出的最低位移入最高位，或者将移出的最高位移入最低位。

循环码编码格式：

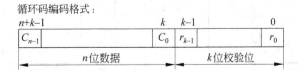

循环码是在 n 位被校数据后增添 k 位校验位,形成 $n+k$ 位编码。因被校数据位数不同,所要求的校验位数也不同。

1. 循环码生成方法

(1) 被校验数据 $M=C_{n-1}C_{n-2}\cdots C_1C_0$,是一个 n 位二进制数据,可用一个 $n-1$ 阶的二进制多项式来表示,$M(x)=C_{n-1}x^{n-1}+C_{n-2}x^{n-2}+\cdots+C_1x^1+C_0$,多项式的系数是一位二进制数,且与被校数据 C_i 一一对应。

(2) 校验位若取 k 位二进制数,并且放在被校数据右边,可将被校数据左移 k 位,得到 $M(x)x^k$,其 $n+k$ 位代码是

$$C_{n-1+k}C_{n-2+k}\cdots C_{1+k}\ C_k\ \overbrace{00\cdots 0}^{k\text{位}}$$

(3) 用 $k-1$ 位的生成多项式 $G(x)$ 对 $M(x)x^k$ 作模 2 除法,得到商式 $Q(x)$ 和 $R(x)$ 余式,则 $M(x)x^k=Q(x)G(x)+R(x)$。

其中生成多项式 $G(x)$ 是特别指定的,且生成多项式最高幂数是校验位位数。

模 2 运算是按位运算,位间没有进位关系。模 2 加减法是异或运算,且加减结果相同。模 2 除法:每求一位商,余数减少一位;且当余数最高位为"1"时商"1",余数最高位为"0"时商"0"。

(4) 当余数为 $R(x)$ 为 k 位时,除法停止;把余数 $R(x)$ 放在 $M(x)x^k$ 右边 k 位,得到被校验数据的 CRC 码。

2. 校验原理

$$M(x)x^k+R(x)=M(x)x^k-R(x)=Q(x)G(x)$$

显然,当不出错误时,CRC 码应能被 $G(x)$ 整除,余数=0;若余数≠0,表示被校数据出错,且其余数与出错位有一定对应关系。

如果对余数末位补 0,继续作模 2 除法,则余数按一定规律循环出现。

3. 生成多项式

生成多项式 $G(x)$,不是任意指定的,必须是按照要求特选出来的。$G(x)$ 必须具备的条件:

(1) CRC 码中任何一位出错,使余数≠0。

(2) CRC 码中不同数位出错,余数不同,且有一一对应关系。可根据不同余数找到出错位。

(3) 对余数继续作模 2 运算,应使余数循环。

对使用者说,可从有关资料查到不同被校数据的生成多项式 $G(x)$,如表 3-9 所示。

表 3-9 常用生成多项式 $G(x)$

CRC 码位数	被校数据位数	校验位数	生成多项式 $G(x)$	$G(x)$二进制码
7	4	3	x^3+x+1	1011
15	11	4	x^4+x+1	10011
31	26	5	x^5+x^2+1	100101
63	57	6	x^6+x+1	1000011
1041	1024	16	$x^{16}+x^{15}+x^2+1$	11000000000000101

4. CRC 码举例

【例 3-14】 对 4 位二进制数据 1100 生成 CRC 码。

解：$M(x) = 1100 = x^3 + x^2$

$G(x) = 1011 = x^3 + x + 1$，校验位 3 位

$M(x)x^3 = x^6 + x^5 = 1100000$，$M(x)$ 左移 3 位

用模 2 除法，求 $R(x)$ 得

$$M(x)x^3 \div G(x) = 1100000 \div 1011 = 1110 + 010/1011$$

```
                1 1 1 0        商数
       1011 / 1 1 0 0 0 0 0
              1 0 1 1
              ─────────
                1 1 1 0
                1 0 1 1
                ─────────
                  1 0 1 0
                  1 0 1 1
                  ─────────
                    0 0 1 0
                    0 0 0 0
                    ─────────
                      0 1 0   余数
```

得到 1100 的 CRC 码为 1100010，如果传送正确 CRC 码可被 $G(x) = 1011$ 整除，余数 $R(x) = 0$。

5. CRC 码校验特性

(1) 任何一个 CRC 码进行循环右移一位，或循环左移一位，产生的新码仍是一个 CRC 码，校验位仍在右边指定的位上。

(2) 任何两个 CRC 码按位异或，所得结果仍是一个 CRC 码，可被 $G(x)$ 整除。

(3) 任何一个 CRC 码，可被其生成多项式 $G(x)$ 整除。即当 CRC 码传送时，在接收端对得到的编码用其生成多项式作模 2 除法时，余数应为 0，说明传送正确无误。

(4) 任何一个 CRC 码，在接收端不能被其生成多项式整除时，说明传送有误。且不同余数对应不同数据位出错，因而可纠正一位错。

例如被校数据 1100 对 $G(x) = 1011$ 的 CRC 码是 1100010，当出错时，其余数与出错位的对应关系如表 3-10 所示。

表 3-10 CRC 校验余数与出错位关系表

$C_7 C_6 C_5 C_4 C_3 C_2 C_1$	$G(x)$ 除后余数	出错位	$C_7 C_6 C_5 C_4 C_3 C_2 C_1$	$G(x)$ 除后余数	出错位
1100010	000	没有出错	1101010	011	4
1100011	001	1	1110010	110	5
1100000	010	2	1000010	111	6
1100110	100	3	0100010	101	7

验算，如传送的 CRC 码是 1100010，在接收端得到的编码是 1110010，用 $G(x) = 1011$ 去除该编码：

余数 $R=110$,查表 3-10 可知 C_5 出错,将 C_5 求反,即得到正确编码 1100010,后 3 位为校验码,前 4 位为传送的正确数据 1100。

习题

1. 将下列二进制数转换成十进制数。
   (1) 10101101   (2) 10011010
   (3) 1000101   (4) 0010111

2. 将下列十进制数据转换成二进制数,再用八进制数,十六进制数表示。
   (1) 123   (2) 1023   (3) 131.75
   (4) $\dfrac{7}{16}$ (5) $\dfrac{25}{32}$

3. 写出下列二进制数的原码、补码、反码、移码。
   (1) ± 1011 (2) ± 0.1101
   (3) ± 0 (4) ± 0.1111

4. 已知 $[x]_原$,求 $[x]_补$。
   (1) $[x]_原 = 0.10111$
   (2) $[x]_原 = 1.10111$

5. 已知 $[x]_补$,求 x 的真值。
   (1) $[x]_补 = 0.101101$ (2) $[x]_补 = 1.011011$

6. 已知 $x=0.10110$,$y=-0.11011$,分别求:
   (1) $[x]_补$ (2) $[-x]_补$ (3) $[x/2]_补$
   (4) $[y]_补$ (5) $[-y]_补$ (6) $[y/4]_补$

7. 设机器数字长 16 位,定点表示时,符号位 1 位,数值位 15 位;浮点表示时,阶码 6 位(含 1 位阶符),尾数 10 位(含一位尾数符号),阶的底=2,求:
   (1) 定点原码整数表示时,最大正数、最小负数。
   (2) 定点原码小数表示时,最大正数、最小负数。
   (3) 浮点原码表示时,最大正数、最小负数。

(4) 浮点补码表示时,最大正数、最小负数。

8. 将十进制数 15/2,－0.3125 表示成二进制浮点规格化数(阶符 1 位,阶码 2 位,数符 1 位,尾数 4 位)用补码表示。

9. 用 ASCII 码(7 位)表示字符"5"和"7",其对应编码是什么?

10. 汉字编码中什么是区位码、国标码、内码?

11. 说明有权十进制编码的特点,并将二进制数 1011011 转换成 8421 码。

12. 说明余 3 码和格雷码的特点,计算机中为什么引入这两种代码?

13. 设 $[x] = 1.a_1 a_2 a_3 a_4$,

(1) 若要求 $x > -\dfrac{1}{2}$,$a_1 a_2 a_3 a_4$ 应满足什么条件?

(2) 若要求 $-\dfrac{1}{4} > x > -\dfrac{1}{8}$,$a_1 a_2 a_3 a_4$ 应满足什么条件?

14. 如何判断 5 位二进制整数 $N = a_1 a_2 a_3 a_4 a_5$ 可被 2 整除或被 4、8 整除?

15. 设被校验数据为 8 位二进制数,采用海明码校验,至少需要设置多少个校验位?应放在哪些位置上?

16. 设被校验数据是二进制数 01101101,求其海明编码。

17. 已知二进制数据 1001,生成多项式 $G(x) = 1011$,求其循环冗余校验码。

第 4 章　运算方法与运算器

本章重点介绍运算方法、运算器的结构和工作原理。定点加减法运算、定点乘法和定点除法运算、浮点加减法运算,是计算机原理中的重要内容。

运算器的核心部件又称算术逻辑部件(Arithmetic Logical Unit),简称 ALU,是计算机的数据处理中心,也是计算机内各部件传送、交换数据的枢纽。

运算器内设有一定数量的寄存器,用来存放参加运算的数据及计算过程中的中间结果。不同计算机的寄存器数目和功能有很大差异。可被程序员指定访问的寄存器,通常叫通用寄存器(General Register);另外还有一些计算机内部使用的工作寄存器,程序员是不能使用的。满足加减法要求的寄存器数目,最少必须有两个,而要完成乘除运算,则至少要用三个寄存器。

计算机中加、减、乘、除运算都是转化为加法运算完成的,因此加法器是运算器的关键部件。为了提高乘除法运算速度,有些计算机还专门设置了乘法部件和除法部件,但加法器绝对不是可有可无的。

逻辑运算也是常用的操作,其硬件设置比较简单,往往是在加法器的输入端增加一些逻辑门来实现。

运算器进行算术逻辑运算时其结果的某些特征,如结果是否为零,结果是否溢出,结果的符号是正数还是负数等,对后续指令有很大影响。又比如条件转移指令,要根据转移条件,决定程序的转移方向。因此,运算器中还设置了标志寄存器(Flag Register),保存一条指令运算结果的特征。

运算器的设计与二进制数据的编码方法、数据类型、算法设计有关。本章将介绍定点运算器及浮点运算器的基本组成和工作原理。

随着大规模集成电路的发展,运算器的结构也在变化。本章将介绍 AMD 系列的位片结构,作为运算器的实例。

4.1　定点加减法运算

加法是所有计算机的基本运算,减法可以通过补码加法实现。乘法和除法也可通过一系列的加减法和移位实现。

4.1.1 补码加减法运算

补码的重要特征是：不管参加运算的数是正数或是负数，只要是用补码表示的，都可直接进行加减法运算，得到的运算结果也是用补码表示的。

定点数加减法规则：
$$[x]_补 + [y]_补 = [x+y]_补$$
$$[x]_补 - [y]_补 = [x]_补 + [-y]_补 = [x-y]_补$$

也就是说：两个数和的补码就是两个数补码的和；两个数差的补码就是两个数补码的差，并且符号位与数值位一同参加运算。

1. 补码加法

已知 x,y 为定点小数，其补码为 $[x]_补$，$[y]_补$，

求证：$[x]_补 + [y]_补 = [x+y]_补$。

证明：根据补码定义：
$$[x]_补 = \begin{cases} x & 0 \leqslant x < 1 \\ 2+x & -1 \leqslant x < 0 \end{cases} \quad (\text{mod } 2)$$

分三种情况证明：

① 当 x、y 均为正数，其和也是正数；
$$[x]_补 = x$$
$$[y]_补 = y$$
$$[x]_补 + [y]_补 = x + y = [x+y]_补$$

② 当 x、y 均为负数，其和也为负数；
$$[x]_补 = 2+x$$
$$[y]_补 = 2+y \quad (\text{mod } 2)$$
$$[x]_补 + [y]_补 = (2+x)+(2+y) = 2+(2+x+y)$$
$$= 2+(x+y) = [x+y]_补 \quad (\text{mod } 2)$$

③ 当 x、y 异号，若 $x>0$，$y<0$，
$$[x]_补 = x$$
$$[y]_补 = 2+y \quad (\text{mod } 2)$$
$$[x]_补 + [y]_补 = x+(2+y) = 2+(x+y) \quad (\text{mod } 2)$$

当结果为正时，$|x|>|y|$，$x+y>0$，丢掉模 2，得到 $[x]_补 + [y]_补 = x+y = [x+y]_补$；

当结果为负时，$|x|<|y|$，$(x+y)<0$，根据补码定义：

$[x]_补 + [y]_补 = 2+(x+y) = [x+y]_补$，根据上述各种情况说明：
$$[x]_补 + [y]_补 = [x+y]_补$$

因此，用补码表示的两个数做加法时，可直接让两个数相加，所得结果也是补码。当 x,y 为整数时结果亦真。

2. 补码减法

已知两个定点小数 x,y，求 $x-y$ 也可用补码方法，将减法运算换成加法，利用加法器

实现减法运算。

$$[x-y]_{补}=[x+(-y)]_{补}=[x]_{补}+[-y]_{补}$$

证明方法同上。

因此，做减法时，只要把减数$[y]_{补}$变成$[-y]_{补}$再做加法运算，即可实现减法了。由$[y]_{补}$变$[-y]_{补}$的方法，可将该数各位变反，末位加 1 得到。需要注意的是符号位也要变反。

4.1.2 溢出的产生及判别

定点数表示规定：数的符号位在代码最高位；每个数的绝对值必须小于等于其字长所能表示的最大值。如为定点小数，则每个数必须小于 1。

当两个数做加减法运算时，其结果的绝对值也必须小于或等于机器数能表示的最大值。倘若结果的绝对值超过了机器数所能表示的最大值，就会溢出。溢出属于运算错误，必须及时发现、改正。那么，如何判断溢出呢？

同符号两个数相减是不会溢出的，而异号两个数相加，实质是做减法，也是不会产生溢出的。只有当同符号两个数相加时有可能产生溢出。

【例 4-1】 已知 $x=+1101$，$y=+0110$，求$[x+y]_{补}$的值。

解：
$$[x]_{补}=01101$$
$$[y]_{补}=00110$$
$$[x+y]_{补}=[x]_{补}+[y]_{补}=01101+00110=10011$$

最高位是符号位。两个正数相加，结果得到负数，显然是错误的，实际原因是结果溢出了。

同样两个负数相加也可能产生溢出。

【例 4-2】 已知 $x=-1101$，$y=-0110$，求$[x+y]_{补}$的值。

解：
$$[x]_{补}=10011$$
$$[y]_{补}=11010$$
$$[x+y]_{补}=[x]_{补}+[y]_{补}=10011+11010=101101$$

补码运算中丢掉最高位（符号位）之进位，不影响计算结果，因为该进位是模数。但两个负数相加结果变成正数，显然也是错误的，其原因是结果溢出了，即负数太小了，机器数也表示不出来了。

同符号两数相加，结果的符号与原来数的符号不同，表明发生了溢出，但这种判断方法很不方便，不太实用。

第二种判断溢出的方法是双符号位法。

双符号位法规定每个数的符号位用两位二进制数表示，正数用 00 表示，负数用 11 表示。当运算结果的两个符号位相同时，说明运算正常；当结果的两个符号位不相同时，表示发生溢出了。

第4章 运算方法与运算器

【例 4-3】 已知 $x=+0.1101$, $y=+0.1001$, 求 $[x+y]_{补}$ 的值。

解: $[x]_{补}=00.1101$

$[y]_{补}=00.1001$

$[x+y]_{补}=00.1101+00.1001=01.0110$

结果的符号应为 00, 但出现 01, 表示结果溢出了, 但第一符号位为 0, 表明结果是正数, 此溢出是上溢。

【例 4-4】 已知 $x=-0.1011$, $y=-0.1101$, 求 $[x+y]_{补}$ 的值。

解: $[x]_{补}=11.0101$

$[y]_{补}=11.0011$

$[x+y]_{补}=[x]_{补}+[y]_{补}=11.0101+11.0011=110.1000$

$=10.1000$

丢掉最高位进位即减去模, 结果的符号应为 11, 但出现 10, 表明结果溢出了, 第一符号位为 1, 表明结果是负数, 该溢出为下溢。这种方法又叫模 4 补码法。

第三种判断溢出的方法是考虑进位影响。

两个正数相加, 符号位是 0+0=0, 结果应为正数, 但因为最高数值位相加产生进位, 进到符号位上, 使得符号位为 0+0+1=1。

若令符号位之进位为 C_0, 最高数值位之进位为 C_1, 则 $C_0 \oplus C_1$ 可作为判溢出的标志。两正数相加溢出时, $C_0=0$, $C_1=1$, 因而 $C_0 \oplus C_1=1$, 可判断产生溢出。

两个负数相加, 如例 4-2, $x=-1101$, $y=-0110$, $[x]_{补}+[y]_{补}=101101$。

两个符号位相加产生进位 $C_0=1$, 但最高数据位相加, 未产生进位 $C_1=0$, $C_0 \oplus C_1=1 \oplus 0=1$, 表示发生溢出了。这种利用进位判断溢出的方法也是常用的。

4.1.3 全加器与加法装置

已知两个二进制数

$$x=x_0\ x_1\ x_2 \cdots x_n$$
$$y=y_0\ y_1\ y_2 \cdots y_n$$

求两数之和。

两个二进制数位相加, 可归结为从低位开始, 并逐位向高位产生进位, 最后得到加法结果。

1. 一位半加器

不考虑进位的加法器叫半加器(half adder), 其和叫半和。半和 S_i 与其相加的两个数 x_i, y_i 应满足以下关系:

$$0+0=0$$
$$0+1=1+0=1$$
$$1+1=0$$

半加器的两个输入端 x_i 及 y_i 与输出端 S_i 的关系可用真值表表示如表 4-1 所示。

表 4-1　一位半加器真值表

x_i	y_i	S_i	x_i	y_i	S_i
0	0	0	1	0	1
0	1	1	1	1	0

半和 $S_i=\overline{x_i}y_i+x_i\overline{y_i}$，这个关系就是异或关系，或称不进位加，记作 $S_i=x_i\oplus y_i$，

半和可用异或门实现。逻辑符号如图 4-1 所示。

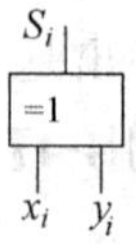

图 4-1　一位半加器

2. 一位全加器

全加器(full adder)是两个二进制数相加同时考虑低位进位的求和电路。显然，全加器是实现三个数相加的逻辑器件，输出的和称全和，有时还要向高位产生进位。

假设本位相加两数分别是 x_i、y_i，低位向本位的进位是 C_{i+1}，输出全和 z_i，本位向高位产生的进位是 C_i。每个自变量有两个状态，三个自变量有 $2^3=8$ 种组合，真值表表示每种输入情况下与输出的对应关系。一位全加器的真值表如表 4-2 所示。

表 4-2　一位全加器真值表

x_i	y_i	C_{i+1}	z_i	C_i
0	0	0	0	0
0	0	1	1	0
0	1	0	1	0
0	1	1	0	1
1	0	0	1	0
1	0	1	0	1
1	1	0	0	1
1	1	1	1	1

全加器的逻辑表达式如下所示：

$$z_i=\overline{x}_i\,\overline{y}_iC_{i+1}+\overline{x}_iy_i\overline{C}_{i+1}+x_i\overline{y}_i\overline{C}_{i+1}+x_iy_iC_{i+1}$$

$$C_i=\overline{x}_iy_iC_{i+1}+x_i\overline{y}_iC_{i+1}+x_iy_i\overline{C}_{i+1}+x_iy_iC_{i+1}$$

化简得到：

$$\begin{aligned}z_i&=(\overline{x}_iy_i+x_i\overline{y}_i)\overline{C}_{i+1}+(\overline{x}_i\,\overline{y}_i+x_iy_i)C_{i+1}\\&=(x_i\oplus y_i)\overline{C}_{i+1}+(\overline{x_i\oplus y_i})C_{i+1}\\&=S_i\overline{C}_{i+1}+\overline{S}_iC_{i+1}\\&=S_i\oplus C_{i+1}=x_i\oplus y_i\oplus C_{i+1}\end{aligned}$$

结论：全和等于本位相加两数的半和与低位进位再求半和而得到的数值；因此，全加器可用二级半加器实现。

本位产生的进位：

$$C_i = (x_i \overline{y_i} + \overline{x_i} y_i) C_{i+1} + x_i y_i (C_{i+1} + \overline{C}_{i+1})$$
$$= (x_i \oplus y_i) C_{i+1} + x_i y_i$$
$$= S_i C_{i+1} + x_i y_i$$

逻辑图及表示符号如图 4-2 所示。

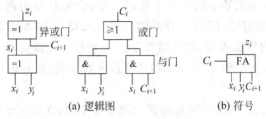

图 4-2 一位全加器

3. 加法装置的逻辑框图

进行加减运算时，最少要有两个数据寄存器，存放加数和被加数。还要设置一个实现加法运算的全加器。运算结果通常放在被加数寄存器中，所以被加数寄存器又叫累加寄存器。

定点补码加减法装置的逻辑框图如图 4-3 所示，其中 A 寄存器为累加寄存器，用于存放被加数或被减数以及运算结果；B 寄存器为接收数据寄存器，用于接收由主存读出的数据，存放加数或减数；Q 为加法器，实现加法运算。加法器的数据输入端有两个，分别接收 A 寄存器和 B 寄存器的数据，加法过程中相邻各位间的进位关系在内部已逐位连好，图 4-3 中未表示出来。加法器最低位之进位 C_{n+1} 单独引出，以便实现变补运算时，末位加 1 的需要。

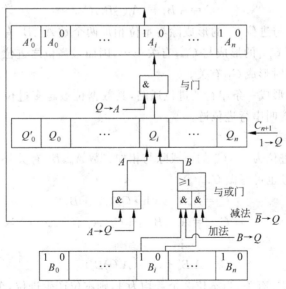

图 4-3 定点补码加减法装置逻辑框图

加法器的 B 数据输入端用于在加法运算时送入 B 的值,由 B 寄存器的触发器 Q 端输出;在做减法运算时,实际上送入加法器的数据是 B 的反码,加法器末位再加 1,即实现送入($-B$)补码的要求,B 的反码由 B 寄存器触发器之反向端"0"端引出。加法器的 B 输入端实际上是两路输入,由二选一的与或门实现。

在做加法运算时,加法装置需要 3 个控制信号,全加器 Q 有两个输入端,A 输入端需要控制器送来 $A \rightarrow Q$ 的信号,把 A 寄存器的内容送入 Q,B 输入端需要控制器送来 $B \rightarrow Q$ 的信号,把 B 寄存器内容送入 Q,加法结果存入 A 寄存器还需要 $Q \rightarrow A$ 的控制信号,才能完成加法运算。当然,这里假定 A 寄存器已经放入被加数,B 寄存器已经放入加数。

4. 进位系统

加法运算中的进位时间是影响加法速度的重要原因,在提高加法速度的各种方案中,受到特别重视。

1) 串行进位链

假设有两个 n 位二进制数相加,在并行运算器设计中,应设有 n 位全加器,要求 n 位数同时相加。全加器实现本位两个数与低位进位相加,才能得到正确结果,而进位是由最低位开始形成,一级一级向上传送。这样何时形成最终结果,取决于最高位加法何时完成,因为它依赖于低位进位何时到来。极端情况下,二数相加如

$$\begin{array}{r} 111 \cdots 11 = A \\ + \ 000 \cdots 01 = B \\ \hline 1 \ 000 \cdots 00 = A+B \end{array}$$

形成最高位的进位时间最长,也就是完成一次加法时间最长。假设 A、B 两个数,最高位为 A_0、B_0,最低位为 A_n、B_n,其和为 Z,其中任一位的和为 Z_i,产生的进位为 C_i,则

$$Z_i = A_i \oplus B_i \oplus C_{i+1}$$
$$C_i = A_i B_i + (A_i \oplus B_i) C_{i+1}$$

每位的全和 Z_i 与进位 C_i 的形成除与本位相加两个数 A_i、B_i 有关外,还决定于低位送来的进位 C_{i+1},而 C_{i+1} 的形成与 C_{i+2} 有关……,因而最高位之进位 C_0 在最坏情况下与最低位的进位 C_n 何时形成 C_1 有关。

对于进位而言,形成一条串行的进位通路,其数据位数越多进位时间越长,加法速度越慢。这种进位系统叫串行进位链。

2) 并行进位系统

已知最低位的进位为 C_n,C_n 的形成除与相加二数 A_n、B_n 有关外,还与末位加 1 信号 $1 \rightarrow Q$ 有关,这个信号也可写做 C_{n+1}。

$$C_n = A_n B_n + (1 \rightarrow Q)(A_n \oplus B_n)$$
$$C_{n-1} = A_{n-1} B_{n-1} + C_n (A_{n-1} \oplus B_{n-1})$$
$$\vdots$$
$$C_i = A_i B_i + C_{i+1}(A_i \oplus B_i)$$

C_i 的形成与 $A_i B_i$ 有关,当本位 2 个数均为 1,则本位产生进位,$A_i B_i$ 称为本地进位。
C_i 的形成还与低位进位有关,当本位 2 个数半和为 1,即 $(A_i \oplus B_i) = 1$ 时,低位送来进位信号 C_{i+1},本位也要向高位产生进位,这种进位称为传送进位,$(A_i \oplus B_i)$ 称为跳过条

件。传送进位形成时间较慢,因为它要等待低位进位何时形成。

为了提高加法速度,要求设计一种电路,使得 C_i 的形成不用等待低位进位,也就是说让 C_i 只是相加的 2 个数 A、B 的函数,当 A、B 2 个数到来时,C_i 可以快速生成,且各位之进位,$C_0 C_1 \cdots C_n$ 是同时形成的,这种方案叫并行进位系统。

各个进位的逻辑表达式如下:

$$C_n = A_n B_n + (A_n \oplus B_n)(1 \to Q)$$

$$C_{n-1} = A_{n-1} B_{n-1} + (A_{n-1} \oplus B_{n-1}) A_n B_n + (A_{n-1} \oplus B_{n-1})(A_n \oplus B_n)(1 \to Q)$$

$$\vdots$$

$$C_i = A_i B_i + (A_i \oplus B_i)(A_{i+1} B_{i+1}) + (A_i \oplus B_i)(A_{i+1} \oplus B_{i+1}) A_{i+2} B_{i+2} + \cdots$$
$$+ (A_i \oplus B_i)(A_{i+1} \oplus B_{i+1}) \cdots (A_n \oplus B_n)(1 \to Q)$$

这样,如果最低位有进位产生,相邻各高位均满足 $A_i \oplus B_i = 1$ 的跳过条件,则最低位之进位可直接传送到最高位。

显然要实现并行进位要求,高位必须建立与其所有位的进位有关的传送通路,称为并行进位链。这种方案是很复杂的,也很费器材;字长越长,问题越严重。如果字长 16 位,则最高位之进位 C_0,除了与本地进位 A_0、B_0 有关外还要考虑 15 个低位的进位信号的传送通路。

3) 分组进位系统

这是一种折中方案。这种方案要求把全字长分为若干小组,小组内各位进位用并行进位方案,小组间用串行进位方案。

例如:计算机字长 16 位,分成 4 小组,每组 4 位。做加法时各小组内 4 位数的加法进位关系采用并行进位方法,即每位的进位仅是相加二数的函数,与低位进位无关。小组间采用串行进位方案。高一组进位的形成与低一组进位何时到来有关。

已知 $C_i = A_i B_i + (A_i \oplus B_i) C_{i+1}$,令 $G_i = A_i B_i$ 为本地进位,与低位进位无关,$P_i = A_i \oplus B_i$ 为进位跳过条件,当 $P_i = 1$ 时,低位进位 C_{i+1} 可直接传送到相邻高位去。以后 $P_i = A_i \oplus B_i$ 可用 $A_i + B_i$ 代替。因为 $A_i \oplus B_i$ 与 $A_i + B_i$ 的差别仅在于 $A_i = B_i = 1$ 时,$A_i \oplus B_i = 0$,$A_i + B_i = 1$。按道理当 $A_i = B_i = 1$ 时,从传送条件看不应将低位的进位传送到高位,但传送过去也不会发生错误,因为当 $A_i = B_i = 1$ 时,本地进位一定要生成向高位进位,$C_i = A_i B_i + (A_i + B_i) C_{i+1}$ 表达式也是正确的。

如果字长 16 位,加法器的进位分成 4 组,各组分别为 $C_0 \sim C_3$,$C_4 \sim C_7$,$C_8 \sim C_{11}$,$C_{12} \sim C_{15}$。第一小组内各位进位逻辑表达式表示如下:

$$\begin{cases} C_{15} = G_{15} + P_{15}(1 \to Q) \\ C_{14} = G_{14} + P_{14} G_{15} + P_{14} P_{15}(1 \to Q) \\ C_{13} = G_{13} + P_{13} G_{14} + P_{13} P_{14} G_{15} + P_{13} P_{14} P_{15}(1 \to Q) \\ C_{12} = G_{12} + P_{12} G_{13} + P_{12} P_{13} G_{14} + P_{12} P_{13} P_{14} G_{15} + P_{12} P_{13} P_{14} P_{15}(1 \to Q) \end{cases}$$

$C_{12} \sim C_{15}$ 各位进位直接依赖 A、B 二数何时到来,$(1 \to Q)$ 是末位加 1 信号,开始做加法时也给出来了,因此,小组内各位进位同时形成,称为并行进位。

同理 $C_8 \sim C_{11}$,$C_4 \sim C_7$,$C_0 \sim C_3$ 各组内的进位信号也是同时形成的,但各小组之间的进位关系还是串行完成的。示意图如图 4-4 所示。

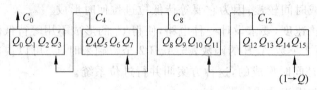

图 4-4 小组快速进位示意图

组间进位为 C_0,C_4,C_8,C_{12}。小组进位 C_{12} 要送给第 2 小组的 Q_{11} 才能求得全和 Z_{11}。小组进位 C_8 形成后送给第 3 小组 Q_7 才能得到全和 Z_7,同样道理 C_4 形成后送给第 4 小组 Q_3 才能得到全和 Z_3。因此,4 个小组间的进位是串行传送的,而 4 个小组内的各位进位是同时形成。

为了改变组间进位串行传送的情况,也可仿照小组进位的设计思想设计大组进位电路,使 C_{12},C_8,C_4,C_0 4 个进位也同时形成,读者可考虑其实现方案。这种并行进位方案又叫先行进位方案。

4.2 定点乘法运算

两个 n 位定点数相乘,可得 $2n$ 位乘积。但是,如何确定乘积的符号,如何求出乘积的数值,如何设计乘法装置是定点乘法运算的关键。

4.2.1 一位原码乘法

两个用原码表示的数相乘,乘积的符号按照"同号相乘为正,异号相乘为负"的原则,可利用两个数符号位进行异或得到。乘积的数值,就是两个正数的乘积。

1. 原码乘法装置

进行乘法运算,运算器中至少设有 3 个数据寄存器,1 个用来存放被乘数,1 个用来存放乘数,还有 1 个寄存器用于存放乘法过程中的中间结果,称为部分积寄存器。

乘法过程不是一步能够完成的。n 位数乘 n 位数,必须做 n 次加法和 n 次移位。乘法第 1 步,根据乘数最低位之值决定是否将被乘数加到部分积寄存器中。若乘数末位为 1,执行部分积加被乘数;若乘数末位为 0,则部分积加"0"。因此,乘数寄存器末位要设置判断控制电路。乘法第 2 步,根据乘数倒数第 2 位的值,决定是否将被乘数加到部分积寄存器中,这需要解决两个问题:第一个问题,乘数数值的判断控制电路如何设置,根据尽量减少重复设置的原则,将整个乘数右移 1 位,这样乘数倒数第 2 位移到乘数寄存器末位,由末位判断电路来控制加被乘数的操作。第 2 个问题是各步部分积相加时的对位问题,第 2 步的被乘数不能直接加到部分积寄存器中,因为每步作乘法的乘数位的权不同,需要将部分积右移 1 位,再加上被乘法,才能按不同的权错开相加,因此根据乘数的 1 位做 1 步乘法,部分积寄存器和乘数寄存器要右移 1 位。另外,乘数寄存器右移 1 位后,高位空出来,正好存放部分积寄存器右移 1 位后移出的部分积之低位。当 n 步乘法完成后,得到乘积之高位在部分积寄存器中存放,乘积之低位在乘数寄存器中存放。实现 1 位原码乘法的逻辑框图如图 4-5 所示。

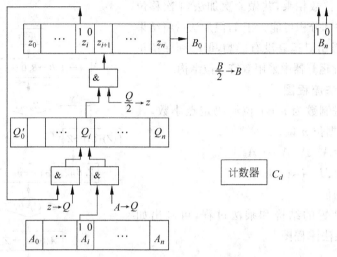

图 4-5 原码乘法逻辑框图

2. 乘法过程

进行乘法运算时,首先将部分积寄存器 Z 清"0",并在乘法计数器 C_d 中存放乘法位数 n 的补码,被乘数放在 A 寄存器中,乘数放在 B 寄存器中。第 1 步乘法根据乘数末位 B_n 之值决定是否加被乘数。当 $B_n=1$,发出 $A \rightarrow Q$ 命令,及 $Z \rightarrow Q$ 命令,实现部分积加被乘数,同时发出 $\frac{Q}{2} \rightarrow Z, \frac{B}{2} \rightarrow B$ 命令,将加法结果右移 1 位送部分积寄存器 Z,并实现乘数 B 右移 1 位,同时乘法步数计数器 C_d 加 1 表示完成了一步乘法。

第 2 步乘法与第 1 步类似,以此类推,直到乘法计数器 $C_d=0$,乘法结束。

【例 4-5】 已知 $[A]_{原}=0.1101,[B]_{原}=0.1011$,求 $[A]_{原} \times [B]_{原}$ 的值。

解:

部分积寄存器 Z	乘数寄存器 B	说明
0 0.0 0 0 0	1 0 1 1	起始情况
+ 0 0.1 1 0 1		$B_4=1,+A$
0 0.1 1 0 1		
0 0.0 1 1 0	1 1 0 1	Z、B 右移 1 位
+ 0 0.1 1 0 1		$B_3=1,+A$
0 1.0 0 1 1		
0 0.1 0 0 1	1 1 1 0	Z、B 右移 1 位
+ 0 0.0 0 0 0		$B_2=0,+0$
0 0.1 0 0 1		
0 0.0 1 0 0	1 1 1 1	Z、B 右移 1 位
+ 0 0.1 1 0 1		$B_1=1,+A$
0 1.0 0 0 1		
0 0.1 0 0 0	1 1 1 1	Z、B 右移 1 位

说明：两个 4 位数相乘乘积为 8 位，高位积存放在 Z 中，低位积存放在 B 中。两个数均为正数乘积符号 $0 \oplus 0 = 0$，为正数，结果是 $Z = 0.10001111$。

4 位数与 4 位数相乘，共做 4 次加法，4 次移位。

乘法过程中部分积可能大于 1，但加法后将结果右移 1 位，暂时溢出对运算没有影响，但必须保留正确的符号位，因此运算器中采用双符号位结构。

3. 原码乘法流程图

设两个二进制数为 $n+1$ 位原码定点小数，其中符号 1 位，数据位 n 位。

被乘数 $A = A_0.A_1 A_2 \cdots A_{n-1} A_n$

乘数 $B = B_0.B_1 B_2 \cdots B_{n-1} B_n$

求 $A \times B$ 的值。

根据乘法装置的结构和乘法过程，可画出如图 4-6 所示的乘法流程图。

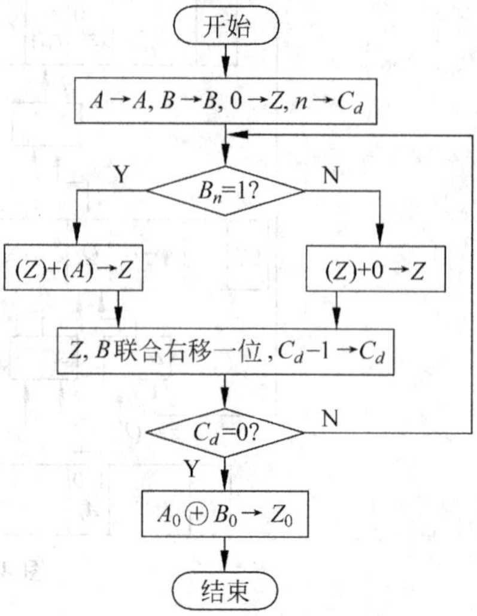

图 4-6 原码乘法流程图

*4.2.2 两位原码乘法

在一位乘法中，每次根据一位乘数的状态，决定是否向前次部分积加上被乘数，因此，n 位乘数需要做 n 次加法，n 次移位才能完成。

为了提高乘法速度，又提出多位乘法的方案，即一次可使多位乘数同时参加运算。如两位乘法，每一步由两位乘数的状态，决定向前次部分积加上什么数。

两位乘法的基本思想是把两步一位乘法合成一步完成，每次根据乘数末 2 位的值决定执行什么运算。

设两个二进制数 A、B 相乘，采用两位乘法。

被乘数 $A = A_0.A_1 A_2 \cdots A_{n-1} A_n$

乘数 $B = B_0.B_1 B_2 \cdots B_{n-1} B_n$

A_0, B_0 为符号位，数值位各有 n 位。求 $A \times B$ 的值。

运算器中安排被乘数 A 放在 A 寄存器中，乘数 B 放在 B 寄存器中，部分积放在 Z 寄存器中。运算过程中，前次部分积为 Z_i，本次部分积为 Z_{i+1}。

乘数判断控制电路放在 B 寄存器末 2 位 $B_{n-1}B_n$，两位乘法的运算规则如下：

乘数末 2 位 $B_{n-1}B_n$	运算要求
00	$+0$
01	$+A$
10	$+2A$
11	$+3A = +4A - A$

每次完成加法后，部分积和乘数右移 2 位。

$+2A$ 是通过将被乘数 A 左移 1 位送入加法器输入端进行加法实现的。

$+3A$ 直接实现较困难。可采用本次 $-A$，下次 $+4A$ 来实现。因为每次加法后部分积要右移 2 位，下次做乘法运算时，加上被乘数的操作 $+A$，相当于前一次运算 $+4A$。用欠账触发器，记下本次少加 $4A$，下步运算时补上。欠账触发器放在乘数寄存器最低位右边，称为乘数附加位。两位乘法的运算规则还应根据乘数附加位的状态作适当修改。这样每步判断执行什么运算要根据三位数状态来决定，即乘数末两位 $B_{n-1}B_n$ 及乘数附加位 B_{n+1}。

两位乘法运算规则如表 4-3 所示。

表 4-3 两位乘法运算规则（设置欠账触发器法）

乘数末 2 位		附加位	乘法规则	说　　明
B_{n-1}	B_n	B_{n+1}		
0	0	0	$Z_{i+1}=\frac{1}{4}Z_i$	部分积右移 2 位
0	1	0	$Z_{i+1}=\frac{1}{4}[Z_i+A]$	$+A$ 再右移 2 位
1	0	0	$Z_{i+1}=\frac{1}{4}[Z_i+2A]$	$+2A$ 再右移 2 位
1	1	0	$Z_{i+1}=\frac{1}{4}[Z_i-A]$ 且置 $B_{n+1}=1$	$-A$ 右移 2 位，使欠账触发器 B_{n+1} 为 1
0	0	1	$Z_{i+1}=\frac{1}{4}[Z_i+A]$	$+A$，右移 2 位
0	1	1	$Z_{i+1}=\frac{1}{4}[Z_i+2A]$	$+2A$，右移 2 位
1	0	1	$Z_{i+1}=\frac{1}{4}[Z_i-A]$ 且置 $B_{n+1}=1$	$-A$，右移 2 位，使欠账触发器为 1
1	1	1	$Z_{i+1}=\frac{1}{4}[Z_i]$ 且置 $B_{n+1}=1$	部分积右移 2 位，使欠账触发器为 1

这种乘法规则是清楚的，但实现起来较复杂。因为每次加上被乘数的倍数需根据乘数附加位 B_{n+1} 的值来修改。附加位不同乘法规则不同。

为了统一乘法规则，简化运算方法，不采用专门设立 B_{n+1} 的置位电路；我们希望用移位办法，当乘数右移 2 位时，B_{n-1} 正好移入附加位 B_{n+1} 中，这时要考虑有什么新问题要解决。

当 $B_{n-1}=0$ 时，乘数右移 2 位，B_{n-1} 正好移入 B_{n+1}，即 $B_{n+1}=0$，没有给欠账触发器 B_{n+1} 带来问题。

当 $B_{n-1}=1$ 时，乘数右移 2 位，B_{n-1} 正好移入 B_{n+1}，即 $B_{n+1}=1$，要把欠账触发器 B_{n+1} 置 "1"，考察两位乘法规则，当 B_{n-1} 为 "1" 时两位乘数及附加位状态：

$$B_{n-1}B_nB_{n+1}$$

$$\left.\begin{array}{ccc}1 & 0 & 1\\1 & 1 & 0\\1 & 1 & 1\end{array}\right\}\text{要求将欠账触发器 }B_{n+1}\text{ 置 "1"}$$

$$\begin{array}{ccc}1 & 0 & 0\end{array}$$

这 4 种状态中,前 3 种都要求本次操作将 B_{n+1} 置"1",因此 B_{n-1} 右移 2 位移入 B_{n+1} 时,$B_{n+1}=1$ 是正确的,用右移 2 位的办法移入 B_{n+1} 简化了置"1" B_{n+1} 的方案。

但是第 4 种当 $B_{n-1}B_nB_{n+1}=100$ 时,本次操作是 Z_i+2A,再右移 2 位,不应置"1" B_{n+1};但是,按照上述的移位法移入附加位时,本次置"1"乘法附加位,即下次运算+4A。为了得到正确的运算结果,适当修改这条乘法规则,满足移位法置"1" B_{n+1} 的要求。具体做法是:本次做-2A 运算,并且置"1" B_{n+1},(即下次做+4A 操作),合成结果仍是做+2A 操作。

总结上述算法,不设专门的附加位的置位电路,采用乘数右移 2 位时移过来的高位乘数 B_{n-1} 之值作为 B_{n+1}。同时对这 3 位数 $B_{n-1}B_nB_{n+1}$ 进行译码,以决定向前次部分积加上什么数。

两位乘法的运算规则如表 4-4 所示。

表 4-4 两位原码乘法运算规则

$B_{n-1}B_nB_{n+1}$	运 算 规 则	说 明
000	$Z_{i+1}=\frac{1}{4}Z_i$	+0,右移 2 位
001	$Z_{i+1}=\frac{1}{4}[Z_i+A]$	+A,右移 2 位
010	$Z_{i+1}=\frac{1}{4}[Z_i+A]$	+A,右移 2 位
011	$Z_{i+1}=\frac{1}{4}[Z_i+2A]$	+2A,右移 2 位
100	$Z_{i+1}=\frac{1}{4}[Z_i-2A]$	-2A,右移 2 位
101	$Z_{i+1}=\frac{1}{4}[Z_i-A]$	-A,右移 2 位
110	$Z_{i+1}=\frac{1}{4}[Z_i-A]$	-A,右移 2 位
111	$Z_{i+1}=\frac{1}{4}Z_i$	+0,右移 2 位

由上述运算规则看出,在两位乘法计算过程中,部分积要求做±A 操作和±2A 操作。对于二进制数,实现加 2A 是很方便的,一个数左移一位即是乘 2,因此,将 A 左斜一位送 Q,即可实现+2A 操作。-2A 可通过将 A 的反码左移一位送 Q,末位加 2 来实现。

另外部分积寄存器 Z 和乘数寄存器 B 还要设右移两位的线路。乘法计数器 C_d 中设置的数应为 $\frac{n}{2}$,n 为操作数的数值位数,不包括符号位。

乘法结果的高位积放在部分积寄存器中,低位积放在乘数寄存器中。乘法运算中用 3 位符号。

【例 4-6】 已知 A=0.111111,B=0.010111,用原码两位乘求 $[A]_原\times[B]_原$ 的值。

解:$[A]_原=0.111111$

$[B]_原=0.010111$

运算过程中进行 $-A$ 和 $-2A$ 操作,用到

$$[-A]_{\text{补}} = 111.000001$$
$$[-2A]_{\text{补}} = 110.000010$$

因为部分积要做 $\pm 2A$,加法时中间结果可能超过 2,为了保留正确的符号位,操作数均使用 3 位符号位。111 表示负数,000 表示正数,3 位符号不同时,表明中间结果暂时出现不同的情况。

原码两位乘法步骤如下:

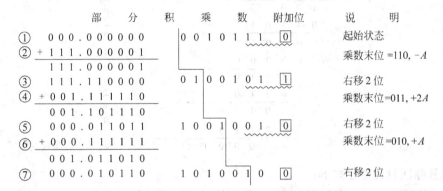

6 位乘数,做 3 次 2 位乘,右移 6 位,乘积结果:$[A]_{\text{原}} \times [B]_{\text{原}} = 0.010110101001$。

乘积为 12 位,在 Z 寄存器中存放高位积,乘数寄存器存放低位积。乘积符号为正,因为 2 个数均为正数,$A_0 \oplus B_0 = 0$。

基于两位乘法原理,还可设计多位乘法。

4.3 定点除法运算

定点计算机中执行除法运算,需要解决求商的符号及商的数值两项工作。

因为原码中数值部分是其绝对值,因此求商时,用被除数的绝对值除以除数的绝对值得到商的绝对值,比补码除法简单,在计算机中得到广泛应用。

4.3.1 原码恢复余数除法

1. 手算二进制数除法

原码除法比较方便,因为不管正数、负数,原码的数值部分是该数的绝对值,用二数的绝对值相除,可得到商的绝对值,比较直观、省事。

设两个定点二进制小数:$A = A_0.A_1A_2\cdots A_n$,$B = B_0.B_1B_2\cdots B_n$,求 $A \div B$ 的值。

首先分析商的符号,同号两数相除得到正商,异号两数相除,商为负数,可用半加器求得商符,$A_0 \oplus B_0 = $ 商的符号。

其次求商的数值,即两个正数之商。

我们知道，一般定点小数的绝对值<1。如果被除数≥除数，则商≥1，属于溢出，机器中是不允许的。所以除法求商时，首先是比较被除数与除数之大小，判断是否溢出，方法是被除数减去除数，若结果≥0，表示溢出，转溢出处理。

如 $A=0.1001$　　　　$B=0.1101$　　　　　$A \div B$ 时求商的手算过程如下：

```
                0.1 0 1 1           商
     0.1101 / 0.1 0 0 1
              0.0 0 0 0                R₀
              —————————               -B/2
              1 0 0 1 0
              0 1 1 0 1
              —————————               R₁
              0 1 0 1 0               -0
              0 0 0 0 0
              —————————               R₂
              1 0 1 0 0               -B/2³
              0 1 1 0 1
              —————————               R₃
              0 1 1 1 0               -B/2⁴
              0 1 1 0 1
              —————————
              0 0 0 1                 R₄    余数
```

（此处 R_0, R_1, R_2, R_3，以及 $-\dfrac{B}{2}$，-0，$-\dfrac{B}{2^3}$，$-\dfrac{B}{2^4}$，R_4 余数）

手算除法过程叙述如下：

(1) 比较 A 和 B，因 $A<B$，商<1，整数位（即符号位）商 0，余数 $R_0=A$；

(2) $R_0-\dfrac{B}{2}$ 得余数 $R_1>0$，表示够减，小数点后第一位商"1"；

(3) $R_1-\dfrac{B}{2^2}$ 因 $R_1<\dfrac{B}{2^2}$，商"0"，余数 $R_2=R_1$；

(4) $R_2-\dfrac{B}{2^3}$ 得余数 $R_3>0$，够减商"1"；

(5) $R_3-\dfrac{B}{2^4}$ 得余数 $R_4>0$，够减商"1"。

除数与被除数均为 4 位数，除第一次减法为了判断溢出外，其余 4 次减法求 4 位商，最后得余数 R_4。即认为除法结束。

综上所述：

(1) 除法上商，先比较被除数是否大于除数，或余数 R_i 是否大于 $\dfrac{B}{2^{i+1}}$，如果是，就称够减，商上"1"，做减法；如果不是，就说不够减，商上"0"，不做减法（或减去 0）。

(2) 每求一位商，除数向右移一位，商也向右移一位，即除数逐次除 2。

(3) 余数越来越小。

$$R_0=A=0.1001<B$$

$$R_1=(0.0101)\div 2^1=0.00101<\dfrac{B}{2}$$

$$R_2=(0.1010)\div 2^2=0.0101=R_1<\dfrac{B}{2^2}$$

$$R_3=(0.0111)\div 2^3=0.0000111<\dfrac{B}{2^3}$$

$$R_4 = (0.0001) \div 2^4 < \frac{B}{2^4}$$

2. 恢复余数除法

实现上述算法,具体除法设计如下:

做除法运算时,运算器中至少要有三个寄存器,即被除数寄存器、除数寄存器及商寄存器。除法运算过程要解决三个问题。

(1) 比较余数。每次上商前要对前次余数与本次右移过的除数进行比较,前次余数大于本次除数者做减法,否则不做减法。实际上控制起来很复杂。计算机操作时,一律让前次余数减去本次除数,够减商"1",不够减商"0",但不够减时是不该做减法,因此,还必须加上本次除数,恢复成原来的余数,再做下一位除法。这种除法称为恢复余数除法。

(2) 余数左移。上述除法过程中,除数每次右移一位与前次余数做减法,也是不可取的,因为这样要求加法器必须是 $2n$ 位的。为了减少设备,考虑每次做减法时加法器只有 n 位减除数时是有用的,做若干步除法后,余数高位都是"0",不再做具体运算。因此,把余数不动,除数右移一位做减法,变为除数不动余数左移一位做减法,其效果是一样的,还可节省 n 位加法器。这样安排要求被除数寄存器具有左移功能。

(3) 上商与商左移。关于商寄存器的安排:因为要对每一位上商。但最好不要为每一位都设上商电路,可把第一次的商上在商寄存器的末位,以后每上一位商,把商寄存器左移一位,空出来末位上第二位商。又因为商寄存器在除法开始时尚未使用,可用来存放双倍字长被除数之低位,以后每上一位商、被除数左移一位,商寄存器也左移一位,除法完成时求得 n 位商放在商寄存器中,而余数放在被除数寄存器中。

3. 除法装置逻辑框图

图 4-7 给出了原码除法逻辑框图。

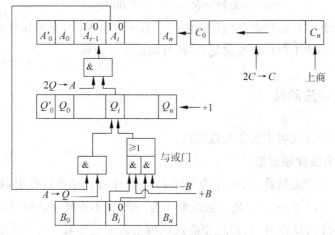

图 4-7 原码除法装置逻辑框图

4. 原码恢复余数除法举例

【例 4-7】 已知定点小数 $[A]_原 = 0.1001$,$[B]_原 = 0.1101$,求 $[A]_原 \div [B]_原$ 的值。

解:除法过程经常要减除数,实际上用 $+[-B]_补$ 实现。

$$[-B]_补 = 1.0011$$

被除数(余数)寄存器 A	商寄存器 C	说 明
0 0 . 1 0 0 1	0 . 0 0 0 0	起始状态
+ 1 1 . 0 0 1 1		$-B$ 判溢出
1 1 . 1 1 0 0	0 . 0 0 0 0	$R_0<0$,商"0"
+ 0 0 . 1 1 0 1		$+B$,恢复被除数
0 0 . 1 0 0 1		
0 1 . 0 0 1 0	0 0 0 0	A、C 左移1位
+ 1 1 . 0 0 1 1		$-B$
0 0 . 0 1 0 1	0 0 0 1	$R_1>0$,商"1"
0 0 . 1 0 1 0	0 0 1	A、C 左移1位
+ 1 1 . 0 0 1 1		$-B$
1 1 . 1 1 0 1	0 0 1 0	$R_2<0$,商"0"
+ 0 0 . 1 1 0 1		$+B$,恢复余数
0 0 . 1 0 1 0		
0 1 . 0 1 0 0	0 0 1 0	A、C 左移1位
+ 1 1 . 0 0 1 1		$-B$
0 0 . 0 1 1 1	0 0 1 0 1	$R_3>0$,商"1"
0 0 . 1 1 1 0	0 1 0 1	A、C 左移1位
+ 1 1 . 0 0 1 1		$-B$
0 0 . 0 0 0 1	0 1 0 1 1	$R_4>0$,商"1"

除法运算过程共做 5 次减法、4 次左移,得到商;因为两数同号商的符号为正。

$$[A]_原 \div [B]_原 = 0.1011$$

$$余数 = R_4 \times 2^{-4} = 0.0001 \times 2^{-4}$$

原码恢复余数除法的缺点是做加减法的次数不好掌握,因为不知每次除法过程中要恢复余数几次。因此不但控制线路复杂,而且除法速度较慢。

4.3.2 加减交替法除法

加减交替法除法又叫不恢复余数除法。

1. 不恢复余数除法原理

设有两个 n 位二进制数 A、B,A 为被除数,B 为除数。除法过程中,每步除法所得余数为 R_i,其中 $i=0,1,2,\cdots,n$。$R_0 =$ 被除数本身 $= A$,其不恢复余数除法原理是:

当做第 i 步除法运算时,将前一步除法所得余数 R_{i-1} 左移一位,减去除数 B,得新余数 R_i,即 $R_i = 2R_{i-1} - B$。

如果 $R_i \geqslant 0$,表示除法够减,该位商"1";

如果 $R_i<0$,表示不够减,该位商"0",并加上除数 B,恢复余数:$R_i=(2R_{i-1}-B)+B=2R_{i-1}$ 然后再求下位商。

第 $i+1$ 步除法,应将 R_i 左移一位,减去 B,得新余数:$R_{i+1}=2R_i-B=4R_{i-1}-B$。

采用不恢复余数方案,当作第 i 步除法时,得到的余数 $R_i=2R_{i-1}-B<0$,可不必恢复余数,直接做下一步除法,但与恢复余数不同的是:下一步除法是将 R_i 左移一位,加除数(注意不是减除数),得到新余数 $R_{i+1}=(2R_{i-1}-B)\times 2+B=4R_{i-1}-2B+B=4R_{i-1}-B$,与恢复余数法第 $i+1$ 步得到相同的结果。

因此,用不恢复余数除法完全可以代替恢复余数除法,且 n 位数除 n 位数,只用做 $n+1$ 次加减法,n 次移位就可完成了,缩短了除法时间。

2. 不恢复余数除法运算规则

求第 i 位商时:

(1) 如果上次余数 $R_{i-1}>0$,将余数左移一位,减去除数,得新余数:$R_i=2R_{i-1}-B$;

(2) 如果上次余数 $R_{i-1}<0$,将余数左移一位,加上除数,得新余数:$R_i=2R_{i-1}+B$;

(3) 根据新余数 R_i 的符号决定上商;$R_i\geq 0$,商"1",$R_i<0$,商"0"。

【例 4-8】 用不恢复余数法求 $A\div B$ 的商及余数,设 $A=0.1001,B=0.1101$。

解:不恢复余数法,又叫加减交替法,有时做加法,有时做减法,需要用到 $[-B]_{补}$。

$$[-B]_{补}=[-0.1101]_{补}=1.0011$$

被除数(余数)寄存器	商寄存器	说明
0 0 . 1 0 0 1	0 . 0 0 0 0	起始状态
+1 1 . 0 0 1 1		$-B$ 判溢出
1 1 . 1 1 0 0	0 . 0 0 0 0	$R_0<0$,上商"0"
1 1 . 1 0 0 0	0 0 0 0	余商左移1位
+0 0 . 1 1 0 1		$+B$
0 0 . 0 1 0 1	0 0 0 0 1	$R_1>0$,上商"1"
0 0 . 1 0 1 0	0 0 0 1	余商左移1位
+1 1 . 0 0 1 1		$-B$
1 1 . 1 1 0 1	0 0 1 0	$R_2<0$,上商"0"
1 1 . 1 0 1 0	0 0 1 0	余商左移1位
+0 0 . 1 1 0 1		$+B$
0 0 . 0 1 1 1	0 0 1 0 1	$R_3>0$,上商"1"
0 0 . 1 1 1 0	0 1 0 1	余商左移1位
+1 1 . 0 0 1 1		$-B$
0 0 . 0 0 0 1	0 1 0 1 1	$R_4>0$,上商"1"

运算结果:商的符号为正,商的数值为 0.1011,余数 $R=R_4\times 2^{-4}=0.0001\times 2^{-4}$。

这个结果与恢复余数除法相同。

3. 加减交替除法运算流程图

图 4-8 给出了加减交替法除法运算流程图。

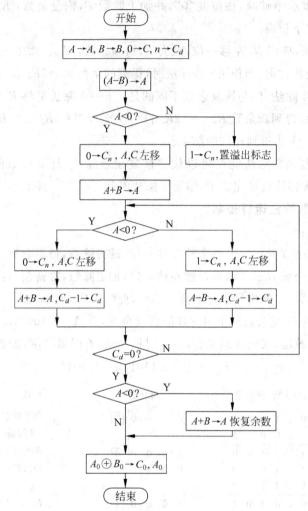

图 4-8 加减交替法除法流程

4.4 逻辑运算

用计算机可以处理逻辑变量,为人工智能领域的研究开辟一个新天地。

逻辑变量是指在逻辑命题中使用"是"与"否","真"与"假"的两个相反的概念作变量。在二进制计算机中,恰好可以使用二进制数的两个符号"1"与"0"来表示逻辑变量。具体实现上,用触发器的两个状态的不同电位来表示,也是非常理想的。逻辑变量属于非数值信息,没有大小的数量概念。

对逻辑变量的运算,常用的有:逻辑乘、逻辑加、异或与求反。这些运算都是最基本的,可以直接使用逻辑门实现。逻辑线路是计算机硬件的基础,是设计、制造计算机的基础元件。

4.4.1 逻辑乘法

设两个二进制数：
$$A = A_0 \ A_1 \ A_2 \cdots A_n$$
$$B = B_0 \ B_1 \ B_2 \cdots B_n$$

A、B 两个数的逻辑乘积，就是两个数对应位相"与"的结果。特别注意：逻辑运算是按位运算，相邻位间没有进位关系。

逻辑乘积可用下式表示：
$$A \wedge B = C_0 \ C_1 \ C_2 \cdots C_n$$

其中 $C_i = A_i \wedge B_i, (i=0,1,2,\cdots,n)$。

逻辑乘法操作可用与门实现，也可用反向输入的或门实现。

逻辑乘法运算规则如下：
$$0 \wedge 0 = 0$$
$$0 \wedge 1 = 0$$
$$1 \wedge 0 = 0$$
$$1 \wedge 1 = 1$$

4.4.2 逻辑加法

设两个二进制数 $A = A_0 A_1 A_2 \cdots A_n$，$B = B_0 B_1 B_2 \cdots B_n$，$A$、$B$ 两数的逻辑和就是两数对应位相"或"的结果。

逻辑加运算也是按位运算，表示为：
$$A \vee B = C_0 C_1 C_2 \cdots C_n$$

其中 $C_i = A_i \vee B_i, (i=0,1,2,\cdots,n)$。

逻辑加法运算规则如下：
$$0 \vee 0 = 0$$
$$0 \vee 1 = 1$$
$$1 \vee 0 = 1$$
$$1 \vee 1 = 1$$

逻辑加法可用或门实现；也可用反向输入的与门实现。
$$A \vee B = \overline{\overline{A} \cdot \overline{B}}$$

逻辑加法也可写作 $A + B$。

4.4.3 求反操作

求反操作就是逻辑非运算。

已知二进制数 $A = A_0 \ A_1 \ A_2 \cdots A_n$，对 A 求反是指将 A 按位求反，记作：

$$\overline{A} = C_0 C_1 C_2 \cdots C_n$$

其中 $C_i = \overline{A_i}, (i=0,1,2,\cdots,n)$。

求反操作可用反相器实现，即非门实现。

具体的求反规则是：

$$\overline{1} = 0$$
$$\overline{0} = 1$$

4.4.4 异或运算

异或操作就是我们说的不进位加，又叫半加。

设两个二进制数：

$$A = A_0 A_1 A_2 \cdots A_n$$
$$B = B_0 B_1 B_2 \cdots B_n$$

A、B 两数的异或就是将两数对应位求和，各位间不产生进位关系。记作：

$$A \oplus B = C_0 C_1 C_2 \cdots C_n$$
$$C_i = A_i \oplus B_i = \overline{A_i} B_i + A_i \overline{B_i}, \quad (i=0,1,2,\cdots,n)$$

异或运算可用异或门实现，也可记作 $A \forall B$。

异或运算规则：

$$0 \oplus 0 = 0$$
$$0 \oplus 1 = 1$$
$$1 \oplus 0 = 1$$
$$1 \oplus 1 = 0$$

综上所述：逻辑运算是计算中的基本运算，特别是与、或、非三种逻辑运算是最基本的逻辑操作，利用它们可以实现计算中所有逻辑功能。

4.5 位片结构定点运算器

运算器是计算机的数据加工中心。运算器的主要功能是对数据进行算术运算和逻辑运算，其算术逻辑部件 ALU 实现这些功能，ALU 的核心是一个并行全加器。运算结果的特征，如溢出、结果为零等保存在专门的标志寄存器中。

为了保存参加运算的操作数和中间结果，运算器中设置了一组寄存器，程序员通过指令使用的这组寄存器叫通用寄存器。

为了完成乘除法运算，运算器还提供左、右移位功能，设置存放乘数及商数的乘商寄存器。

这些部件通过 ALU 和多路选择电路连接起来，并实现运算器内各寄存器间或与控制器内各寄存器间数据交换工作。运算器还需与存储器和输入输出设备交换数据，是整个计算机的数据传输中心。

运算过程的控制是由计算机的控制器提供的操作控制信号完成的,这些控制命令按照一定的时间顺序送达指定部件。有关内容将在控制器一章中叙述。

随着半导体集成电路技术的发展,现在可以把整个中央处理部件(CPU)做在一个芯片上。但其主要缺点是指令系统和字长都已经固定,控制过程也不能修改,给用户及计算机研制单位带来很大不便。

位片结构可以满足不同用户的需要,将运算器纵向划分成标准模块,每个模块就是一个标准的、字长较短的(如4位)运算器;包括全加器,寄存器组,多路选择器,乘商寄存器及移位电路等。研制不同字长的计算机运算器可通过选用不同数目的位片运算器来实现,为设计、制造、使用部门提供极大的方便。

4.5.1 位片运算器电路 Am 2901

1. 位片 Am 2901 的主要特性

Am 2901 是高速的标准的通用的 4 位运算器芯片,使用非常灵活,其主要特点:

(1) 高速的 8 功能 ALU,可以对两个操作数执行 3 种加减法运算和 5 种逻辑运算,可以实现任何指令的要求。

(2) 16 个双端口读出的通用寄存器。给出两个地址,可以同时读出两个操作数,同时送入 ALU,便于提高运算速度。

(3) 灵活的源操作数选择电路,通过多路选择器可从 5 个数据输入端选择需要的数据,送入 ALU。对每一种 ALU 功能,可以有多种源操作数选择。

(4) 独立的移位功能,加法和移位可以在一个时间周期中完成,便于提高乘除法速度。

(5) 自动提供运算结果的状态标志,为各种条件转移和条件运算提供方便。

(6) 字长扩充方便,多个位片联起来可以获得任意字长的运算器。

(7) 便于选择控制,用 9 位操作控制码分别控制源操作数选择、ALU 的操作功能及移位和输出选择。

2. Am 2901 的逻辑结构

Am 2901 的逻辑框图如图 4-9 所示。

ALU 为算术逻辑运算部件,输入的两个操作数 R、S 均为 4 位二进制数。最低位输入 C_n 作为末位加 1 或变补码时使用。

ALU 执行何种运算由操作控制码 $I_5 I_4 I_3$ 控制,具体规定如表 4-5 所示。

ALU 的运算结果由 F 输出,F 也是 4 位二进制数。ALU 加法器进位系统采用先行进位方案,也就是我们介绍过的小组并行进位的方案。

ALU 还可以提供每次运算结果的特征:F_3、OVR、C_{n+4} 和 F_{0000}。

OVR 为定点溢出标志,在加法中,当 $C_{n+4} \oplus C_{n+3} = 1$ 时,表示运算溢出,由 OVR 表示。

F_3 为最高位输出,当该位片为最高位片时,F_3 即为结果符号位。$F_3=0$,表示结果为正数;$F_3=1$ 表示结果为负数。

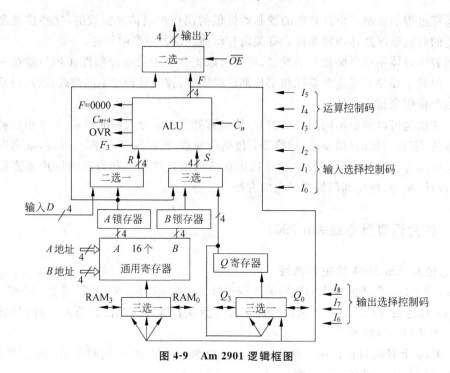

图 4-9 Am 2901 逻辑框图

表 4-5 Am 2901 ALU 功能选择

$I_5 I_4 I_3$	运算功能	$I_5 I_4 I_3$	运算功能
000	$R+S$	100	$R \wedge S$
001	$S-R$	101	$\overline{R} \wedge S$
010	$R-S$	110	$R \forall S$
011	$R \vee S$	111	$\overline{R \vee S}$

C_{n+4} 为最高位的进位。

$F=0000$ 表示片内 4 位结果为全"0"。用于判断结果为零。

如果需要记下结果的标志,位片外应设立标志寄存器。

16 个通用寄存器字长都是 4 位,双端口输出。输入 A 口 4 位地址,可从 16 个通用寄存器中选择一个寄存器中的数据从 A 口输出。输入 B 口 4 位地址,可以从 16 个通用寄存器中选择一个寄存器中的数据,从 B 口输出。A 口、B 口地址同时到来,则从 A 口、B 口输出的数据同时送入 ALU 前的锁存器 A、B 中保存,以便通用寄存器内容改变时隔离对 ALU 运算的影响。

通用寄存器还可保存 ALU 的运算结果,但 Am 2901 规定保存的寄存器地址是由 B 口输入的地址指定的。

位片中通用寄存器的符号用 RAM 表示,这里的 RAM 不是指主存储器。

ALU 操作数据输入选择:

送入 ALU 的两个操作数,分别由 R、S 端进入。R 端的数据有两个来源:即通用寄

第 4 章 运算方法与运算器

存器 A 口输出和外部数据 D，这里的外部数据指位片外送入 ALU 的数据。R 端用二选一多路数据选择器选择送入 ALU 的数据，实际上是用与或门实现的。S 端的数据有三个来源，通过三选一多路数据选择器送入 ALU，三个来源分别是通用寄存器的端口 A、端口 B 及乘商寄存器 Q。它们的数据宽度都是 4 位二进制数。

ALU 的操作数输入选择是由控制码 $I_2 I_1 I_0$ 来控制的，具体选择如表 4-6 所示。

表 4-6 ALU 输入数据选择

指令码 $I_2 I_1 I_0$	ALU 数据来源		指令码 $I_2 I_1 I_0$	ALU 数据来源	
	R	S		R	S
000	A	Q	100	0	A
001	A	B	101	D	A
010	0	Q	110	D	Q
011	0	B	111	D	0

其中，有时 R 端或 S 端输入为 0，这是为了实现寄存间数据传送用，或是一个数据变反、变补、加 1 时使用。

ALU 的输出及移位功能选择。

ALU 求得运算结果后，这个结果的去向有 3 种：送入通用寄存器（B 口地址指定）；送入乘商寄存器 Q；或直接送往片外。并且送往 3 个地方前，都可先移位后送出。具体的移位功能有 3 种，左移 1 位，右移 1 位，不移位直送。这样做，可以使移位和加法等操作在一拍时间内完成，提高了有关运算的速度。具体的 ALU 输出去向及移位功能由指令码 $I_8 I_7 I_6$ 控制，如表 4-7 所示。

表 4-7 ALU 的输出及移位功能

指令码 $I_8 I_7 I_6$	移位及结果去向		
	通用寄存器	Q 寄存器	Y 输出
000		$F \rightarrow Q$	F
001			F
010	$F \rightarrow B$		A
011	$F \rightarrow B$		F
100	$\frac{F}{2} \rightarrow B$	$\frac{Q}{2} \rightarrow Q$	F
101	$\frac{F}{2} \rightarrow B$		F
110	$2F \rightarrow B$	$2Q \rightarrow Q$	F
111	$2F \rightarrow B$		F

表中，Y 表示送往片外的 4 位数据；F 为 ALU 的运算结果；$\frac{F}{2}$ 表示结果右移 1 位；$2F$ 表示结果左移一位。这里的移位功能是在 Y 输出前的"二选一"的多路数据选择器中实现的。

向片外输出数据有两个来源：ALU 运算结果 F 或通用寄存器端口 A 读出的数据。另外，输出二选一数据选择器还设有一个控制端 $\overline{OE}$。当 $\overline{OE}=0$ 时，允许数据送往片外输出引线 Y；当 $\overline{OE}=1$ 时，不允许数据输出，Y 端为高阻态。

关于 ALU 内加法器的进位系统，Am 2901 采用先行进位方案。片内 4 位加法的进位是同时形成的。需要注意：Am 2901 片内数据高低位排列顺序是低位为 D_0，依次是 $D_1 D_2 D_3$，因此 D_3 是片内最高位数据。片内 4 位加法的进位信号：C_0、C_1、C_2、C_3 是同时形成的并且内部已经连好，外部信号 C_n，即最低位 C_0 的低位进位信号 C_{in}，引脚上标出为 C_n，最高位进位信号 C_3，引脚上标出为 C_{n+4}。

由小组并行进位公式，可得知：

$$C_{n+4}=C_3=A_3 B_3 +(A_3 \oplus B_3)A_2 B_2+(A_3 \oplus B_3)(A_2 \oplus B_2)A_1 B_1$$
$$+(A_3 \oplus B_3)(A_2 \oplus B_2)(A_1 \oplus B_1)A_0 B_0$$
$$+(A_3 \oplus B_3)(A_2 \oplus B_2)(A_1 \oplus B_1)(A_0 \oplus B_0)C_{in}$$

进一步分析 C_{n+4} 的构成分为两个部分：一部分进位只与本组内相加两数有关，称为本组本地进位，记为 G。显然

$$G=A_3 B_3+(A_3 \oplus B_3)A_2 B_2+(A_3 \oplus B_3)(A_2 \oplus B_2)A_1 B_1$$
$$+(A_3 \oplus B_3)(A_2 \oplus B_2)(A_1 \oplus B_1)A_0 B_0$$

另一部分进位与低一小组的进位 C_n 有关，该种进位的形成依赖于低组进位何时到来，称为本组传送进位，其值为 $(A_3 \oplus B_3)(A_2 \oplus B_2)(A_1 \oplus B_1)(A_0 \oplus B_0)C_{in}$，我们把 C_{in} 前的系数称为本组进位跳过条件，记为 P，显然 $P=(A_3 \oplus B_3)(A_2 \oplus B_2)(A_1 \oplus B_1)(A_0 \oplus B_0)$。其物理意义是：当本位片内 4 位数据相加结果为 1111 时，低一小组送来产生的进位 C_n，则该进位可跳过本组各位，直接传送到本片高位进位 C_{n+4}。位片 Am 2901 的输出引线 P、G，就是我们上述分析的本组本地进位，与本组进位传送跳过条件。

*4.5.2 先行进位电路 Am 2902

为了提高加法速度，必须解决加法操作中逐级进位问题。在 Am 2901 片内，4 位数的加法进位已经实现了先行进位，4 位数的加法形成的进位是同时形成的。如果用多个 Am 2901 组成一个多位的运算器，不采用新的措施，则各位片内的进位是同时生成的，但片间进位还是串行进行的。

为了解决 Am 2901 位片间的串行进位问题，仿照小组进位的思想，开发了可以多级级联的先行进位逻辑电路 Am 2902。

例如，由 4 个 Am 2901 位片组成的 16 位运算器，每片都生成向高一位片的进位信号如 C_3、C_7、C_{11} 和 C_{15}。其中

$$C_3 = G_0 + P_0 C_n$$
$$C_7 = G_1 + P_1 C_3 = G_1 + G_0 P_1 + P_0 P_1 C_n$$
$$C_{11} = G_2 + P_2 C_7 = G_2 + G_1 P_2 + G_0 P_1 P_2 + P_0 P_1 P_2 C_n$$
$$C_{15} = G_3 + P_3 C_{11} = G_3 + G_2 P_3 + G_1 P_1 P_2 + G_0 P_1 P_2 P_3 + P_0 P_1 P_2 P_3 C_n$$
$$= G^* + P^* C_n$$

其中
$$P^* = P_0 P_1 P_2 P_3$$
$$G^* = G_3 + G_2 P_3 + G_1 P_1 P_2 + G_0 P_1 P_2 P_3$$

P^* 作为 16 位为一大组的传送进位跳过条件，G^* 作为 16 位为一大组的组内生成进位。当研制 64 位二进制数的运算器时，按照先行进位办法生成所有进位（包括各 16 位为一大组的大组间进位）。就需要用到 P^*、G^* 信号，工作原理是类似的。

因此 Am 2902 是一个可以多级级联的先行进位生成电路，是研制字位较长，加法速度要求较快的不可或缺的器件。逻辑关系由全加器的输入取反码，输出也是反码导出。

Am 2902 先行进位逻辑电路原理图如图 4-10 所示。

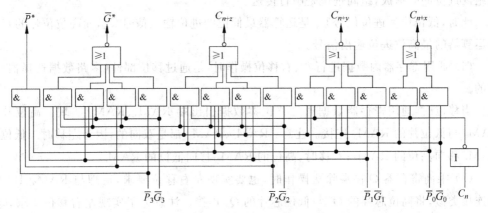

图 4-10　Am 2902 先行进位逻辑图
注意：&—与门　≥1—或门　Ⅰ—反相器

*4.5.3　多片 Am 2901 组成的位片结构运算器

Am 2901 为 4 位运算器芯片，我们可以利用它组成任意字长的运算器。例如：用 2 片 2901 可以组成 8 位运算器；4 片 2901 可以组成 16 位运算器；8 片 2901 可以组成 32 位运算器等。图 4-11 给出了用 2 个 16 位全先行进位部件级联组成的 32 位 ALU 逻辑框图。

多位 2901 芯片之间如何连接？关键是进位及左、右移位信号如何连接。例如用 2 片 Am 2901 组成 8 位运算器，高位 2901 作为运算器的高 4 位，数据为 $D_7 D_6 D_5 D_4$；低位 2901 作为运算器的低 4 位，数据为 $D_3 D_2 D_1 D_0$。

两位片间的连接关系表述如下：(不使用 Am 2902)。

(1) 8 位数据输入，由 2 个位片的数据输入端 $D_3 \sim D_0$ 分别送入，8 位序号由高位到低

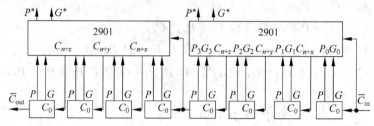

图 4-11 采用 2901 的 32 位 ALU 全先行进位逻辑原理图

位分别称为 $D_7 D_6 \cdots D_1 D_0$。

(2) 8 位数据输出，由 2 个位片的数据输出端 $Y_3 \sim Y_0$ 分别引出，其排列高低位序号，从高位芯片到低位芯片依次为 $Y_7 Y_6 \cdots Y_1 Y_0$。

(3) 高低位进位信号的连接，将低位位片的进位 C_3（即 C_{n+4}）与高位位片的进位输入端 C_n 相连。因为第 4 位相加时需要低位进位 C_3 到来才能形成全和。当然这种进位关系是组内进位同时形成，组间进位是串行传送。

此时，低位位片进位信号 C_n 是运算器最低位的进位输入信号 C_{in}，而高位位片的 C_{n+4} 是运算器的最高位进位输出信号。

(4) 通用寄存器内数据进行左、右移位操作时，是通过移位部件（多路数据选择器）实现的。

当移位时，通用寄存器数据通过移位器数据引出端 RAM_0、RAM_3 实现。高位片的 RAM_0 与低位片的 RAM_3 连接。注意：RAM_0、RAM_3 都是双向的，因为左移时，低位的 RAM_3 移向高位的 RAM_0；右移时，高位的 RAM_0 移向低位的 RAM_3。

(5) 乘商寄存器 Q 在乘除法操作时，也要实现左右移位要求，道理与 RAM_0、RAM_3 的连接类似，将高位芯片的 Q_0 与低位芯片的 Q_3 连接。注意为了实现左右移位要求，Q_0、Q_3 端也是双向的输入输出端。

(6) 判零信号 F_{0000}，两片的 F_{0000} 信号是集电极开路输出信号，便于实现线或。将两个 F_{0000} 端直接相连，并经过 1 个电阻接 +5V 电源上即可。

(7) 结果为负数的标志是高位片的 F_3（此时表示 F_7），而低位片的 F_3 没有意义，不用理会。

(8) 溢出信号 $OVR = C_7 \oplus C_6$，也只有高位位片的 OVR 有意义，低位位片的 OVR 不用理会。

(9) 其他输入信号，如 A 口地址（4 位），B 口地址（4 位），位片控制码 $I_8 I_7 \cdots I_0$（共 9 位），2 个位片的相应输入端并联即可。而信号 $\overline{OE}$ 和工作脉冲 CP，也可并联起来。

(10) 小组进位信号 G、P。在本方案中不用，如果在由 4 个位片组成的运算器中，需要解决组间并行进位时，可通过 Am 2902 使用 G、P 信号。

8 位运算器的组成如图 4-12 所示。

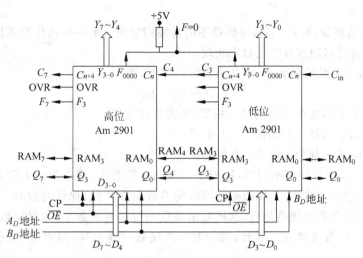

图 4-12　8 位运算器组成图

4.6　浮点加减法运算

浮点数表示范围宽,运算精度高,使用方便,在现代计算机中,特别是科学计算中得到广泛应用。

浮点数包括阶码和尾数两个部分,阶码是定点整数形式,尾数是定点小数形式,其功能和执行的操作是不同的,但二者都是定点数,定点运算的运算原理和装置,对阶码运算器和尾数运算器都是适用的。

4.6.1　运算规则及算法

设有两个浮点数:
$$A = M_A \times 2^{E_A}$$
$$B = M_B \times 2^{E_B}$$

其中,M_A、M_B 称为浮点数的尾数,为二进制定点小数,通常用原码或补码表示,而且尾数的运算结果要用规格化的形式表示,尽可能表示较多的有效数字。

E_A、E_B 为浮点数的阶码,为定点二进制整数,通常用补码或移码表示。

阶码的底数可选为 2、4、8、16 等,但通常大都选用 2,我们下面都选用 2,以后不再说明。阶的底数在计算机中约定后,就不再改变,因此,在浮点数的表示中,也不再出现。

若二数相加求和,操作过程说明如下:
$$A + B = M_A \times 2^{E_A} + M_B \times 2^{E_B}$$

运算结果需要五步才能求出:

1. 对阶

2个浮点数相加,阶码不同,尾数是不能直接相加的。第一步操作要求使2个数阶码相等,这可以通过移动该数的尾数来实现。

首先比较2个数阶码大小,求2个数阶码之差,即
$$\Delta E = E_A - E_B$$

若 $\Delta E = 0$,表示2个数阶码已经相等,不需再做变换。

若 $\Delta E > 0$,表示被加数的阶 E_A 大于 E_B。

若 $\Delta E < 0$,表示加数的阶 E_B 是大阶。

若 $\Delta E \neq 0$,2个数阶码不相等,原则上大阶向小阶看齐,或小阶向大阶看齐均可。但是随着阶码的增大或减小,其尾数必须同时向右或向左移位,保证对阶时该数大小不变。计算机中的浮点数都是规格化数,其尾数最高数据位是有效数字;如果尾数向左移位,将会丢失有效数字,发生错误。因此,对阶时要求尾数只能右移,即对阶时,小阶只能变为大阶。

对阶操作,小阶阶码加1,同时令其尾数右移一位,可保持该数大小不变;当然尾数右移时,保持数的符号位不变。当小阶阶码与大阶阶码相等时,小阶尾数右移的位数等于阶差的值。尾数右移时,将丢去低位数,有时为减少误差,也可用触发器多保留几位尾数。

【**例 4-9**】 已知两浮点数 $A = 0.1101 \times 2^{+01}$,$B = -0.1010 \times 2^{+11}$,阶码为3位二进制数,尾数为5位二进制数,用补码表示,求两浮点数的和。

解:
$$[A]_{补} = 0.1101 \times 2^{001}$$
$$[B]_{补} = 1.0110 \times 2^{011}$$

求浮点数的加法,第一步是对阶求阶差:
$$\Delta E = E_A - E_B = [E_A]_{补} + [-E_B]_{补} = 00.01 + 11.01 = 11.10$$

阶差为 -2,表示被加数的阶为小阶,E_A 向 E_B 看齐,即 $E'_A = E_B = 011$。

A 的尾数 M_A 需右移2位,$M'_A = 0.001101$,这时 A、B 两数阶码相等,尾数可以相加,得尾数和。

2. 求和

阶码相等的两个浮点数相加,和的阶码为共同的阶,和的尾数为2个尾数之和。

如前例:
$$[M'_A]_{补} = 00.001101$$
$$[M_B]_{补} = 11.0110$$
$$[M'_A]_{补} + [M_B]_{补} = 11.100101$$

即结果的阶码为 $E_Z = E_B = E'_A = 011$,结果的尾数为 $M_Z = M'_A + M_B = 1.1001$。

3. 规格化

如果和数的尾数最高数据位不是有效数字,如正数为 $0.01 \times \cdots \times$,或负数为 $1.10 \times \cdots \times$ 时,为了提高结果有效数字的位数,必须将结果规格化。按照规格化的要求,对于二进制小数 N,其绝对值 $|N|$ 符合 $\frac{1}{2} \leq |N| < 1$ 的关系。经过简化,补码数据规格化的判断规则应满足:

$$正数 = 0.1 \times \cdots \times$$
$$负数 = 1.0 \times \cdots \times$$

才叫规格化数。

在前例中尾数的和是 1.1001，是非规格化的负数，需要把尾数左移 1 位，阶码同时减 1，变成规格化数，

$$[M_Z]_{补} = 1.0010$$
$$[E_Z]_{补} = 010$$

这种规格化，叫向左规格化，简称左规。

在浮点加法中，尾数的和出现 $01.\times\cdots\times$，或 $10.\times\cdots\times$ 时，定点机中是不允许的，表示溢出。但在浮点数表示中，若将尾数右移一位，同时将阶码加 1，形成的数与原数相等，且是允许的，这种规格化，叫向右规格化，简称右规。

4. 舍入

在对阶时及右规时，都会丢掉尾数低位数据，为了减少舍入误差，在浮点加法结束前，需要对要丢掉的数据进行舍入处理。常用的舍入方法有：

(1) 0 舍 1 入法，这种方法要求在舍入时要做一次加法运算，即末位加 1，浮点加法将增加一拍加法时间。

(2) 恒舍法，规定将移出的数据一律丢掉，其对正数和负数的舍入误差符号相反，对减少积累误差有利，且实现方法简单。

(3) 恒置法，不管丢掉的数是何值，也不管尾数末位是何值，恒置法规定舍入时，一律把尾数末位置成"1"，舍入的趋向都是把绝对值大的数变小些，绝对值小的数变大些，恒置法简单易行，应用广泛。

5. 溢出判断

浮点加法运算最后一步是溢出判断，考察运算结果是否超出了浮点数的表示范围。尾数经过规格化处理后，其最高数据位已是有效数据，因此判断浮点数溢出，主要是判断浮点数结果的阶码是否超过了阶码表示数的范围。其溢出有两种，且处理方法不同。

(1) 上溢，浮点数的结果的阶码超出阶码寄存器能表示的最大值时，称为上溢，或叫正向溢出。上溢时置溢出标志，把结果视为无穷大。

(2) 下溢，当结果的阶码小于阶码寄存器所能表示的下限，即小于最小负数时，称为下溢，或叫负向溢出。下溢时把结果视为零，把尾数和阶码各位置成"0"，叫做机器"0"。

浮点减法与浮点加法类似，只是在尾数求和一步改为尾数求差，其他步骤都一样。

4.6.2 浮点加减法运算流程

图 4-13 是浮点加、减法运算的流程图。

下面举例说明浮点加减法运算。

【例 4-10】 已知两浮点数，阶码为 3 位、尾数为 5 位，均用二进制原码表示，

$$A = 0.1101 \times 2^{+11}$$
$$B = 0.1011 \times 2^{+10}$$

求 $A + B$ 的值。

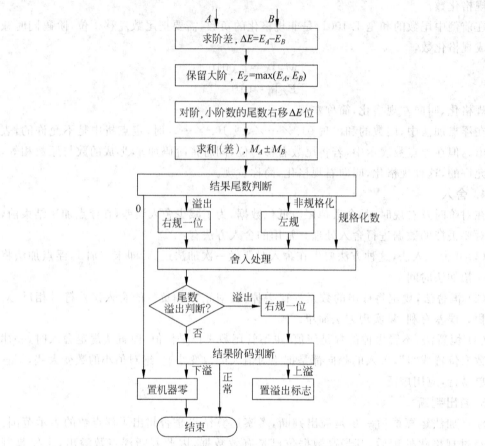

图 4-13 浮点加、减法流程图

解：

(1) 对阶、求阶差，$\Delta E = E_A - E_B = 011 + 110 = 001$；

E_A 为大阶，取小阶的数的阶码为 $E'_B = E_A = 011$；

小阶尾数为 $M_B = 0.1011$，M_B 右移一位为 $M'_B = 0.01011$；

(2) 尾数求和。

$$M_Z = M_A + M'_B = 00.1101 + 00.01011 = 01.00101$$

(3) 规格化。

尾数结果溢出，需要右规一位，阶码 +1

$$M'_Z = 00.1001$$

$E'_Z = 00.11 + 00.01 = 0100$，为了判断溢出，采用双符号位表示。

(4) 舍入。

$$M'_Z = 00.1001$$

采用恒置"1"法，尾数末位置"1"。

(5) 判断溢出。

结果的阶码为 0100 为 +4，属于上溢，置溢出标志，浮点加法结束。

4.6.3 浮点加减法装置及流水线结构运算器

1. 浮点加减法装置

浮点运算包括阶码运算和尾数运算两部分,阶码是定点整数,尾数是定点小数,因此阶码运算器和尾数运算器都是前面介绍过的定点加法装置。对尾数运算器要求不同的是:尾数对阶和规格化时尾数可以进行向左移位、向右移位操作,且尾数向左移位和向右移位时,阶码还要同时进行±1 的操作。另外对尾数还要增加判别是否规格化数等操作,运算过程和控制比定点加法复杂得多。

阶码运算器的功能简单得多,对阶时求阶差,并且根据规格化需要能够执行±1 的操作。

阶码运算器和尾数运算器都应有判断溢出的电路,以备浮点数判溢出及右规时的需要。

大型机中有专门的浮点加减运算装置,框图如图 4-14 所示。

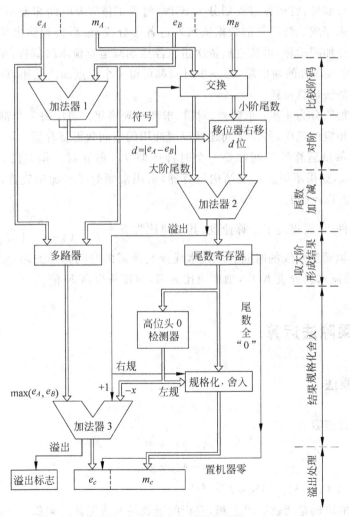

图 4-14 浮点加减运算装置

运算每一步都用硬件实现。第一个加法器求阶差 $e_A - e_B$，用差的符号控制两个尾数中阶码较小的尾数通过移位器右移。快速的移位器只需一步就能实现右移 $|e_A - e_B| = d$ 位，这是一种高速的桶形移位器，尾数规格化时也用它完成。第二个加法器实现尾数加法，把大阶尾数与对阶后的尾数相加，得到结果后应对尾数进行规格化。同样，结果规格化也利用这种并行移位器完成，它既可根据尾数溢出信号右移 1 位，也可根据高位头 0 检测器测出的尾数小数点后紧跟的零的个数是 x，左移 x 位。与此同时，利用第三个加法器修改结果阶码，即取大阶 $\max(e_A, e_B)$，右规时加 1，左规时减 x，最后再进行阶码溢出和机器零的处理。这种组合逻辑线路的特点是具有很高的运算速度；但由于设备量大和专用性强，故只在一些高性能处理机（如 IBM 360/91）中得到应用。

2. 流水线浮点加法装置

因为浮点加减法运算步骤多，需要时间长，为了提高运算速度，依照生产流水线的办法采用流水线结构。

流水线运算部件，将运算过程划分为 K 段，每段工作需要时间相差不大，每段操作都设专门的硬件来完成。被运算的数据依次通过各个分段，最后得到输出结果。如许多数据都要进行浮点加减运算，可让它们依次进入浮点加减运算流水线部件，虽然每个数据都经 K 步，但流水线部件的输出端，每一步时间都可得一个浮点加法结果，好像每一步时间完成一个浮点加法运算一样。

通常浮点加法分为 4 步：求阶差、对阶、求和及规格化。对应每一步都要设置专门的硬件装置完成相应的操作，各步之间还要设缓冲用的中间数据寄存器。

如果经过每步运算的时间都要一个时钟周期 T_0，则 n 对数据共需运算时间：$T = 4T_0 + (n-1)T_0$，如果不用流水线结构运算器，采用常规的浮点加法装置，则 n 对数据做浮点加法，共需 $T_n = (4T_0)n = 4nT_0$。

流水线部件，显然提高了运算速度，其加速比为 $S = \dfrac{Tn}{T} = \dfrac{4nT_0}{(4+n-1)T_0} = \dfrac{4n}{4+n-1}$。

当 $n \gg 4$，填满流水线的时间和从流水线排空所需的时间都可忽略，则 $S = 4$，速度提高了 4 倍，若将流水线分成 K 步，则加速比为 K，速度将提高 K 倍。

4.7 浮点乘除法运算

4.7.1 浮点乘法

设有两个浮点数：
$$A = M_A \times 2^{E_A}$$
$$B = M_B \times 2^{E_B}$$

其乘积为 $A \times B = M_A \times M_B \times 2^{(E_A + E_B)}$。

即其乘积的阶码是两数阶码之和，乘积的尾数是两数尾数的乘积。阶码是定点整数，定点加法在阶码加法器很容易做到。尾数是定点小数，在定点的乘法装置中也不难实现。

求得乘积尾数后,对尾数的处理与浮点加法对尾数和的处理相同。

(1) 尾数规格化,如果尾数不是规格化形式,则应进行左规:尾数每左移一位,阶码减 1,直到尾数规格化。不会出现右规情况。

(2) 舍入,当乘积的尾数只取单倍字长乘积时需要进行舍入工作,舍入方法很多,通常采用恒置法,将尾数末位置成"1"。当然在舍入过程中如果发生尾数溢出时,还需要尾数右规一位阶码加 1。

(3) 判断溢出,要判断浮点数是否溢出,在尾数规格化后,判断阶码是否溢出。

如果阶码上溢,置溢出标志。

如果阶码下溢,或是乘积尾数是 0,就把浮点数阶码、尾数全部清"0",将该数视为"0"。

如果阶码不溢出,得到的阶码、尾数就是乘积的阶码、尾数。

下面是浮点乘法举例。

【例 4-11】 已知两个浮点数,阶码为 3 位二进制数(含 1 位符号),尾数为 5 位二进制数(含 1 位符号),阶的底为 2,乘法结果为双倍字长乘积,保留单字乘积(5 位),按恒置"1"法进行舍入,阶码为补码,尾数为原码,

$$A = +0.1001 \times 2^{-01}$$
$$B = +0.1011 \times 2^{+11}$$

求 $[A] \times [B]$ 的值。

解:浮点数 A 之阶码 $[E_A]_{补} = [-01]_{补} = 111$

浮点数 B 之阶码 $[E_B]_{补} = [+11]_{补} = 011$

A 尾数 $[M_A]_{原} = 0.1001$

B 尾数 $[M_B]_{原} = 0.1011$

$$[A] \times [B] = [M_A]_{原} \times [M_B]_{原} \times 2^{[E_A]_{补} + [E_B]_{补}}$$

(1) 先求 $[M_A]_{原} \times [M_B]_{原}$ 的值。

部分积寄存器	乘数寄存器	说明
00.0000	0.1011	起始状态
+00.1001		乘数末位=1, $+M_A$
00.1001		
00.0100	1 0101	右移1位
+00.1001		乘数末位=1, $+M_A$
00.1101		
00.0110	11 010	右移1位
+00.0000		乘数末位=0, $+0$
00.0110		
00.0011	0 1101	右移1位
+00.1001		乘数末位=1, $+M_A$
00.1100		
00.0110	0 0110	右移1位

原码数据 4 位,做 4 次加法,4 次移位,尾数乘法结束。
$$[M_A] \times [M_B] = 0.01001011$$

(2) 求乘积阶码。
$$[E_A]_\text{补} + [E_B]_\text{补} = 111 + 011 = 010$$

(3) 尾数规格化。
因为乘积的尾数 0.01100011,不是规格化数,需要左规一位,同时阶码减 1。
$$M'_Z = 0.1100011$$
$$E'_Z = 010 + 111 = 001$$

(4) 舍入,乘积尾数取 4 位数据,按恒置"1"法舍入。所以 $M'_Z = 0.1101$。

(5) 判阶码溢,$E_Z = 001$ 不溢出。

乘法结束:

乘积 $\quad\quad\quad M_Z = [A] \times [B] = 0.1101 \times 2^{001}$

*4.7.2 浮点除法

设有两个浮点数:
$$A = M_A \times 2^{E_A}$$
$$B = M_B \times 2^{E_B}$$

求 A/B 的值。

其商
$$A/B = M_A / M_B \times 2^{(E_A - E_B)}$$

即其商的阶码是两数阶码之差,商的尾数是被除数的尾数与除数尾数的商。
同样阶码是定点整数,两数阶码之差在定点阶码加法器中很容易得到。
求得商的尾数后,对商的处理与浮点加法尾数处理过程相同。
浮点除法运算过程为:
(1) 两阶码相减,求商的阶码;
(2) 尾数做定点除法,求尾数的商;
(3) 商数规格化;
(4) 判断溢出。

【例 4-12】 设 $A = 0.10011 \times 2^{1010}$,$B = 0.11011 \times 2^{0010}$,其中阶码 4 位(含 1 位符号),尾数 6 位(含 1 位符号)均采用原码二进制数表示,求 A/B 的值。

解:

(1) 两数阶码相减:$E_A - E_B = 1010 - 0010 = 1100$。

(2) 尾数相除:$[-B]_\text{补} = 1.00101$,用加减交替除法。
共做 6 次加减法,左移 5 位,除法结束。余数为负,恢复余数,多做一次加法。
$$M_A / M_B = 0.10110$$
商的符号 $0 \oplus 0 = 0$,为正商。

被除数寄存器	商寄存器	说　明
0 0 . 1 0 0 1 1	0 . 0 0 0 0 0	起　始
+ 1 1 . 0 0 1 0 1		−B
1 1 . 1 1 0 0 0	0 . 0 0 0 0 0	$R_0<0$, 商 "0"
1 1 . 1 0 0 0 0	0 . 0 0 0 0	左移1位
+ 0 0 . 1 1 0 1 1		+B
0 0 . 0 1 0 1 1	0 . 0 0 0 0 1	$R_1>0$, 商 "1"
0 0 . 1 0 1 1 0	0 . 0 0 0 1	左移1位
+ 1 1 . 0 0 1 0 1		−B
1 1 . 1 1 1 0 1 1	0 . 0 0 0 1 0	$R_2<0$, 商 "0"
1 1 . 1 0 1 1 0	0 . 0 0 1 0	左移1位
+ 0 0 . 1 1 0 1 1		+B
0 0 . 1 0 0 0 1	0 . 0 0 1 0 1	$R_3>0$, 商 "1"
0 1 . 0 0 0 1 0	0 . 0 1 0 1	左移1位
+ 1 1 . 0 0 1 0 1		−B
0 0 . 0 0 1 1 1	0 . 0 1 0 1 1	$R_4>0$, 商 "1"
0 0 . 0 1 1 1 0	0 . 1 0 1 1	左移1位
+ 1 1 . 0 0 1 0 1		−B
1 1 . 1 0 0 1 1	0 . 1 0 1 1 0	$R_5<0$, 商 "0"
+ 0 0 . 1 1 0 1 1		除法结束, 恢复正余数, +B
0 0 . 0 1 1 1 0	0 . 1 0 1 1 0	

(3) 尾数规格化，尾数商是 0.10110，已是规格化数。
(4) 舍入，按恒置 "1" 法，得商是 0.10111。
(5) 判溢出，商的阶码是 1100，不溢出，得到最后结果。

$$A/B = 0.10111 \times 2^{1100}$$

图 4-15 为浮点乘除法流程图。

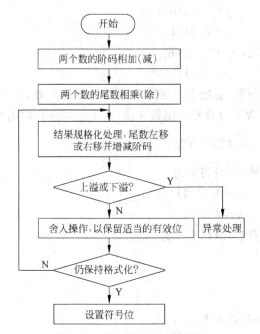

图 4-15　浮点乘除法运算流程

习题

1. 已知$[x]_补$、$[y]_补$,用补码加、减法求$[x+y]_补$,$[x-y]_补$;指出结果是否溢出。
   (1) $[x]_补=0.11011$ $[y]_补=0.00111$
   (2) $[x]_补=0.11011$ $[y]_补=1.00111$

2. 已知x、y的二进制值,求$[x+y]_补$,$[x-y]_补$的值。
   (1) $x=0.10111$ $y=0.11011$
   (2) $x=0.11011$ $y=-0.01011$
   (3) $x=-0.11011$ $y=-0.10101$
   (4) $x=-0.11001$ $y=0.10111$

3. 已知x、y的二进制值,求用原码乘法求$[x\times y]_原$的积。
   (1) $x=0.1011$ $y=0.0101$
   (2) $x=-0.1101$ $y=-0.1101$
   (3) $x=-0.1101$ $y=0.1011$
   (4) $x=0011$ $y=0101$

4. 用原码恢复余数除法,求$[x\div y]_原$的商。
   (1) $x=0.1011$ $y=0.1101$
   (2) $x=-0.1001$ $y=-0.1011$

5. 用加减交替法,求$[x\div y]_原$的商。
   (1) $x=0.1001$ $y=-0.1011$
   (2) $x=-0.1011$ $y=0.1101$

6. 用原码两位乘法,求$x\times y$的积。
   $x=0.101011$ $y=0.011010$

7. 已知两个十进制数,请把十进制数化成二进制浮点数,再按浮点加减法写出每步计算结果。阶码4位(含1位符号),尾数5位(含1位符号),均用补码表示。
   (1) $0.375+\dfrac{13}{16}=?$ (2) $0.375-\dfrac{11}{16}=?$

8. 已知2个浮点数,原码表示为
   $x=0.10110\times 2^{010}$ $y=0.11011\times 2^{001}$
   求:$x+y=?$ $x-y=?$

9. 已知二进制浮点数,原码表示为
   $x=0.10101\times 2^{0001}$
   $y=0.11001\times 2^{0011}$
   求:$x\times y=?$

10. 已知两个二进制的浮点数为
    $x=0.10101\times 2^{010}$

$y = 0.11011 \times 2^{011}$

求：$x \div y = ?$

11. 已知两个二进制数 $x=10111010, y=11000110$，求下列逻辑表达式的值。

(1) $x \cdot y$ (2) $x+y$ (3) $\overline{x} \cdot y$ (4) $\overline{x+y}$ (5) $x \cdot \overline{y}$

(6) $\overline{x}+y$ (7) $\overline{x} \cdot \overline{y}$ (8) $x \oplus y$ (9) $\overline{x \oplus y}$ (10) $x \oplus \overline{y}$

12. 下列叙述中，选出正确的句子。

(1) 定点补码运算中，符号位不参加运算。

(2) 定点小数除数中为避免溢出，被除数的绝对值一定要小于除数绝对值。

(3) 浮点运算可由阶码运算和尾数运算共同实现。

(4) 浮点数的正负号由阶码正负号决定。

(5) 阶码运算在加减乘除时只进行加减运算。

(6) 尾数运算只进行乘除运算。

(7) 浮点数溢出是指尾数加减时溢出。

(8) 浮点数舍入时，恒置"1"法是指尾数末位加 1。

(9) 浮点数规格化是为了做加减法方便。

(10) 浮点数隐藏位是指把小数点隐藏起来。

13. 什么叫规格化？什么叫左规？什么叫右规？原码规格化数表示与补码规格化数表示有什么不同？

14. 什么叫浮点数溢出？如何判断浮点数溢出？

15. 什么叫定点数溢出？如何判断定点数溢出？

16. 什么叫位片？位片结构有什么优点？

17. 什么叫上溢？什么叫下溢？上溢如何处理？下溢如何处理？

18. 在加减法运算中为什么要用双符号位？如何判断溢出时，是正向溢出，还是负向溢出？

19. 在什么情况下使用三个符号位？请举例说明。

20. 什么叫先行进位加法器？说明先行进位加法器的基本原理。

21. 在浮点数乘法运算中，积的尾数规格化工作需要右规吗？为什么？

第5章 指令系统

计算机的指令是程序人员和计算机交往的最基本的界面,是机器指令的简称。机器指令是人们指示计算机执行各种基本操作的命令。一般来说,指令包括操作码及地址码两部分,用二进制编码表示。操作码用来表示各种不同的操作,如加、减、乘、除等。不同指令的操作码是不同的。操作码的位数,反映一台机器允许的不同指令的个数。如5位操作码,可以有 $2^5=32$ 个编码,最多允许设置32种指令;7位操作码,最多有 $2^7=128$ 个编码,最多允许设置128种指令。指令种类的多少,反映机器功能的强弱,但增加指令种类伴随而来的是机器结构愈加复杂。地址码指出被运算数据在存储器中存放的位置。被运算数据,一般都放在计算机的主存储器中。因此,指令地址码通常给出的是被运算数据的主存地址编号。地址位数反映CPU可直接访问的主存的容量,如地址码是11位二进制数,则可直接访问的主存最大容量是 $2^{11}=2048$ 个地址单元,简称2K个单元;若地址码是15位,最大的主存容量是 $2^{15}=32\ 768$ 个单元,简称32K个单元。

因为指令字的位数有限,通常不直接给出要访问的主存单元地址,而是通过地址变换技术,扩充可以访问的主存容量。通过指令中给出的地址码及地址变换方式字段,寻找操作数在主存中存放的真实地址,这种方法叫寻址方式。寻址方式不但扩大了可以访问的存储器容量,而且还可以为满足用户提出的各种方便编写程序的需要。

指令系统是一台机器所能执行的全部指令。

确定机器指令系统是计算机设计时的大事,一方面机器设计要满足用户的需要,方便编制程序;另一方面要节省设备,简化硬件结构,这对于机器的造价、维护、可靠性等方面都有好处。

由于计算机发展很快,各种型号的计算机层出不穷,其性能有了很大提高,但是由于指令系统不兼容给用户更新机器带来很大不便。因此提出了计算机升级换代的系列化问题,特别是指令系统兼容问题,这在计算机的推广应用及设计生产时都值得特别重视。

5.1 指令格式

计算机能把计算程序存放在存储器中,并按规定顺序执行有关操作,是近代计算机广泛应用的关键,这种"存储程序"的概念是冯·诺依曼1945年提出的。

实现"存储程序"的关键是用二进制代码表示指令。其中,一部分二进制代码表示操作种类的性质,另一部分二进制代码表示参加操作的数据在存储器中存放的位置。

从主存看,指令字表面上与数据字没有什么不同,但作为指令的二进制代码与数据字有着根本不同的含义。主存单元作为指令字或是数据字是由指令计数器及指令中地址码分别给出的。由指令计数器给出地址,从主存单元中读出指令字,读出的内容送给控制器中的指令寄存器进行分析。根据指令中地址码决定的主存有效地址,从主存单元读出操作数,读出的内容送到运算器中的数据寄存器中等待运算器处理。

5.1.1 指令字

指令字的位数叫指令字的长度。它通常与数据字的长度有关,也就是说与每个主存单元存放的数据位数有关。每个主存单元,可以用来存放一个操作数,也可用来存放一条指令,选取指令字长与数据字长相同,可以充分利用主存单元每个信息位,另外也便于存放。如果指令字长大于数据字长,则取一条指令,要访问几次主存,造成控制线路复杂,也降低了执行一条指令的速度。因此大多数机器选取二者等长。但在 8 位字长的微机中,除 8 位指令外,还设有多倍字长的指令,满足长指令字的需要。

在一些大型计算机中,数据字较长,如 48 位、64 位等,而指令字较短,若一个主存单元中存放两条指令或三条指令,可以充分利用主存单元中每个信息位。读指令时,一次读出多条指令,供控制器依次分析处理,这样做还可以提高指令的执行速度。大型计算机指令系统复杂,指令功能差别较大。不同类型的指令字长是不同的。这样可以更好提高主存单元利用率。例如 IBM 360/370 计算机字长是 32 位,两个操作数的指令字长有 16 位、32 位、48 位三种,分别对应于寄存器——寄存器型指令,寄存器——存储器型指令,以及存储器——存储器型指令。

一般指令中应包括以下信息:

(1) 操作的种类和性质,称为操作码。

(2) 操作数的存放地址,在双操作数运算中,如加、减、乘、除、逻辑乘、逻辑加的运算中都需要指定两个操作数,给出二个操作数地址。

(3) 操作结果存放地址。

(4) 下条指令存放地址。这样可以保证程序能连续不断地执行下去,直到程序结束。

指令中用不同的代码段表示上述不同信息,这种代码段的划分和含义,就是指令的编码方式,又叫指令格式,通常一条指令中包括操作码字段和若干个地址码字段。

操作码字段规定操作的种类、性质、指令字长度、操作数个数和指令格式等,一般放在指令的第一个字段。

存放操作数位置的字段,称为操作数地址码,一般操作数可以放在通用寄存器或主存中,因此,操作数地址码可以是寄存器号或主存单元地址。同理,存放操作结果位置的字段,也可以是寄存器号或主存单元地址。

一般情况下,程序中各条指令是顺序执行的。下条指令放在当前指令后一单元中,也就是下条指令地址是当前指令地址加1,多数计算机中都设置程序计数器PC,指明本条指令的主存存放地址,本条指令结束时,PC+1给出下条指令地址。这样在指令中可以省去一个地址字段,缩短指令字长度。如果当前指令占用多个存储单元,则下条指令地址为PC加上当前指令占用的主存单元数。

典型的指令格式如图5-1所示。

图 5-1　典型指令格式

这种指令操作的含义是:主存地址 A_1 单元中的数据与主存地址 A_2 单元中的数据,执行 OP 规定的操作,运算结果放到主存地址 A_3 的单元中。

根据指令中包含地址码的数目,指令可分为以下几种格式。

(1) 三地址指令,指令格式与图5-1相同。

OP 为操作码,并且表示按三地址指令格式解释指令;

A_1　为第一源操作数地址;

A_2　为第二源操作数地址;

A_3　为运算结果存放地址。

该指令的含义是:$(A_1) OP (A_2) \to A_3$。

这里需要说明:A_1 表示主存单元的地址,(A_1) 表示主存单元存放的数据,是 A_1 单元的内容。

三地址指令字长较长,程序在主存中占用单元数较多,并且执行一条指令最多要访问存储器四次,即取指令,取第一源操作数,取第二源操作数,结果送往主存单元。因此,执行一条指令的时间也较长。

(2) 二地址指令,指令格式如图5-2所示。

为了缩短指令字长度,可把存放运算结果的地址码省去,规定第二源操作数地址一身二用,即不但作为第二源操作数地址,还兼作运算结果存放的主存地址。

二地址指令含义:$(A_1) OP (A_2) \to A_2$。

二地址指令表达意义清楚,指令字长较短,但执行结果删去了一个操作数,有时也带来不便。

(3) 一地址指令,指令格式如图5-3所示。

图 5-2　二地址指令格式　　　　　图 5-3　一地址指令格式

一地址指令只给出一个操作数地址,另外一个操作数地址,隐含规定为累加器 AC。在单累加器结构的计算机中,都这样处理。

一地址指令的含义是:$(AC) OP (A) \to AC$。

累加器的名称也由此而来。每一条指令运算结果都放在累加器中,当然累加器也提供一个操作数。这种指令的优点是指令字长短,访问主存次数少,指令执行时间短应用非常广泛。缺点是上条指令运算结果还有用时,需另外保存。

(4) 寄存器型指令 指令中地址码不是主存地址,而是运算器中数据寄存器编号。

这种指令的优点是指令字长短、访问主存次数更少、指令执行时间更短,因此应用很广,特别是二个操作数都在寄存器中,除了取指令外,一个时钟周期即可得到运算结果。在新型的精简指令计算机系统中,广泛采用寄存器型指令。

(5) 有些指令不需要指出操作数地址,如堆栈指令,由栈顶两个单元的数相操作,操作结果仍放在堆栈中,这种指令格式称为零地址指令。

还有一类指令,根本不需要操作数,常用于控制操作,如停机、空操作等。

在一些大型机中,还设置向量指令、字符串处理指令等,它们所需的地址字段会更多一些。

5.1.2 指令操作码及其扩展技术

指令操作码有两种编码格式,常用的是固定格式,操作码长度固定不变,放在一个字段中,若操作码为 k 位二进制数,则它最多只能有 2^k 种不同指令。这种格式译码方便,控制简单,在大中型计算机中采用。缺点是扩充性差、不灵活。如 IBM 360/370 计算机、VAX-11 系列计算机字长为 32 位,操作码字段占 8 位,可表示 256 种不同指令。

另一种格式为可变长度操作码格式,各种指令的操作码位数不同,能够在不长的指令字中灵活设置很多种指令,满足不同类型指令的需要,因此能够有效缩短操作码的平均长度,增加新的指令也比较方便。但这种操作码译码不方便,而且指令格式也不规整。

【例 5-1】 设某台机器有指令 128 种,用二种操作码编码方案:(1)用固定长度操作码方案设计其操作码编码;(2)如果在 128 种指令中常用指令有 8 种,使用概率达到 80%,其余指令使用概率为 20%,采用可变长操作码编码方案设计其编码,并求出其操作码平均长度。

解:

(1) 采用固定长操作码编码方案,需要 7 位操作码,$2^7=128$,可有 128 种编码,每种编码表示一种指令。

(2) 采用可变长操作码编码方案,用 4 位代码表示 8 种常用指令,用 8 位代码表示 120 种不常用指令,具体操作码分配如下:

0000 表示指令 0 的操作码
0001 表示指令 1 的操作码
⋮
0111 表示指令 7 的操作码
1000 0000 表示指令 8 的操作码
1000 0001 表示指令 9 的操作码
⋮
1000 1111 表示指令 23 的操作码

1001 0000 表示指令 24 的操作码

⋮

1001 1111 表示指令 39 的操作码

⋮

1110 1111 表示指令 119 的操作码

1111 0000 表示指令 120 的操作码

⋮

1111 0111 表示指令 127 的操作码

指令操作码的平均长度为

$$4 \text{ 位} \times 80\% + 8 \text{ 位} \times 20\% = 4.8 \text{ 位}$$

可见使用可变长操作码可以有效缩短操作码平均长度。从指令的扩展性看，可变长操作码提供这种支持，特别是系列计算机设计中，为了保持软件的兼容性，希望保留先前机器指令的编码，而新增指令的操作码与以前指令的操作码又不相同。在上例中，7 位固定长操作码已经不能扩展新的指令，而 8 位操作码方案剩下的编码种类也是有限的，如利用可变字长操作码方案，把操作码扩展为 12 位，显然 $8 \times 2^4 = 128$，则又可扩展 128 种指令。例如 PDP-11 计算机指令操作码采用可变长度方案，其字长为 16 位，操作码长度有 4 位、7 位、8 位、13 位和 16 位几种。

5.1.3 地址码与数据字长

地址码用来指定操作数的地址。地址码可以是存储器地址，也可以是通用寄存器号。地址码的编码方法很多，形成操作数有效地址的方法各不相同，我们把寻找操作数有效地址的方式称为寻址方式，在 5.2 节中专门介绍。

指令中需要的操作数的个数不同，根据操作数的个数，可以设置不同数目的地址码。操作码的设计应与地址码的设计相配合。例如地址码数目较多的指令中可安排较短的操作码，或者操作码较长的指令中安排的地址码是寄存器号等。

计算机中处理的数据字长，有时并不是固定的。会根据指令的不同要求而改变。如 IBM 360/370 计算机单字长指令处理数据是 32 位，双字长指令处理的数据是 64 位，有时还要处理 16 位半字数据，有时又要处理 8 位数据。字长为 8 位的数据对应 8 位的 ASCII 编码，在字符处理中非常有用。通常称为 1 字节。为了能读、写 1 个字节数据，必须对每一个字节单元进行编址，因此在 IBM 360/370 系列机以及 PDP-11 系列机中，都是对字节进行编址。但是 CPU 处理数据以及与主存交换数据，大多数情况都是以单字长形式进行的，每次访问主存，必须保证能够读出一个单字长数据，因此不同类型的数据在主存中的存放有专门规定。如 IBM 360/370 系列机器规定：主存的最小寻址单位为字节，每个字节有一个地址编号，字节地址是任意的二进制数。2 个字节组成 16 位的半字，半字的地址为 2 的倍数，即地址的最低位为"0"，由本地址指出的字节与下一地址字节（本字节地址+1）组成 16 位半字，也可称双字节数据。

单字长数据由 4 个字节组成，共 32 位。其地址为 4 的倍数，即字地址的最低两位为

"00",本地址字节与紧跟着的 3 个字节一起组成一个 32 位的单字长数据。

双字长数据由 8 个字节组成,共 64 位,其地址为 8 的倍数,即地址的末 3 位为"000",显然本地址字节与紧跟的 7 个字节组成一个双字,字节地址末 3 位为 000~111,共 8 个字节。

这种多字节数据地址编排格式称为数据边界对齐,其基本要求是一个数据字存放在一个完整的数据单元中,一次访存操作能够读出一个完整的数据字。或者说用最少的访存次数读取一个多字节数据。这就要求一个 4 字节长的数据必须放在一个主存的字单元中;一个 8 字节长的数据必须放在 2 个主存的字单元中;一个双字节数据必须放在 1 个字单元中,且必须放在该字单元的高 2 个字节或低 2 个字节,保证每个字单元可以存放 2 个双字节数据,如图 5-4 所示。

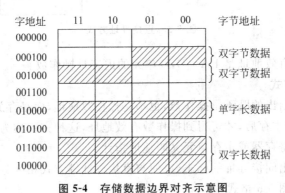

图 5-4 存储数据边界对齐示意图

当一个数据字或一个双字长数据字在主存单元中存放时,可以把低位字节数据放在字节地址小的字节内;也可按照相反次序存放,低位字节数据放在字节地址大的字节内,高位字节放在字节地址小的字节内。前者称小数端数据存储方式,后者称大数端数据存储方式。

5.2 寻址方式

在指令中,由于指令字长有限,且主存地址位数太多,通常在指令的地址码中不直接给出被运算数在主存中存放的地址,而是给出寻找操作数有效地址的编码方法和位移量,位移量有时又叫形式地址。寻找操作数有效地址的方式叫寻址方式。

设置不同寻址方式的目的,除了扩展可以访问的主存容量外,也是为了在程序中更加灵活地指定操作数的存放位置,特别是在重复执行的程序段中以及对某些数据结构类型进行操作时,可以不修改程序就完成对不同数据的操作。

5.2.1 存储器寻址方式

操作数在存储器中存放。经常使用的寻址方式有如下几种。

1. 直接寻址方式

指令地址码中直接给出操作数存放的有效地址,这种寻址方式叫做直接寻址方式。直接寻址中地址码的位数决定了可以访问的主存容量。这种方式适于访问固定的主存单元,如图 5-5 所示。

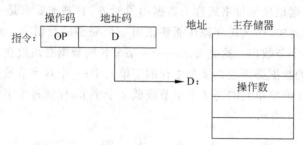

图 5-5　直接寻址方式

存放操作数的有效地址是 EA＝D,D 单元的内容是操作数。

2. 间接寻址方式

指令地址码中给出的既不是操作数,也不是操作数地址,而是存放操作数地址的主存单元地址,访问一次主存后,才可得到操作数有效地址,这种方式称为一次间接寻址方式。存放操作数地址的寄存器或主存单元又叫地址指针。

指令中必须给出间接寻址的标志,以便与直接寻址等方式相区分。

其指令格式如图 5-6 格式。

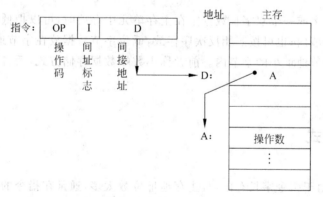

图 5-6　间接寻址方式

存放操作数的有效地址是 EA＝(D)＝A,即指令地址码指定单元 D 的内容是 EA,而 EA 单元的内容(主存 A 单元的内容)是操作数。

3. 变址寻址方式

指令中的地址码位数有限,为了扩大访存容量,常常采用变址寻址方式。规定指令中的地址码与另外一个寄存器的内容相加,得到的结果才是操作数的有效地址。显然操作数有效地址的位数取决于相加 2 个数中位数最长的数。如地址码 8 位,寄存器存放的数为 16 位,两数相加其和为 16 位数,有效地址位数应为 16 位数,显然扩大了可访问的存储器的空间。

变址寻址方式的指令中应有变址寻址标志,指出有效地址码如何形成,同时应该设有专门的变址寄存器,其内容称为变址量,其指令格式如图5-7所示,其中

变址寄存器 R_X 中数据 K 称变址量;

操作数的有效地址:$EA=(R_X)+D=K+D=E$,E 单元的内容是操作数。

有时变址寄存器可以有多个,由指令指定具体使用哪一个变址寄存器。

变址寻址方式适合于对一组数据进行访问,每访问一个数据元素后,只要改变变址值,就可用原来的指令访问下一个数据元素。

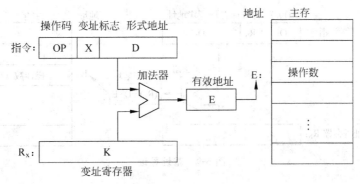

图 5-7 变址寻址方式

4. 相对寻址方式

相对寻址方式是一种特殊的变址寻址方式。当变址寄存器指定为程序计数器 PC 时的寻址方式称为相对寻址方式。

PC 的内容是当前执行指令的地址。相对寻址方式格式如图 5-8 所示。

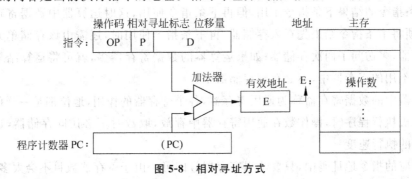

图 5-8 相对寻址方式

存放操作数有效地址是 $EA=(PC)+D=E$,EA 单元的内容(即 E 单元的内容)是操作数。

指令中地址码部分 D 给出的叫位移量,它是一个固定的数值。当前指令的地址是(PC)单元,而指令使用的操作数放在距本条指令地址间隔为 D 的那个单元中。这种指令适合于程序搬家再定位时使用,因为不管指令搬到何处,其使用的操作数永远放在距本条指令地址为 D 的那个单元中。

5. 基址寻址方式

在多用户的计算机中,为每一个用户分配一个存储空间,每个用户按自己的逻辑地址编程。在程序装入机器中运行时,为每个用户指定一个基地址,用户程序实际存放的地址为基地址与其逻辑地址之和,不同用户使用不同的基地址,占用不同的存储空间。这种寻址方式称为基址寻址方式。在计算机中需设置专门的基址寄存器,其内容由系统指定。

基址寻址指令格式如图 5-9 所示。

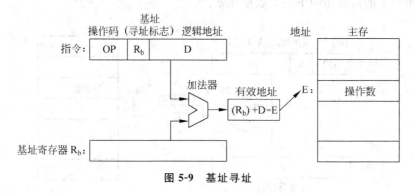

图 5-9 基址寻址

存放操作数的有效地址是 $EA=(R_b)+D=E$,其中 R_b 为基址寄存器。

5.2.2 寄存器寻址方式

在计算机中,运算器中的数据寄存器数目越多,运算越方便,还可以减少访存次数。例如,本条指令的结果下条指令不用,但再下条指令使用,这时运算器中数据寄存器数目少时,必须将本条指令结果先存入存储器,再下条指令使用时,还需由该存储单元取出来送入运算器,多访问了两次存储器;如果运算器的数据寄存器多,就可将运算结果存放到一个暂时不用的寄存器中,不必存到存储器中。

运算器中的数据寄存器称为通用寄存器,各个寄存器的作用,地位都是一样的。

计算机执行程序时,操作数在通用寄存器中存放,取数时不必访问存储器,这样可以加快程序的执行速度。

在相应的指令地址码中,只要给出寄存器号即可。由于寄存器数目不会太多,一般是 4 个、8 个、16 个或 32 个。因此,寄存器的编号为 2~5 位二进制数。例如:有 4 个通用寄存器,则用 00、01、10、11 分别表示 4 个通用寄存器的编号,4 个寄存器也可分别用 R_0、R_1、R_2、R_3 表示,称为寄存器地址。

寄存器地址位数少,指令字长较短,一条指令中可以设置多个寄存器地址。在寄存器寻址的指令中,一般给出两个寄存器地址,相当于二地址指令,指令格式中,除了操作码外,还给出源寄存器编号和目的寄存器编号,分别称为 RS、RD,为使用通用寄存器存放操作数的指令带来很多方便。

1. 寄存器直接寻址

操作数在寄存器中存放,指令的地址码只需给出寄存器号即可。由于寄存器号的位数不多,指令字长较短,另外取操作数不需访问主存,因而指令执行速度较快。

在一地址指令中若使用寄存器寻址,指令中给出一个源寄存器号 R_i,另一个操作数隐含指定放在累加寄存器 AC 中,且 AC 还用来存放运算结果。寄存器直接寻址指令格式如图 5-10 所示,执行:$(AC)OP(R_i) \to AC$。

2. 寄存器间接寻址

如果在指令地址码中给出的不是操作数的地址,而是存放操作数地址的主存单元地址时,称为间接寻址。同理,寄存器寻址时,指令中指定的寄存器中存放的不是操作数,而是操作数的地址时,称为寄存器间接寻址。

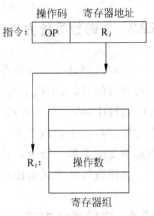

图 5-10 寄存器直接寻址方式

寄存器间接寻址方式是指令中指定的寄存器含有操作数的有效地址,而不是操作数本身。此种方式,要读操作数必须访问主存,但找操作数有效地址,不访问主存。这种指令的字长也较短,其指令格式如图 5-11 所示。

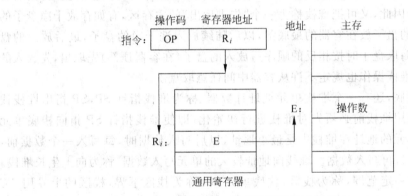

图 5-11 寄存器间接寻址方式

寄存器间接寻址方式操作数有效地址:$EA=(R_i)=E$。

指令执行 $(AC)OP((R_i)) \to AC$。

特别强调,R_i 的内容不是操作数,而是操作数的地址。要找到操作数,还需访主存。操作数在存储器中存放,从寻找操作数的角度看,应属于存储器型寻址。但指令格式属于寄存器型寻址,指令中给出的是寄存器编号。

该类指令是寄存器直接寻址,还是寄存器间接寻址,一般由操作码指定,或是由地址码字段的寻址方式位来决定。

有些计算机的指令是二地址指令,一个地址是寄存器号,另一个地址是存储器地址。

5.2.3 立即数寻址方式

立即数寻址方式在指令中直接给出操作数,操作数与指令一起读出,可节省读操作数时访存时间,因而加快了指令执行速度。操作数放在指令中原来的地址码字段中。由于程序运行中,指令是不能改变的,因而立即数寻址方式中的操作数是不能改变的。这种方式适合于访问一些固定不变的常数。指令格式如图 5-12 所示。

操作码	立即数
OP	n

图 5-12 立即数寻址方式

立即数寻址方式由操作码或寻址方式字段指定。

5.2.4 堆栈寻址方式

堆栈是一个专门的存储区,其特点是访问堆栈时不需要给出要访问堆栈单元的地址。如果读堆栈数据时,只需给出"出栈"指令的操作码 POP,就可将栈顶单元的数据读到指定的寄存器中;如果写入堆栈时,只需给出"进栈"指令的操作码 PUSH,就可将指定的寄存器中的数据写入栈顶单元上面的一个新单元中。数据写入时按照顺序依次写入到堆栈单元中,读出时也必须按规定的顺序读出。堆栈操作规定:先写入的数据后读出,而后写入的数据先读出。因此,又可把堆栈称为一个"先进后出"的主存区,有如存放干净盘子的容器,先放入容器的盘子放在容器的最底部,以后陆续放入洗干净的盘子,最后放入的盘子放在容器的顶部;取盘子时按相反的顺序后放入的盘子(在容器顶部)先取出,先放入的盘子后取出,当然堆栈操作也规定不许从容器中间任意取盘子。

堆栈有一个栈底,还有一个堆栈单元地址计数器,称为堆栈指针 SP,SP 指出堆栈栈顶单元的地址。使用堆栈前必须先对堆栈进行初始化,即使堆栈指针 SP 指向栈底单元地址。如果栈底单元的地址在堆栈中是最小地址,以后写入数据时,每写入一个数据前,堆栈指针 SP 先加 1,再写入数据。堆栈向地址较大的单元写入数据,称为向上生长堆栈。

堆栈存储区有一定范围,称为栈区,栈底单元 BL 称为栈区下界,栈区的上界用 TC 表示。显然,TC>SP>BL,否则叫堆栈溢出。

堆栈操作的存取过程如下,图 5-13 是堆栈存取过程的示意图。

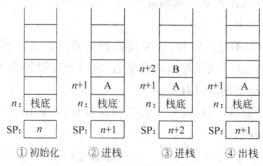

图 5-13 堆栈存取过程

(1) 初始化，在 SP 内置入栈底地址 n，使 SP 指向栈底，堆栈置空。

(2) 进栈，(SP)+1→SP，此时 SP 的内容为 n+1。把数据 A 写入 n+1 单元，栈顶单元是 n+1，SP 指向栈顶 n+1 单元。

(3) 再进栈，(SP)+1→SP，此时 SP 的内容为 n+2。把数据 B 写入栈顶 n+2 单元，SP 指向栈顶 n+2 单元。

(4) 出栈，把栈顶单元 n+2 的内容 B 送入运算器，并且(SP)-1=n+1→SP，SP 指向新的栈顶 n+1 单元。

注意：SP 永远指向栈顶单元，若堆栈不是空堆栈，则栈顶单元的内容是刚写入的数据。出栈操作就是把栈顶单元的内容送入运算器，再把 SP 内容减 1，指向新的栈顶。进栈操作则必须先把 SP 内容加 1，指向一个新的栈顶单元，再把要写入的数据送入该栈顶单元。

另外从图 5-13 中看出，堆栈数据读写顺序的特点是先存入栈中的数据后读出，即先进后出。

因而在堆栈寻址情况下，指令中不给出访问主存的地址，堆栈自动地给出进栈、出栈的主存单元地址。有时把进栈、出栈指令称做零地址指令。

如果栈底地址在堆栈中是最大地址，则堆栈称为向下生长堆栈。做进栈操作时，(SP)-1→SP，指向新的栈顶，然后写入数据；出栈时，先把栈顶单元的内容弹出，再修改 SP，然后做(SP)+1 操作，使 SP 指向新的栈顶单元。

【**例 5-2**】 一台计算机字长为 16 位，按字节编址，其指令字长为 16 位，第一个字节（高字节）放操作码（5 位）和寻址方式 m（3 位），第二个字节（低字节）是地址码。如要执行的指令放在主存 100，101 二个字节中，指令 LOAD m D 表示从主存单元取数，送入累加器 AC。AC、变址寄存器 XR、程序计数器 PC 均为 8 位，如图 5-14 所示，求各种寻址方式下指令完成时，AC 的内容是什么？

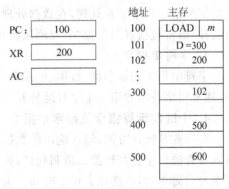

图 5-14 寻址方式举例

解：指令寻址方式不同，操作数的有效地址不同，先根据寻址方式决定操作数有效地址 EA。

① 直接寻址，EA＝D＝300，指令要求做(EA)→AC，所以(AC)＝(EA)＝(300)＝102。

② 立即数寻址时，指令中直接给出操作数，放在地址码字段中，指令要求把地址码字段中的数据送入 AC，D→AC 所以(AC)＝D＝300。

③ 间接寻址，指令中地址码部分给出的是间接地址 IA，IA＝D＝300，有效地址 EA＝(IA)＝(D)＝(300)＝102，指令要求完成(EA)→AC，指令结束时 AC 中的内容(AC)＝(102)＝200。

④ 相对寻址,变址寄存器使用 PC 时的寻址方式称为相对寻址。所以,此时操作数的有效地址 EA=(PC)+D,即 EA=100+300=400,指令要求执行的操作是(EA)→AC。

指令完成时,AC 的内容是(AC)=(400)=500。

⑤ 变址寻址,EA=(XR)+D,因此操作数的有效地址是 EA=200+300=500。
指令完成的操作是(EA)→AC,指令结束时,AC 的内容是(AC)=(500)=600。

5.3 指令类型

一台机器中各种指令的集合称为该机的指令系统或指令集。指令系统应能完成应用程序提出的基本功能,常见指令类型如下。

5.3.1 按操作数据类型分类

1. 定点指令、浮点指令

为了使小型机、微型机结构简单,一般不设浮点指令。大、中型计算机和用于科学计算的机器均设浮点指令。小型机也有设浮点选件运算部件的,可供用户选择。

2. 字指令、字节指令、位处理指令

字节指令用于字符处理,在数据处理中非常有用。位处理指令对一个字中指定位进行运算,通常包括置"1"、置"0"及测试各种逻辑操作。

3. 字符串指令

字符串用于表示名称、数据、记录和文本等。一个字符串占据一个连续的字节存储序列,通常用字符串的第一个字符地址及字符串长度来表示。

4. 十进制运算指令及数字串指令

在商业及统计方面,输入输出的数据量很大,且多为十进制数,如果不设十进制指令,输入时要进行十进制转换二进制处理;输出结果时,又要进行二进制转换十进制换算。运算本身很简单,但转换花去很多时间。为了提高效率,专门设置十进制运算指令。

为了提高十进制数表示的精度和数据范围,又设置了数字串指令。

5. 向量指令

在多项式求解及气象数据处理中,广泛采用向量运算。大型机中对应设置了向量指令。对参加运算的每个向量需给出 3 个参数:

基地址,指向该向量的第 1 个元素。

位移量,指出参加运算的元素与基地址的位移量。起始地址等于基地址与位移量之和。

向量长度,用于检查向量元素的地址是否越界,向量指令应当给出两个源向量及结果向量的 9 个参数,可直接对整个向量或矩阵进行求和、求积等运算。

5.3.2 按指令功能分类

按指令功能可分为如下几类：

1. 传送指令

传送指令包括：

(1) 寄存器间数据传送；

(2) 寄存器送主存单元(写)；

(3) 主存单元送寄存器(读)；

(4) 主存单元间数据传送；

(5) 立即数送寄存器。

2. 算术运算指令

算术运算指令包括：

(1) 加法(ADD)；

(2) 减法(SUB)；

(3) 乘法(MUL)；

(4) 除法(DIV)；

(5) 加1(INC)；

(6) 减1(DEC)；

(7) 加进位(ADDC)和减借位(SUBC)，用于双倍字长加减法；

(8) 比较指令，实质是做一次减法，但只置结果的标志，不保存差值，常用于条件转移指令；

(9) 算术左右移位指令，算术右移时符号位不变，且符号位向右移位，相当于补码除2；算术左移时，最低位补0。

算术运算指令要求根据运算结果特征置结果标记。

3. 逻辑运算指令

逻辑运算指令包括：

(1) 逻辑加(OR)；

(2) 逻辑乘(AND)；

(3) 按位加(XOR)；

(4) 求反(COM)；

(5) 逻辑左、右移位，移位时，最低位、最高位均补零；

(6) 循环移位指令，把数据的头尾接起来移位，也分循环左移和循环右移，有时还把进位位放进去一起移位。

逻辑运算都是按位进行的，相邻位间无进位关系。

4. 输入输出指令

输入输出指令用于启动外设，测试外设状态，读写外设数据。

5. 堆栈指令

堆栈指令包括进栈指令(PUSH)、出栈指令(POP)，用于保存中断时和转子程序时的数据和状态。

6. 字符串处理指令

字符串处理指令包括字符串传送、比较、查找、匹配等。

7. 控制指令

控制指令包括机器的启动、停止、无条件转移、条件转移、转子程序与子程序返回、开中断、关中断等指令。

转移指令的转移目标地址在地址码字段中存放，当需要执行转移操作时，把由地址码字段形成的有效地址送入程序计数器 PC，即可达到转移之目的。

转移分为条件转移和无条件转移。条件转移由前一条指令形成的标志寄存器或状态寄存器的有关状态，决定本条指令结束后转向何处取指令，通常当条件成立时，转向转移目标地址单元；当转移条件不成立时，仍按原程序顺序执行。转移条件一般包括：N(结果为负)、Z(结果为零)、V(结果溢出)、C(结果有进位)、P(结果中有奇数个 1)等。这些标志位，还可以组合成不同状态，如相等、不等、大于、小于、大于等于或小于等于等转移条件。

5.4 小型机指令系统举例

在小型计算机中，DEC 的 PDP-11 计算机指令系统是非常典型的，掌握 PDP-11 的指令系统对了解微型机和大中型计算机的指令系统会很有帮助。

5.4.1 PDP-11 计算机简介

PDP-11 系列计算机字长为 16 位，采用补码运算。计算机内 CPU、存储器和 I/O 设备等各部件通过一组总线进行通信，称为单总线结构。外部设备寄存器与主存统一编址，访存指令可以代替 I/O 指令。

PDP-11 主存地址为 16 位，主存最大容量为 $2^{16}=64$KB，按字节编址，一个字有 16 位，包括两个字节，字地址必须是 2 的倍数，字的低字节必须放在偶数地址字节中，保证字操作时，一个总线周期读出一个 16 位的字。

在 PDP-11 计算机中，CPU 中设有 8 个 16 位的通用寄存器，用 3 位二进制数 R_n 表示。它们可作为数据寄存器、地址寄存器、变址寄存器使用，R_6 兼作堆栈指针 SP，R_7 兼作程序指针 PC。

PDP-11 的指令系统分为单操作数指令与双操作数指令两种。

5.4.2 单操作数指令

PDP-11 的单操作数指令格式如图 5-15 所示。

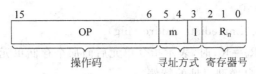

图 5-15 PDP-11 单操作数指令格式

指令寻址方式包含 3 位二进制数,指令码第 3 位 I 表示是直接寻址或间接寻址。

1. 直接寻址

当 I=0 时,指令寻址方式为直接寻址方式,操作数的有效地址由 m(寻址方式)和 R_n 来决定。

指令码第 4、5 位 m,表示寄存器寻址方式。

(1) m=00 称为寄存器方式,表示 R_n 的内容就是操作数,有效地址 EA=R_n。

(2) m=01 称为自增方式,表示 R_n 的内容是操作数的有效地址,EA=(R_n),访问存储器后将修改(R_n)的内容。在字操作指令中,(R_n)=(R_n)+2;在字节操作指令中,(R_n)=(R_n)+1。字操作、字节操作由指令操作码指定,但使用 R_6、R_7 时规定都是+2,用汇编符号表示为(R_n)+。

(3) m=10 称为自减方式,R_n 的内容减 1 或减 2 后作为操作数的有效地址,EA=(R_n)−1 或 EA=(R_n)−2。在字操作指令中,(R_n)=(R_n)−2;在字节操作指令中,(R_n)=(R_n)−1。字操作、字节操作由指令操作码指定。汇编符号记为−(R_n)。

(4) m=11 称为变址方式,规定与存放指令的主存单元相邻的下一单元存放变址量 x,操作数的有效地址 EA=(R_n)+x,汇编符号记作 x(R_n)。

2. 间接寻址

当 I=1 时,指令寻址方式为间接寻址方式,操作数的有效地址是间接地址单元的内容,操作数的间接地址由 m 和 R_n 决定,即存放操作数地址的主存单元地址,也分 4 种情况。

(1) m=00 称为寄存器间接方式,此时 R_n 的内容是操作数的有效地址,EA=(R_n),汇编指令符号,记作@ R_n,其中@为间接寻址标记,也可记作间接地址 IA=R_n。

(2) m=01 称为自增间接方式,R_n 的内容为操作数的间接地址,然后 R_n 的内容加 2,IA=(R_n),取出 IA 之后,(R_n)=(R_n)+2,有效地址:EA=(IA)=((R_n))=@(R_n),汇编符号@(R_n)+。

(3) m=10 称为自减间接方式,R_n 的内容减 2 作为操作数的间接地址,IA=(R_n)−2,有效地址:EA=(IA)=((R_n)−2)=@(R_n)−2,汇编符号记作@−(R_n)。

(4) m=11 称为变址间接方式,规定紧跟指令单元的下一单元为变址单元,存放变址值 x,R_n 的内容与 x 之和作为操作数的间接地址,IA=(R_n)+x,有效地址:EA=(IA)=((R_n)+x),汇编符号 @ x(R_n)。

3. 四种特殊的寄存器寻址

当 R_n=R_7 时,因为 R_7 为 PC,具有特殊的含义,又派生出四种寻址方式,这四种寻址方式统称为 PC 寻址方式。

(1) 立即寻址方式(Immediate Addressing)

当 $m=01, I=0, R_n=R_7$ 时,表示指令单元后面那个存储单元就是操作数单元,其内容为要求的操作数,是自增型寻址的特例。

PC 为程序计数器,取出本条指令后 PC 的内容+2,指向 PC 后面紧跟的那个单元,就是操作数单元,(PC)=本条指令地址+2。操作数有效地址 EA=(PC),取出操作数后,PC 的内容还要+2,给出下条指令地址。

汇编符号用 *n 表示,n 为指令后面存放的是立即数本身。

(2) 绝对寻址方式(Absolute Addressing)

当 $m=01, I=1, R_n=7$ 时,表示指令后面紧跟那个单元的内容是操作数地址,是 $R_n=R_7$ 的自增间接寻址,是自增间接寻址的特例。

取出本条指令后(PC)=本条指令地址+2,间接地址 $IA=(R_7)=(PC)$,有效地址 EA=(IA)=((PC)),并且在取出有效地址后 PC 内容再+2。

绝对方式记为@♯A,A 为操作数地址。

(3) 相对寻址方式(Relative Addressing)

当 $m=11, I=0, R_n=7$ 时是变址寻址特例,称为相对寻址方式。

相对寻址方式表明指令单元后边紧跟的单元为变址寄存器,其内容为变址量,即位移量。本条指令地址与位移量之和是操作数有效地址。x 是操作数地址与本条指令地址的距离。

$$EA=(PC)+x$$

注意:此时 PC 的值已是本条指令地址+4,因为取出本条指令后(PC)+2,取出位移量后,(PC)再+2。相对寻址汇编符号用 A 表示,A 为操作数地址,A=(PC)+x。注意此时 PC 的内容为本条指令的地址+4。

假定本条指令地址 PC=K,取出本条指令后 PC 的内容为 K+2,指出位移量的地址。取出位移量 x 后,PC 的内容又加 2,给出下条指令地址 K+4。而本指令的操作数地址

$$EA=(PC)+x=K+4+x$$

EA 即汇编符号中的 A。

相对寻址为变址寻址的特例,为 $R_n=7$ 时的变址寻址,用图表示为图 5-16 所示。

图 5-16 相对寻址示意图

(4) 相对间接寻址方式(Relative Indirect Addressing)

当 $m=11, R_n=R_7, I=1$ 时,是变址间接寻址的特例,称为相对间接寻址。表示指令单元后面的单元内容为位移量 x,(PC)与位移量 x 之和作为操作数的间接地址,x 表示操作数间接地址与本条指令地址的距离。

间接地址 $IA=(PC)+x$,其中(PC)=本条指令地址+4,有效地址 $EA=(IA)=$

((PC)+x)，记为@A，A 为操作数有效地址。

PDP-11 指令操作码共 10 位，最高位(第 15 位)表示字节操作标志 B，当 B=1，表示字节操作，当 B=0 表示字操作，操作码后 9 位用 8 进制数表示，当操作码为 050~063 时，分别表示清零、求反、加 1、减 1、求补、加进位、减进位、测试、循环左、右移位、算术左、右移位等单操作数指令。

指令操作完毕要置程序状态字 PSW 的结果标志，Z、N、V、G。

5.4.3 双操作数指令

双操作数指令也称二地址指令。PDP-11 双操作数指令格式如图 5-17 所示。操作码占 4 位，最高位为字节标志位，源操作数地址 SS 占 6 位，目标操作数地址 DD 占 6 位，其寻址方式含义与单操作数指令相同。

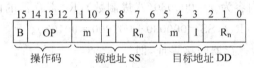

图 5-17 PDP 双操作数指令格式

除去字节标志位，操作码 3 位，具体分配是：

001 表示传送指令 MOV；

010 表示比较指令 CMP；

011 按位测指令 BIT；

100 按位清指令 BIC；

101 按位置指令 BIS。

操作码 000 和 111 用于扩展指令操作码使用。

加法指令操作码规定为 0110；

减法指令操作码规定为 1110。

这两种指令只有字操作指令，因此使 110 操作码变成二条指令。

【例 5-3】 PDP-11 双操作数指令的代码用八进制表示为 060204，请分析指令的操作及结果。

解：用二进制码表示指令：

```
    0110        000        010        000        100
  双字节加法   寄存器方式    R₂     寄存器方式  R₄ 目标寄存器
```

指令执行的操作：

$(R_4)+(R_2) \to R_4$

如果 (R_2)=000100(八进制表示)

(R_4)=000200(八进制表示)

则指令执行后，R_2 的内容不变，R_4 是目标寄存器，存入运算结果，指令执行后 R_4 的内容变成 000300。

该指令用汇编符号表示为：

$$ADD \quad R_2, \quad R_4$$

【例 5-4】 PDP-11 双操作数指令，指令代码为 066215（八进制表示），求指令执行结果。

解：八进制指令写成二进制表示，分析指令功能。

$$\underset{\text{双字节加法}}{0110} \quad \underset{\text{变址方式}}{110} \quad \underset{R_2}{010} \quad \underset{\text{寄存器间接}}{001} \quad \underset{R_5}{101}$$

本指令源操作数地址为变址方式，其操作数地址 $SS = x + (R_2)$。因为变址值放在指令单元后面的主存单元中，因为指令占用 4 个字节，从当前指令地址 +2，求出变址单元地址为 (PC)+2，如果其内容为 $x = 000030$（八进制数），R_2 寄存器的内容为 001000，则源操作数有效地址 $SS = x + (R_2)$，$SS = 000030 + 001000 = 001030$。

目的操作数地址为寄存器间接寻址，即

$IA = R_5$

$EA = (R_5)$

如果 R_5 的内容是 001020，则目的操作数地址 DD=001020。

本条指令执行二字节加法操作，将主存 001030 单元的内容 A 与主存单元 001020 的内容 B 相加，其和存到主存 001020 单元中。

用汇编符号表示指令为：

$$ADD \quad 30(R_2), @R_5$$

*5.5 大型机指令系统举例

5.5.1 IBM 360/370 计算机简介

IBM 360/370 计算机字长为 32 位，按字节编址，地址码为 24 位，主存最大容量 2^{24} = 16MB。

CPU 中包括 16 个寄存器，寄存器字长为 32 位，寄存器编号为 0~15。也可当作 8 个 64 位的寄存器使用，支持双字长操作。此时称为寄存器对，寄存器对的编号必须从偶数开始。

此外还有 4 个双字长的浮点寄存器，每个寄存器为 64 位，其编号为 0,2,4,6，支持双精度浮点运算。

CPU 中还有一个程序状态字寄存器 PSW，共 64 位，存放有关状态信息。其低 24 位（第 40~63 位）做程序计数器 PC 使用。

数据类型有字节、半字(16位)、单字(32位)、双字(64位)、单精度浮点数(32位)、双精度浮点数(64位)及十进制数串。

360机指令操作码都是8位。

指令地址码有一地址方式(地址码16位)、二地址方式(地址码可占用8位,24位,40位)和三地址方式(地址码占用24位),因此指令字长有3种长度,分别是16位,32位,48位。

5.5.2 指令格式

指令格式分为5种,支持各种数据操作。

1. RR型指令

RR型指令也称寄存器——寄存器指令,是二地址指令,地址码给出二个寄存器编号,指令格式如图5-18所示。其中,R_m为源操作数地址,R_n为目的操作数地址。

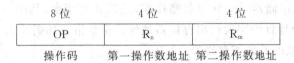

图 5-18 360机 RR 型指令格式

RR型指令的标志是指令最高两位操作码为00。执行的操作是

$$(R_n)OP(R_m) \rightarrow R_n$$

2. RX型指令

RX型指令也称寄存器——变址寻址型指令,是二地址指令,指令格式如图5-19所示。其中:

R_n为目的操作数地址,指出通用寄存器号;

X_2为第二操作数地址码的变址寄存器号,使用除R_0外的15个通用寄存器;

B_2为第二操作数地址的基址寄存器号,使用除R_0外的15个通用寄存器;

D_2为第二操作数地址码的位移量。

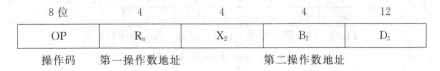

图 5-19 360机 RX 型指令格式

显然,第二操作数的有效地址$E_2=(B_2)+(X_2)+D_2$。

RX型指令的标志是最高两位操作码是01。

3. RS型指令

RS型指令也称寄存器——存储器指令,是三地址指令,指令格式如图5-20所示。其中:

R_n 为第一操作数寄存器号；

B_2 为第二操作数地址的基址寄存器号；

D_2 为第二操作数地址的位移量；

显然，第二操作数有效地址 $E_2=(B_2)+D_2$；

R_p 是第三操作数地址。

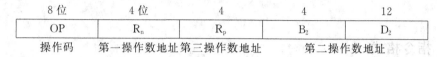

图 5-20　360 机 RS 型指令格式

RS 型指令在数据成组传送中使用，如成组取数指令，其含义是将由 E_2 开始的主存单元中的数读到通用寄存器中，R_n 指出目标寄存器的开始编号，R_p 指出最后读出的数据存放的寄存器号，显然 $R_p > R_n$。

4. SI 型指令

SI 型指令也称存储器——立即数型操作，是二地址指令，其中一个地址码字段直接给出操作数，另一个地址码字段给出存储器地址。指令格式如图 5-21 所示。其中：

B 为操作数地址的基址寄存器号；

D 为操作数地址的位移量，显然，操作数的有效地址 $E=(B)+D$，I 字段为 8 位立即数。

图 5-21　360 机 SI 型指令格式

SI 和 RS 型指令的标志是操作码最高两位是 10，区分这两类操作由操作码其他位决定。

5. SS 型指令

SS 型指令也称存储器——存储器型操作，是二地址指令，二个操作数都在存储器中。指令格式如图 5-22 所示。

8 位	4	4	4	12	4	12
OP	L_1	L_2	B_1	D_1	B_2	D_2
操作码	操作数长度		第一操作数地址		第二操作数地址	

图 5-22　360 机 SS 型指令格式

第一操作数有效地址：$E_1=(B_1)+D_1$；

第二操作数有效地址：$E_2=(B_2)+D_2$。

L_1、L_2 分别表示二个操作数长度（字节数）。在十进制数串运算中，可实现以下操作：

$$(E_1)OP(E_2) \to E_1$$

IBM 360 的操作码也有一定的规律性，其规律如表 5-1 所示。IBM 360 与 370 的指令是兼容的。

表 5-1 IBM 360 指令码特征

码	值		主要操作
高4位操作码(0,1,2,3位)	RR 型	0 0 0 0	传送类
		0 0 0 1	定点单字长运算
		0 0 1 0	长浮点运算
		0 0 1 1	短浮点运算
	RX 型	0 1 0 0	定点半字长运算
		0 1 0 1	定点单字长运算
		0 1 1 0	长浮点运算
		0 1 1 1	短浮点运算
低4位操作码(4,5,6,7位)		1 0 1 0	加法
		1 0 1 1	减法
		1 1 0 0	乘法
		1 1 0 1	除法

5.5.3 指令举例

【例 5-5】 IBM 360 定点运算指令,其指令操作码用十六进制数表示,指出不同操作码的指令功能。

解：操作码 OP=1A,表示该指令为定点单字长 RR 型加法,当 $R_n=3$,$R_m=5$,则本指令功能为：$(R_3)+(R_5) \rightarrow R_3$。

汇编符号 AR 3,5。

操作码 OP=5A,表示定点单字长 RX 型加法指令,当 $R_n=3$,$y=(B_2)+(X_2)+D_2$,为字节地址,本指令功能为：

$(R_3)+(y,y+1,y+2,y+3) \rightarrow R_3$。

OP=1B 表示定点单字长 RR 型减法。
OP=5B 表示定点单字长 RX 型减法。
OP=1C 表示定点单字长 RR 型乘法。
OP=5C 表示定点单字长 RX 型乘法。

【例 5-6】 IBM 360 机短浮点数运算指令举例。

解：IBM 360 短浮点数规定为字长是 32 位的二进制数,短浮点数格式如图 5-23 所示。

其中：

E 为阶码,是定点二进制整数,阶的底为 16;

S 为尾数,符号 1 位;

M 为尾数,定点 6 位十六进制小数。

因此,浮点数 $N=M \times 16^E$。

图 5-23 360 机短浮点数格式

当操作码 OP=3A,表示短浮点 RR 型加法;OP=7A,表示短浮点 RX 型加法。

【例 5-7】 IBM 360 长浮点数是 64 位二进制数,格式如图 5-24 所示。

其中:

E 为阶码,是 7 位二进制整数,阶码的底为 16;

S 为尾数符号,1 位二进制数;

M 为尾数,14 位十六进制定点小数。

浮点数: $N=M\times 16^E$。

1	7	56
S	E	M

图 5-24 360 机长浮点数格式

阶码的底是 16,这种浮点数的表示范围比阶码底是 2 的浮点数大。因为当两个浮点数的阶码尾数值都相同时,一种是 $M\times 2^E$,另一种是 $M\times 16^E$,当然后者大。另外,当阶码加 1 时表示该数尾数乘以 16,阶码减 1 时表示该数尾数除以 16。因此在对阶、规格化时尾数应该以十六进制表示,即阶码加 1,尾数应该右移 1 位(十六进制数)或右移 4 位(视为二进制数),才能保证与原数相等。

同理,当 IBM 370 指令操作码 OP=2A 时表示该指令为长浮点 RR 型加法。

当指令操作码 OP=6A 时,表示该指令为长浮点 RX 型加法。

5.6 微型机指令系统举例

5.6.1 IBM PC 计算机及 Pentium Ⅳ 处理器简介

IBM PC 是微机的主流产品,它采用 Intel 公司的 CPU 系列产品,从早期 Intel 8088、8086、80386、80486 到 Pentium,其指令系统都是向下兼容的。弄清它的基本思想是很重要的。我们以 Intel 8086 为例介绍其指令系统。

Intel 8086 是字长 16 位的 CPU,地址线 20 根,按字节寻址,最大存储容量为 $2^{20}=$ 1MB。Intel 内部寄存器都是 16 位的,包括 4 个 16 位的通用寄存器 AX、BX、CX、DX。每个寄存器又可分为 2 个 8 位的寄存器,称为高字节寄存器和低字节寄存器,分别用 AH、AL、BH、BL、CH、CL、DH、DL 表示,以支持字节运算。

Intel 8086 中有 4 个 16 位的段寄存器,与我们前面介绍的基址寄存器作用类似。每个用户程序可把自己的编码分成 4 个部分,放在不同的段中,8086 四个段分别是:代码段存放程序代码;数据段存放有关数据;堆栈段作为堆栈使用;附加段作为备用段使用。每个用户程序的逻辑地址,在装入机器和运行时必须将逻辑地址变成物理地址,才能运行。其变换方法,就是把逻辑地址加上段地址。为了扩大可访问的主存空间,Intel 8086 规定在加段地址时把段地址左移 4 位后,再和 16 位的逻辑地址相加,最后得到 20 位的物理地址。四个段地址寄存器分别叫 CS、DS、SS、ES。

为了支持各种寻址方式,8086 内设有 2 个 16 位的变址寄存器,SI 为源地址变址寄存器,DI 为目标地址变址寄存器。两种基址寻址支持用户编程的基址寻址的需要,分别叫 BX、BP,BX 为数据段的基址寄存器,BP 为堆栈段基址寄存器。

还有程序指针 IP 和堆栈指针 SP,都是 16 位的。

第 5 章 指令系统

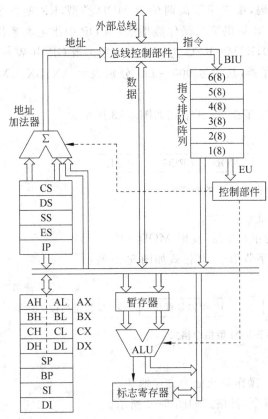

图 5-25　8086 CPU 的结构框图

Intel 8086 CPU 内主要寄存器组成如图 5-25 所示。

2000 年 11 月 Intel 公司推出了新一代 64 位 CPU——Pentium Ⅳ，简称 P4。P4 片内连线采用 $0.18\mu m$ 工艺，电源电压为 1.65V，每个芯片上集成 4200 万个晶体管，主频为 2GHz。指令系统除了多媒体指令 MMX，又增加了 144 条支持处理多数据流的向量指令 SSE2，大大加强了处理视频、图像的功能。

P4 采用超标量超流水线结构，每个时钟周期可执行多条指令。片内部件采用 20 级流水线速度更快。浮点部件中有加法器、乘法器和除法器，片上设二级高速缓存：一级 Cache 中指令缓存 8KB、数据缓存 8KB，二级 Cache 256KB。

采用高级动态执行技术，减少分支给流水线造成的损失。最大可以检查 126 条指令，优化和决定执行指令的顺序。

5.6.2　Intel 8086 指令格式

Intel 8086 字长为 16 位，支持字节操作，主存按字节编址。指令字长不是固定的，有一字节指令、二字节指令、四字节指令和六字节指令，指令格式说明如下：

(1) 无操作数指令，为单字节指令，指令字长 8 位，不包含操作地址，其格式为 | OP | 。

(2) 一地址单字节指令，地址码 3 位为寄存器寻址，操作码 5 位，指令格式如图 5-26 所示。

```
 5     3
| OP | REG |
操作码 寄存器码
```

图 5-26　8086 单字节指令格式

一地址指令通常指只需一个操作数的指令，如加 1，减 1 指令等，或指双操作数指令，但另一个操作数在 AC 中。8086 规定 AX(AH、AL)寄存器为累加器。

(3) 二地址 RR 型双字节指令，指令格式如图 5-27 所示。

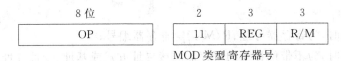

图 5-27　8086 双字节 RR 型指令格式

第一字节为操作码,第二字节为地址码,第二字节高两位为 MOD 类型,RR 型指令 MOD 为 11,REG 为第一操作数地址。R/M 提供第二操作数地址,当 OP 中指定本条指令为字节操作时,操作码中字标志位 W=0,R/M=REG 为寄存器编号。当 OP 中 W=1 时,为字操作,则 R/M 表示 16 位长的寄存器,其编号 000~111 分别表示 AX、BX、CX、DX、SP、BP、SI、DI。

(4) 二地址,不带位移量的 R-M 型二字节指令,其格式如图 5-28 所示。

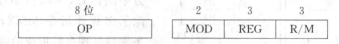

图 5-28 二字节 R-M 型指令格式

REG 提供寄存器号,为第一操作数地址;
MOD—R/M 提供第二操作数地址,为主存地址,此时 MOD≠11。

(5) 二地址,带位移量的 R-M 型的四字节指令,其格式如图 5-29 所示。

图 5-29 四字节 R-M 型指令格式

REG 提供第一操作数地址;
MOD≠11 时,R/M 与位移量提供第二操作数地址为主存地址。

(6) 立即数送寄存器指令,为四字节指令,其格式如图 5-30 所示。

图 5-30 四字节立即数指令格式

(7) 立即数送主存单元的六字节指令,其格式如图 5-31 所示。

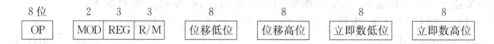

图 5-31 六字节立即数指令格式

第二字节中 MOD≠11 时,由 R/M 和位移量形成一个主存单元地址。该指令把五、六字节的 16 位立即数送到指定的主存单元中。

MOD=11 时,R/M 指定的是一个寄存器号;
MOD≠11 时,R/M 与位移量指定一个主存单元地址,不同情况其有效地址形成方法如表 5-2 所示。

在表 5-2 中:
MOD=11 时,为寄存器寻址、R/M 指定寄存器编号;
MOD=00 时,为不带位移量的寄存器间接寻址方式或基址、变址寻址方式;

表 5-2 MOD 和 R/M 组合构成的多种寻址方式

MOD R/M	00	01	10	11	
				W=0	W=1
000	[BX+SI]	[BX+SI+8位位移量]	[BX+SI+16位位移量]	AL	AX
001	[BX+DI]	[BX+DI+8位位移量]	[BX+DI+16位位移量]	CL	CX
010	[BP+SI]	[BP+SI+8位位移量]	[BP+SI+16位位移量]	DL	DX
011	[BP+DI]	[BP+DI+8位位移量]	[BP+DI+16位位移量]	BL	BX
100	[SI]	[SI+8位位移量]	[SI+16位位移量]	AH	SP
101	[DI]	[DI+8位位移量]	[DI+16位位移量]	CH	BP
110	16位直接地址	[BP+8位位移量]	[BP+16位位移量]	DH	SI
111	[BX]	[BX+8位位移量]	[BX+16位位移量]	BH	DI

MOD=01 时,为带 8 位位移量的寄存器间接寻址方式或基址、变址寻址方式,此时指令第三字节提供 8 位位移量低位,高 8 位位移量按符号进行扩展;

MOD=10 时,为带 16 位位移量的寄存器间接寻址方式或基址、变址寻址方式。

需要特别注意:当 MOD=00,R/M=110 时,此时访存的地址由指令第三、四字节提供,低字节地址在前,高字节地址在后,即为 16 位直接地址寻址方式。

5.6.3 Intel 8086 指令的寻址方式

1. 立即数寻址

立即数寻址是指指令所需操作数据就在指令中,8 位立即数在指令第三字节中,16 位立即数在指令的第三字节、第四字节中。同时规定:立即数只能是整数,且立即数只能作源操作数。

2. 寄存器寻址

指令中地址部分给出寄存器编号,操作数在寄存器中存放,这种指令取操作数时不访问主存,速度较快。

对 8 位操作数来说,寄存器可为 AL、BL、CL、DL、AH、BH、CH、DH,8 个寄存器。

对 16 位操作数来说,寄存器可为 AX、BX、CX、DX、SP、BP、SI、DI,8 个寄存器。

一条指令中,源地址、目标地址均可采用寄存器寻址。

3. 直接寻址

操作数在主存中存放,操作数地址由指令第三、第四字节给出。

由于读的是操作数,因此该数据应该放在主存的数据段存储区中,在操作数地址变成物理地址时,段地址应该使用 DS。

4. 寄存器间接寻址

操作数在主存中存放。操作数的地址在指令指定的寄存器中。这些寄存器规定为 BX、BP、SI、DI。

$$\text{操作数地址}=\begin{cases}[BX]\\ [BP]\\ [SI]\\ [DI]\end{cases}$$

5. 基址寻址和变址寻址

采用寄存器间接寻址时，允许在指令中指定一个位移量，操作数地址为寄存器的内容加上位移量。位移量可为8位数，也可为16位数。

$$\text{操作数地址}=\begin{cases}[BX]\\ [BP]\\ [SI]\\ [DI]\end{cases}+\begin{Bmatrix}\text{8 位位移量}\\ \text{16 位位移量}\end{Bmatrix}$$

如果寄存器是BX、BP，则称寻址为基址寻址。使用BX寄存器的基址寻址称数据段基址寻址；使用BP寄存器的基址寻址叫堆栈段基址寻址。

如果使用的寄存是SI、DI，则称寻址为变址寻址。SI叫源变址寄存器，DI叫目标地址变址寄存器。

6. 基变址寻址

如果指令中包含基址寻址，也包含变址寻址，把BX、BP与SI、DI组合起来，构成一种新的寻址方式——基变址寻址。

$$\text{操作数地址}=\begin{Bmatrix}[BX]\\ [BP]\end{Bmatrix}+\begin{Bmatrix}[SI]\\ [DI]\end{Bmatrix}$$

也可以再加上8位位移量或16位位移量：

$$\text{操作数地址}=\begin{Bmatrix}[BX]\\ [BP]\end{Bmatrix}+\begin{Bmatrix}[SI]\\ [DI]\end{Bmatrix}+\begin{Bmatrix}\text{8 位位移量}\\ \text{16 位位移量}\end{Bmatrix}$$

注意：操作数地址中一定要包含一个基址寄存器(BX或BP)，一个变址寄存器(SI或DI)。如果位移量是8位数据，可看作16位位移量的低8位，高8位位移量按符号位扩展得到。

指令第一字节为操作码OP字段，其格式如图5-32所示。

5	1	1	1
OP′	W	D	S

图5-32　8086 CPU操作码字节格式

其中，W为字标志：W=0时表示8位操作数；W=1时表示16位操作数。

D为目的寄存器标志：D=0时第二字节中REG为源地址；D=1时第二字节中REG为目的地址。

S为符号扩展标志：S=0时符号位不扩展；S=1时8位操作数符号扩展到高8位。

OP′为具体的操作编码，有5位，实际指令的种类为 $2^5=32$ 种。

5.6.4 8086 指令系统

1. 传送指令

传送指令实现 CPU 内部寄存器之间、CPU 和存储器之间、CPU 和 I/O 端口之间的数据传送。

需要注意,传送指令二个地址中,至少有一个地址是寄存器,二个主存单元之间不能直接传送数据。并且 IP 程序指针和 CS 代码段段地址,不能修改。

传送指令不修改标志寄存器。

2. 算术运算指令

算术运算中被运算数据若为无符号数,则看作是正整数,若是有符号数时看作补码数据。

算术运算包括各种加法指令、减法指令、乘法指令、除法指令以及比较指令及 BCD 码的十进制运算指令。运算完毕应置结果标志。

在乘法指令中只给出一个操作数地址,存放被乘数,另一个操作数隐含指定放在 AL 中或 AX 中。乘积放在 AX 或 AX 与 DX 中,后一种情况指 16 位乘法,得到 32 位乘积,乘积高位放在 DX 中。

除法指令中只给出一个操作数地址,存放除数,被除数指定为 AX,且被除数的位数为除数的 2 倍。当除数为 16 位时,被除数为 32 位数,AX 放被除数低 16 位,DX 放被除数高位。除法的结果商放在 AX 中,余数放在 DX 中。

3. 逻辑运算指令和移位指令

逻辑运算包括 AND、OR、NOT、XOR 和测试指令 TEST。

TEST 指令执行"与"操作,若测试一个数最高位是否为 1,可让该数与 8000 的十六进制数相"与",如果结果为"0",则标志位 ZF=1,说明被测数据最高位为 0;否则,当 ZF=0 时说明被测数据最高位为 1。

移位指令包括:算术左、右移位,逻辑左、右边移位,循环左、右移位。可以对字节移位,也可以对字移位;可以对寄存器移位,也可以对主存单元移位。如果只移动一位,则在指令中给出;如果移动多位,则需在 CL 中指定移位位数。

4. 串操作指令

可以用一条指令实现对一串字符或数据的操作。如字符串传送指令,将位于 DS 段的、由 SI 指定的主存单元中的字(或字节),传送到位于 ES 段、由 DS 所指的存储单元中,再修改 SI、DI 单元的内容(+1 或 +2,减 1 或减 2),传送的字节或字的数目由 CX 指定,需预先置入 CX 寄存器中。

字符串指令还包括:字符串比较、字符串检索等。

5. 控制转移指令

控制转移指令有无条件转移指令、条件转移指令、子程序调用及返回指令、循环控制指令及处理器控制指令等。

条件转移指令根据二数比较结果来决定转移,如大于、等于、小于、不大于、不等于、不小于等转移。对于无符号数的比较,判断结果时使用高于、低于的叫法。

条件转移指令也可根据标志位 SF、OF、PF 决定是否转移,其中 SF 为符号标志,OF 为溢出标志,PF 为奇偶标志。

处理器控制指令包括暂停、置标志位、清标志位等操作。

5.7 机器语言与汇编语言

机器能够直接识别和执行的语言是二进制表示的机器指令,又称为机器语言。计算机中使用的任何高级语言、汇编语言,都必须转换成机器语言才能执行。

机器语言不直观,可读性差,不易编程、不易维护,用户很少使用。但机器语言程序可直接在机器上执行,不需作语言转换,执行速度快,并且占主存小,程序紧凑。

在一些要求速度的场合,又想使用机器语言,又想避免二进制语言之苦。为此,提出用约定的专用符号表示指令的操作码、操作数和地址,便于记忆、便于理解和编程。这种用专用符号表示的机器指令,称为汇编语言。

汇编语言与机器指令基本上是一一对应的,是属于面向机器的语言。不同的机器,不同的指令系统,其汇编语言不同。使用汇编语言,既具有机器语言的优点,又避免二进制指令的缺点。机器运行汇编语言编写的程序时,仍必须先转换成机器语言才能执行,但汇编语言转换成机器指令时方法比较简单。

5.7.1 Intel 8086 汇编标记与运算符

(1) 数值数据,可用下述方法表示:
- 二进制数据,加后缀 B,如 101011B;
- 十进制数据,加后缀 D,如 43D;
- 八进制数据,加后缀 Q,如 53Q;
- 十六进制数据,加后缀 H,如 2CH;
- 字符串常量字符采用 ASCII 字符,为与其他文字区分,常用引号作为起止界符,如:'A'(等价于 41H),'B'(等价于 42H),'AB'(等价于 4142H)。

(2) 运算符,常用的有:
- 算术运算符:+,-,*,/;
- 关系运算符:EQ(相等)、NE(不等)、LT(小于)、GT(大于)、LE(小于等于)、GE(大于、等于);
- 逻辑运算符:AND(与)、OR(或)、NOT(非)。

(3) 操作码,可用英文单词或缩写,如:
- ADD:表示加法;
- SUB:表示减法;
- MOV:表示传送。

(4) 地址码,可用十进制数、十六进制数表示,也可用寄存器名或存储器地址名表示。

(5) 标识符,是程序员为了使程序便于书写与阅读使用的一些词,常作为一段程序的开头,或一个数据块的开头。如常用 STAT,CLOSE,MOVE,DAI 等。标识符不能以数字开头,但可包含数字、字母等。标识符的长度不能超过 31 个字符。

标识符和运算符都是汇编语言中的专用符号,但运算符号作为保留字,具有特殊的意义和固定的符号,不能作为标识符使用。而标识符使用起来限制就不多。

(6) 注释,为了便于阅读和理解汇编程序,常在汇编语句后面加上注释。注释要以";"开始,一行写不下,延续到下一行时,仍以分号开头。在汇编过程中,不处理注释。

5.7.2 汇编语句

汇编语言中,有两种语句:指令性语句和指示性语句。

(1) 指令性语句实际上就是一条 8086 指令,如 ADD AL,BL,就是指定做(AL)+(BL)→AL 的运算。

(2) 指示性语句也叫伪指令。伪指令用来为汇编程序提供某些信息,如规定一个程序的数据段从哪里开始,规定堆栈区大小等。

形式上两种语句很类似,指示性语句也用标号,但指示性语句标号后不带冒号;而指令性语句中,标号后面一定带冒号。本质上伪指令与指令的根本差别在于伪指令在汇编过程中不形成任何代码。

8086 汇编语言常用伪指令如下:

(1) 标号赋值伪指令(EQU),为了便于阅读和修改,汇编程序中常用标号代表数据、数据地址或程序地址。用标号代表数据时,必须在源程序前面为标号赋值。

如 ABC EQU 200,表示标号 ABC=200,也可使一个标号等于另一个标号。如:XYZ EQU ABC 表示 XYZ 这个标号与 ABC 标号相同。

解除对一个标号的赋值用 PURGE 伪指令。

(2) 定义存储单元的伪指令(DB、DW、DD、DQ、DT),用来给出程序中需要的数据、字符、地址表等。DB 用来规定字节,DW 规定单字,DD 规定双字。如 CR DB CDH 表示在单元 CR 处装入数据 CDH。

(3) 定义存储单元数据类型的伪指令(BYTE、WORD、DWORD)。

(4) 段定义伪指令(SEGMENT、ENDS、ASSUME 和 ORG)。

SEGMENT 和 ENDS 成对使用。用来将汇编语言程序分成几段,通常分为数据段、代码段和堆栈段。SEGMENT 和 ENDS 前的标号可任意指定,但互相配对的 SEGMENT 和 ENDS 前的标号必须一致。

ASSUME 伪指令用来指定哪一段为数据段,哪一段为代码段,哪一段为堆栈段,但各段寄存器的实际数值,还是靠 MOV 指令来赋给。

ORG 用来规定目标程序存放单元的地址。如果程序第一条指令前面加上一条伪指令:

ORG   200H

那么,汇编程序把指令指针 IP 的内容置成 200H,即目标程序第一个字节放在 200H 处,后面的内容顺序存放。

(5) 定义过程的伪指令(PROC、ENDP、NEAR 和 FAR)。

在 8086 汇编语言中,过程的含义与子程序是一样的,一个过程可以被其他程序调用,但它的最后一条指令一定是子程序返回指令,以便该过程执行结束后,返回主程序。

伪指令 PROC 和 ENDP 总是成对使用的,两个伪指令之间部分就是一个过程,即一个子程序。

子程序调用,是段内调用还是段间调用,其返回地址是不同的,可用 NEAR 和 FAR 加以区分。主程序遇到调用指令 CALL 时,如果对应的子程序头部标有 FAR,则产生一个段间调用地址(包括 16 位段地址和 16 位偏移量)。另一方面,对子程序汇编时,子程序头部有 FAR 或有 NEAR 时,则对应该子程序末尾 RET 返回指令产生的代码是不同的。

(6) 源程序结束伪指令(END),END 语句的形式是:END 表达式。

这里的表达式就是程序第一条指令前的标号。

汇编语言是面向机器的,不同机器汇编语言不同。

*5.8 汇编语言程序设计和上机调试

程序设计语言是描述计算过程的一种工具。程序是由一条一条指令组成的。通常指令按顺序逐条在机器中执行。如何利用计算机解决实际问题?首先根据问题性质选定合适的算法,根据机器指令系统编制出由一连串指令构成的指令序列,即计算程序。然后把程序和数据送到计算机中,启动计算机进行运算,求得问题解答。汇编语言与二进制数表示的机器语言都是面向机器的语言,但编程、调试比机器语言方便。

5.8.1 一般程序的设计步骤

(1) 确定算法,制定计算步骤。

(2) 编制程序框图。

(3) 编制文字地址程序,因为开始时对程序长度、常数数目、中间单元个数不好估计,先用文字代替实际地址进行。

(4) 分配内存,给出真实地址。

(5) 代真,完成程序设计。

用汇编语言规定的符号,代替二进制码表示的机器指令编写程序,极大方便了程序设计工作。但计算机不认识这些符号,必须把这些专门符号变成二进制码表示的对应的机器指令,计算机才能执行。这一工作不需要手工完成,而是由称作"汇编程序"或叫"汇编器"的专门的软件完成的。汇编语言程序设计中内存分配和代真可省去。

5.8.2 汇编语言程序的调试与运行

人们利用汇编语句编制的程序称为汇编语言程序,在计算机上还不能直接运行。执行一个汇编程序,需要经过四个阶段:编辑、汇编、链接、运行和调试。现以 X86 系统为例,作简要说明。

(1) 编辑。程序人员编制出汇编语言程序后,必须输入计算机中去进行修改,形成以.ASM 等为扩展名的汇编语言源程序。大多数文字编辑软件都可以用,如微软公司的 Word 等。

(2) 汇编。汇编语言源程序经过汇编器翻译成计算机可以辨认的机器代码,产生二进制的目标文件。

常用的汇编工具是 Microsoft 公司的 MASM 和 Borland 公司的 TASM,后者使用较多。形成的二进制目标文件的扩展名是.OBJ。

汇编器还可提供汇编源程序的错误信息。

(3) 链接。如果汇编语言程序中使用了子程序库中的子程序,还需把汇编过的目标文件与子程序链接起来,形成一个完整的执行文件,才能在计算机上运行。执行文件的扩展名是.EXE,有时也可形成.COM 格式的可执行程序。

一个较大的汇编语言程序,可以分成几个程序模块,分别进行汇编形成几个目标文件模块,运行前也必须把他们链接起来。链接命令是 TLINK。

(4) 运行和调试。由 TLINK 生成的.EXE 文件或.COM 文件可以直接在机器上执行。

为了验证程序的正确性,需要使用调试工具,在操作人员控制下,分阶段执行这个程序,查看每个阶段执行的结果,并进行修正直到程序正确为止。也可单条逐步执行程序,分析每条指令执行的结果。

TASM 5.0 中,用于调试的软件是 TD(Turbo Debugger)。采用 TD 调试汇编语言程序时可显示程序的许多重要内容。显示器上称 CPU 子窗口中逐行给出代码段的各条指令:地址、内容及对应的符号指令。

数据子窗口:显示存储器部分内容,包括地址、十六进制数和对应的 ASCII 码字符。

寄存器子窗口:显示 CPU 各寄存器的内容。

标志位子窗口:显示各标志位当前值。

堆栈子窗口:显示栈顶单元地址和内容。

调试时,操作人员可对各子窗口的内容进行修改。调试程序 TD 提供单条执行程序的功能,操作者逐条分析各条指令执行的结果。

汇编语言程序上机运行调试过程如图 5-33 所示。

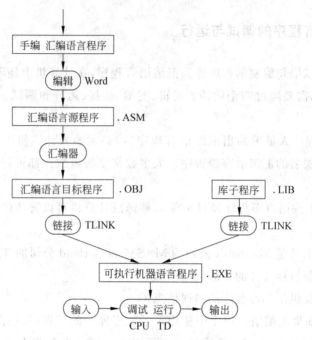

图 5-33 汇编语言程序上机运行调试过程

5.9 精简指令系统计算机

随着计算机硬件技术的提高，软件成本比重不断上升，人们要求提供越来越多的复杂指令适应不同领域的需要，日趋庞大的指令系统使计算机的研制周期增长，且为设计、调试、维护带来很多困难。这种机器又叫复杂指令系统计算机，简称 CISC。

1975 年 IBM 公司开始研究指令系统合理性问题，1982 年加州伯克莱大学的 RISC I 和斯坦福大学 MIPS 的研制成功，为精简指令系统计算机 RISC 的诞生和发展起了很大推动作用。

对复杂指令计算机 CISC 测试结果表明：最常使用的简单指令在指令系统中约占 20%，但在程序中出现的频率占 80% 以上。也就是说 80% 以上的指令在程序中使用的频率只占 20%。

RISC 通过简化指令，改进机器结构，使每条指令执行速度更快，使机器系统性能大大超过 CISC。

精简指令机器的特点是：

(1) 简化指令系统，选取最常用的简单指令，或很有用但不太复杂的指令构成指令系统。

(2) 简化指令格式，减少寻址类型，指令长度固定。

(3) 只有取数指令，存数指令访存，其余指令均是 RR 型指令，指令速度快。

(4) 采用流水线技术等措施,使指令的平均执行时间小于一个周期。

(5) CPU 中寄存器数目很多,减少访存次数。

(6) 采用硬联线控制器。

RISC 因速度快、设计快、可靠性高、维护容易、系统性能强,而受到大家重视,大型公司纷纷推出 RISC 机器,典型的有 SPARC、MIPS。

MIPS 公司的 CPU 产品有 MIPSR2000、R3000、R4000、R8000 等,采用 MIPS CPU 芯片的机器有 SGI、DEC 工作站等。

MIPS 处理器的特点是:

(1) 指令格式简单,都是 32 位的指令,只有三种指令格式,每种指令中数据寻址方式都是固定的。

(2) 使用 32 个通用寄存器,其编号为 $0~$31,其中 $0 固定存放全"0"。

(3) 采用流水线结构,提高运算速度。

(4) 采用比较转移二条指令功能在一条指令中完成,并且不需设置条件码。

5.9.1 MIPS 指令格式

MIPS 指令格式有如下几种:

(1) R 型指令,除了 6 位操作码和 6 位辅助操作码(功能码 funct)外,有三个寄存器地址,分别指定两个源寄存器和一个目的寄存器;还有一个 shamt 字段,用于移位操作时指定移位次数。

(2) I 型指令,又称立即数格式。除了 6 位操作码外,有两个寄存器地址 rs,rt,剩下 16 位作为立即数或访存地址位移量,访存时,由 rs 与位移量之和决定访存地址 EA=(rs)+address。

(3) 转移型指令,除去 6 位操作码,剩下 26 位作为目标指令的地址,属于直接寻址。

三种指令格式如表 5-3 所示。

表 5-3 MIPS 指令格式

类型	6 位	5 位	5 位	5 位	5 位	6 位
R 型	OP	rs	rt	rd	shamt	funct
I 型	OP	rs	rt	address/immediate		
J 型	OP	target				

各字段含义如下:

OP   操作码,给出指令基本功能。

rs   第一源操作数寄存器号。

rt   第二源操作数寄存器号。

rd   存放运算结果的寄存器号。

shamt   移位操作中给出移位的位数。

funct　　　作辅助功能码,指定操作类型。
address　　访存指令时,作为地址码 16 位位移量。
immediate　　为 16 位立即数。
target　　作为转移地址,26 位。

指令及寻址方式说明如下:

(1) R 型指令

R 型指令执行操作为:

$$(rs)OP(rt) \rightarrow rd$$

汇编符号记为:OP rd,rs,rt。

(2) I 型立即数指令

在立即数运算类指令中,rs 指定一个源操作数,另一个操作数在 immediate 字段中,操作结果放在 rt 指定的结果寄存器中。

实现下述操作:

$$(rs)OP\ immediate \rightarrow rt$$

汇编符号记为:OPi rt,rs,immediate。

(3) I 型访存指令,采用变址寻址方式

在访存操作中,rt 表示一个寄存号编号,rs 与位移量 address 形成操作数有效地址

$$EA=(rs)+address$$

实现寄存器与主存单元间传送数据。

lw 指令(load word)实现下列操作:

$$((rs)+address) \rightarrow rt$$

汇编符号记为:lw rt,I(rs)。

sw 指令(store word)实现下列操作:

$$(rt) \rightarrow (rs)+address$$

汇编符号记为:sw rt,I(rs)。

(4) I 型条件转移指令,采用相对寻址方式

条件转移指令比较两个寄存器 rs,rt 的内容,条件满足时,转移到(PC)+4+address。因为指令字长 32 位,占 4 个字节,按字节编址,此种寻址方式,用 PC 作为变址寄存器,应属相对寻址方式。

(5) J 型转移指令采用直接寻址

除了最高字段 6 位操作码,还剩下 26 位,作为目标指令的地址,属于直接寻址,也叫绝对地址。

5.9.2　MIPS 指令分类

1. 算术指令

R 型算术指令有:加法、减法、无符号数加法、无符号数减法、乘法、除法、无符号数乘法、无符号数除法。

当操作码字段 OP＝00（八进制数）时，指令为 R 型，功能码字段决定具体操作类型如表 5-4 所示。

表 5-4 MIPS R 型算术指令

Funct 字段（八进制）	汇编符号	操　作	说　明
40	Add	(rs)＋(rt)→rd	寄存器加法
41	Addu	(rs)＋(rt)→rd	无符号数加法
42	Sub	(rs)－(rt)→rd	寄存器减法
43	Subu	(rs)－(rt)→rd	无符号数减法
30	Mult	(rs)＊(rt)→Hi Lo	寄存器乘法
31	Multu	(rs)＊(rt)→Hi Lo	无符号数乘法
33	Div	(rs)÷(rt)→Lo , Hi＝余数	寄存器除法
34	Divu	(rs)÷(rt)→Lo , Hi＝余数	无符号数除法

如 funct 为 40（八进制）相当于十进制数 32，表示寄存器加法，实现(rs)＋(rt)→rd 操作。

I 型算术指令有立即数加法、无符号立即数加法两种。

操作码字段 OP＝10（八进制数）表示立即数加法，用二进制数表示操作码为 001000，实现(rs)＋立即数→rt。

OP＝11 表示无符号立即数加法，实现(rs)＋立即数→rt。

2．逻辑指令

R 型逻辑指令有：与、或、异或、逻辑左移、逻辑右移等。

OP＝00（八进制），指令为 R 型，功能码字段 funct 决定具体的操作类型如表 5-5 所示。

表 5-5 R 型逻辑指令功能码表示的操作

功能码（八进制）	汇编符号	操　作	说　明
44	And	(rs)∧(rt)→rd	寄存器与
45	Or	(rs)∨(rt)→rd	寄存器或
46	Xor	(rs)∀(rt)→rd	寄存器异或

I 型逻辑指令包括：立即数与操作，立即数或操作，立即数异或等如表 5-6 所示。

表 5-6 I 型逻辑指令操作

操作码（八进制）	汇编符号	操　作	说　明
14	Andi	(rs)∧(I)→rt	立即取与
15	Ori	(rs)∨(I)→rt	立即数或
16	Xori	(rs)∀(I)→rt	立即数异或

3. 存取指令

I 型格式,存储器地址为变址寻址,变址器为 rs,位移量为后 16 位 address,

$$EA=(rs)+address$$

存数指令操作码为 43(八进制数);

实现功能:$(rt)\rightarrow(rs)+address$;

汇编符号:sw rt I(rs)。

取数指令操作码为 53(八进制);

实现功能:$((rs)+address)\rightarrow rt$;

汇编符号:lw rt,I(rs)。

4. 条件转移指令

I 型指令、主存单元地址用变址寻址方式。

(1) 相等时转移,指令操作码为 04

实现功能:如果 $(rs)=(rt)$,则转向 $EA=(PC)+4+address$,否则顺序执行。

汇编符号:beq rs, rt, address。

(2) 不相等时转移,指令操作码为 05

实现功能:如果 $(rs)\neq(rt)$ 则转向 $EA=(PC)+4+address$,否则顺序执行。

5. 无条件转移指令

无条件转移指令为直接寻址方式:

操作码为 02;

执行功能:转移地址 target→PC;

汇编符号:J target。

转子程序指令:操作码 03;

执行功能 $(PC)+4\rightarrow\$31$, target→PC。

习题

1. 指令字应该包括哪些内容?
2. 取指令操作时,指令的地址由什么部件提供?
3. 指令的操作码有哪几种组织方式?有什么优缺点?
4. 指令中要处理的操作数来自哪些部件?经常使用的寻址方式有哪些?
5. 什么叫一地址指令?什么叫二地址指令?什么叫三地址指令?各完成什么样的操作?各有什么特点?
6. 什么叫形式地址?什么叫直接寻址?什么叫有效地址?
7. 什么叫变址寻址?什么叫基址寻址?什么叫相对寻址?指令中应该给出哪些信息?三种寻址方式有什么区别。
8. 直接寻址和间接寻址的区别是什么?
9. 寄存器寻址和寄存器间接寻址有何区别?

第 5 章 指令系统

10. 什么叫堆栈？什么是堆栈指针？堆栈有什么特点？
11. CPU 中保存当前正在执行的指令的寄存器是什么寄存器？其内容能保存多长时间？
12. 程序计数器 PC 的内容是什么？什么情况 PC 要做加 1 操作？什么情况 PC 要接收新的内容？
13. 什么是立即数寻址？有什么用处？
14. 什么是变址寻址？有什么用处？
15. 什么是 RISC 计算机，有什么特点？
16. 算术运算指令和逻辑运算指令最主要的区别是什么？
17. CPU 中设置结果标志寄存器，主要包括哪些标志？有什么用处？
18. 算术移位和逻辑移位有什么差别？
19. 什么叫机器语言？有什么特点？
20. 什么叫汇编语言？有什么特点？
21. 说明下列指令格式寻址方式特点，及指令系统的一般功能。

22. 说明下列单字长单地址指令格式的寻址功能，其中 I 为 1 位间接寻址特征，x 为 2 位寻址方式特征，D 为形式地址，R_x 为变址寄存器，R_b 为基址寄存器，PC 为程序计数器。

5	1	2	8
OP	I	x	D

R_x、R_b 均为 16 位二进制数，请说明。

(1) 直接寻址的有效地址是什么？
(2) 间接寻址的有效地址是什么？
(3) 变址寻址的有效地址是什么？
(4) 相对寻址的有效地址是什么？
(5) 基址寻址的有效地址是什么？
(6) 先变址后间址的寻址方式的有效地址是什么？
(7) 能够访问的存储器最大地址空间是多少？
(8) 源操作数在哪里？目的操作数在哪里？运算结果放在哪里？
(9) 该指令系统中指令最多有多少种？

Chapter 6

第 6 章 存储系统

现代计算机是依据存储程序的原理设计的。计算机的工作步骤和处理对象,都存放在存储器中。存储器采用什么样的存储介质、怎样组织存储系统,以及怎样控制存储器的存取操作都是至关重要的。怎样用较低的成本研制高速度、大容量的存储器,以满足各种应用的需要,成为存储系统设计中的核心问题。计算机的存储器可分为主存储器(简称主存或内存)和辅助存储器(简称外存),主存储器又可分为随机存储器和只读存储器。为提高访问存储器的速度,在 CPU 和主存之间又增加一级高速缓冲存储器。本章介绍存储器的基本工作原理、组成以及提高存储器性能的重要途径——高速缓冲存储器和虚拟存储器。

6.1 存储器的基本特性

6.1.1 主存储器的特性

计算机执行程序的过程,就是按照一定的顺序逐条执行指令的过程。计算机执行程序时,需要不断访问存储器,取出指令,取出操作数,在 CPU 中处理完毕后将运算结果再送回存储器中,因此,指令的执行速度很大程度上取决于存储器的速度。

CPU 可以直接存取的存储器称为主存储器(Main Memory),它的每个存储单元都是可以随机访问的。所谓随机访问是指程序可以随意地、单独地访问每个单元,且访问时间与单元位置无关。这种访问方式的存储器称为随机访问存储器(Random Access Memory,RAM)。计算机中有一类程序是固定不变的,且使用非常频繁,为使工作更加可靠,使用一种只读不写的存储器,但读出仍是随机的,我们称这种存储器为只读存储器(Read Only Memory,ROM)。ROM 和 RAM 都属于主存储器,共同分享主存同一地址空间。

计算机对主存的主要要求是速度快。

随着计算机的广泛应用,程序越来越大,处理的数据越来越多,特别是研制了方便用户使用的各种系统程序,如操作系统、高级语言处理程序等占用的存储空间越来越大,因此还要求存储器提供足够大的存储空间。

6.1.2 辅助存储器的特性

为了扩大存储器的容量,除了想尽办法把 RAM、ROM 的容量增大以外,还要寻找另外的途径。因为 RAM 的成本太高,为了研制低成本、大容量的存储器,仿照唱片、录音带原理研制的磁带、磁盘存储器,应运而生。这些存储器的读写原理是基于磁性材料的不同磁化方向而设计的,但寻找指定的存储单元很不方便,需要很长时间,且访问每个存储单元的时间是不同的,因此不能称为随机访问存储器。通常读写磁带、磁盘中的数据是串行顺序地读出或部分串行读出的,所以又叫串行访问存储器(Serial Access Storage)。它们适合于成块地存取数据。由于这种存储器速度慢,且不能随机访问每个数据单元,因此不适合 CPU 直接存取数据。我们可以把它们作为二级存储器使用,用于存放大量的暂时不用的程序和数据,等到 CPU 需要访问有关程序或数据时,可以从二级存储器一次取走一批程序到主存,供 CPU 使用。这在一定程度上缓解了 CPU 对高速度、大容量、低成本存储器的需求。

二级存储器,又叫辅助存储器,或外存储器。其特点是容量大、成本低。为了自动地控制主存与辅存间的数据传送,人们设计了若干软件完成这项自动调度工作,使用户使用起来感觉不到二级存储器的存在,就像一个统一的大容量存储器一样,我们把这种存储器称为虚拟存储器。

6.1.3 主存储器的主要技术指标

1. 容量

主存储器是随机访问存储器,每访问一次主存储器,读出(或写入)的单位是一个字,其二进制位数叫做字长。字长通常是 8 的倍数,以满足存放字符的要求。现在计算机为了直接处理字符,可以一次读出一个字节。以字或字节为单位的存储单元总数,称为主存储器的存储容量。

计算机访问主存的最大容量决定于寻址方式。由寻址方式得到的访问主存的有效地址位数,决定了可以访问的主存空间,称为主存地址空间。如 16 位地址可访问的存储单元总数可达 $2^{16}=64K$ 单元;如果主存容量为 16M 单元,则寻址方式产生的有效地址位数为 24 位,因为 $2^{24}=16M$ 单元。这里,一次读(写)的单位是一个字,称为字寻址,如果要求一次能读写一个字节,则必须对每个字节指定不同的地址,这种方式称为字节寻址。IBM 370 计算机字长 32 位,按字节编址,即一次可读出一个 32 位的字长的数据,也可以按要求读出其中一个字节。一个字包括 4 个字节,字地址就是高位字节的地址,字地址总是 4 的倍数。换句话说,字地址末二位是 00,末二位地址用来表示一个字内 4 个字节的编号。

2. 主存储器的速度

存储器的读出时间和最大允许访问速度是主存储器的另一个重要指标。它们和计算机的字长一起决定主存储器的吞吐率。

存储器读出时间是指从给定存储器一个地址,发出读命令,直到把数据读出来所需的时间,也叫存取时间(Memory Access Time)。

存储周期的概念是指连续二次读写操作(对同一个单元)之间的最小时间间隔。存储周期包括存储单元的读出和再生、存储线路的恢复时间等。存储周期时间比存取时间略大。存储周期时间(Memory Cycle Time)也就是一次完整的存储器访问时间,经过一个存取周期后,才能对该存储单元启动第二次访问。

3. 存储器带宽

带宽含义是指每秒钟访问的二进制数的位数。假如存储周期是500ns,每个周期可读出16bit,则它的带宽就是16b×1/500ns=32Mb/s,记为32Mbps。提高带宽的方法是缩短存储周期,增加一次读出的字长,多个存储器并行工作等。

4. 存储器的可靠性

半导体等有源存储器会因断电破坏所存储的数据,电荷型存储器会因长时间漏电导致信息消失。磁表面存储器也会因为温度、磁场、振动的作用受到破坏。ROM虽然可靠,但不能写入数据。

显然,理想的存储器是既能方便读、写,又具有非易失的特性。

6.2 半导体存储器的基本记忆单元

计算机中通常把寻址单位叫存储单元。一个存储单元可以存放一个数据字或一个字节。一个存储单元由若干个基本的记忆单元组成,一个记忆单元存放一位二进制数。

6.2.1 随机存储器的记忆单元

20世纪70年代初,半导体存储器进入主存应用领域,依靠其速度快、集成度高、体积小、功耗低、价格便宜等一系列优点,很快代替了磁心存储器。

半导体存储器从工作原理上分为双极(bipolar)型和MOS(metal-oxide semiconductor)型两类。前者速度高、功耗大、集成度低,用于小容量的高速存储器;后者功耗小、集成度高、价格便宜,更适于用在大容量随机存储器中。

MOS存储器按工作原理分为静态和动态两种。静态MOS存储器基于触发器的工作原理,只要不断电,就可保存信息。动态MOS存储器利用MOS管极间电容储存电荷保存信息,其功耗更小,集成度更高,价格更低,在主存中获大量使用。

1. 静态随机存储器(SRAM)的记忆单元

下面以MOS型静态随机存储器为例说明其工作原理。

MOS管是一种场效应器件,有源极(S)、栅极(G)和漏极(D),栅极和源极、漏极都是绝缘的,如图6-1所示。当栅极上加高电位时,栅极绝缘层下面的感应电荷,在源漏之间形成一个导电沟道,使管子导通,源漏电位相等。当栅极上加低电位时,不能形成导电沟道,S,D不导通,管子截止。

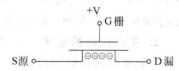

图6-1 MOS场效应管

用 6 个 MOS 管子,可构成一个静态的记忆单元,存储一位二进制信息。其电路图如图 6-2 所示。

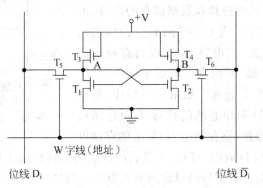

图 6-2　6 管 MOS 静态记忆单元

6 个 MOS 管子中,T_1,T_2 为工作管,T_3,T_4 是负载管(当负载电阻用),T_5,T_6 是门控管。T_1T_3,T_2T_4 分别构成两个反相器,两个反相器交叉耦合,构成一个 RS 触发器,可以寄存一位二进制信息。

门控管 T_5T_6 的栅极上加字线信息,来自地址译码器输出的地址选择线 W。当该记忆单元未被选中时,字线 W 上为低电位,门控管 T_5T_6 截止,存储单元与数据线隔离。每位数据线有二根,称为位线,分别与触发器的 A 端、B 端相连。因此两个位线的状态是相反的,称为 D_i、$\overline{D_i}$,用来反映一位信息的状态。二根位线与单元不连接时,都是高电位。

当字线 W 为高电位时,表示该记忆单元被选中,位线 D_i 与 A 端相连,位线 $\overline{D_i}$ 与 B 端相连。根据触发器原来存储的信息,使位线中有一根线上的电流产生变化,用来代表读出的信息。具体地说,当原来存放"1",则 T_1 导通,T_2 截止,门控管 T_5 导通,使位线 D_i 与 A 端相连,A 为低电位,T_1 将吸收一部分位电流,在位线上产生负脉冲;而 T_2 截止,B 为高电位,位线 $\overline{D_i}$ 也是高电位,位线 $\overline{D_i}$ 不受影响,没有电流变化。当原来存放"0",与上述情况相反,将在位线 $\overline{D_i}$ 上产生负脉冲,而 D_i 上没有变化。

当写入单元数据时,除了字线上提供选中该单元的地址信号 W 为高电位外,位线上应提供写入信息,强迫触发器发生变化。具体来说,写"1"时,位线 D_i 上送低电位,$\overline{D_i}$ 上送高电位,使 T_1 导通,T_2 截止。相反,写"0"时,位线 D_i 加高电位,$\overline{D_i}$ 加低电位,使 T_1 截止,T_2 导通,达到写"0"的目的。

静态存储单元为非破坏性读出,抗干扰能力强,可靠性高,速度快,但每个存储单元需用管子多,集成度不高,功耗也较大,常用来做高速存储器使用。

2. 动态 MOS 随机存储器(DRAM)的记忆单元

MOS 电路由于其栅极与其他部分绝缘,具有很高的阻抗,可利用栅极电容储存记忆电荷,又称电荷存储型记忆电路。

组成动态记忆单元电路的有 4 管方案、3 管方案和单管方案,最常用的是单管方案。

如图 6-3 所示,它仅由一个 MOS 管 T 与一个电容 C_S 组成。利用 MOS 晶体管栅极高阻抗和电容器存储电荷的特性存储数据。晶体管 T 作为门控管,控制存储单元的选择和数据信息的读写,电容 C_S 用于存储数据信息。当 C_S 上存储电荷时,表示该单元存放数据"1"信息;当电容 C_S 上没有存储电荷时,表示该单元存放数据"0"信息。若选中该单元,字线 W 上为高电平,管子 T 导通。如果是写操作,则被写入的数据通过位线 D 和导通的门控管 T 向存储电容 C_S 充电;如果是读操作,则存储电容 C_S 上的存储电

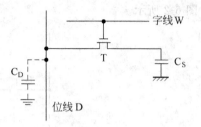

图 6-3 单管 MOS 记忆单元

荷通过门控管 T 向位线 D 放电,将 C_S 中存储的信息输出到数据线 D 上。若原来 C_S 上存"1",则数据线上的放电电流信号经过读出放大整形,输出"1"电平;若原来 C_S 上存"0",则 C_S 上无放电电流,数据线上没有信号输出,表示读"0"。位线接有高灵敏度的读出放大器,可以检测出位线上电位之变化,从而区分读出来的信号是"1"还是"0"。这里需要注意:每次读出"1"信息时,原来存放在 C_S 上的电荷通过位线放电放掉了,信息丢失了,"1"变成"0"了,因此说这种读出方式为破坏性读出。为了恢复原来存储内容,必须在读出之后立即对该单元进行重写操作,利用读出放大器的"1"信号对 C_S 再充电,称为再生。实际上读放电路是一个高灵敏触发器。利用触发器的同一个输出端通过读出的位线向同一个选中单元的 C_S 充电。另外对于不读出的单元,时间长了 C_S 上的存储电荷也要慢慢漏掉,必须在电荷漏掉之前完成充电,这一过程称为重写,或者刷新。

电容 C_S 必须比分布电容 C_D 大,但不能太大,因为 C_S 要占用芯片面积。这种电路的优点是:每个单元用的元件少,可以极大地提高每个芯片上的集成容量,降低成本,同时功耗也小。但因电路上存在漏电,长期不进行读写操作的单元,电容上的电荷也会逐渐泄漏,而丢失信息,通常电容上的电荷可保持几个毫秒。为了长久保持存储的信息,必须在信息消失前不断地补充充电,刷新原来的内容。这种刷新操作必须不断地、周期性地进行,因而单管方案存储器称为动态存储器(DRAM)。

6.2.2 只读存储器的记忆单元

上述 SRAM 及 DRAM 共同的特点是当去掉电源时,存储的数据自然消失,因此称为易失性(volatile)存储器。计算机中,磁盘、光盘上存储的信息是非易失性的。半导体存储器中,只读存储器也是非易失性的存储器,或叫非挥发性器件。

ROM 是只能读出,不能写入的存储电路,或者说只能一次性写入的存储电路。常用于存放固定程序。ROM 可分为以下几类。

1. 掩模型 ROM

掩模型 ROM 由厂家生产时制成。对每个记忆单元,存储"1",或存储"0"信息,是由在该单元处是否连接一个二极管(或三极管,MOS 管)构成的。如图 6-4 所示。

A、B 为二个 ROM 记忆单元,位线上平时为低电位。W 为字线,当地址译码选中该单元时,W 为高电位,单元 A 处设有一个二极管,此时二极管导通,位线 A 处读出高电

位,表示读出信号为"1";单元 B 处没有做二极管,因此位线 B 上仍为低电位,表示读出"0",即 B 单元存"0"信息。

这种掩模型 ROM 集成度高,成本低,工作可靠,但不灵活,用户没有丝毫修改余地。

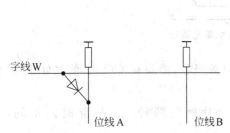

图 6-4 存储"1"、"0"信息的 ROM 原理图

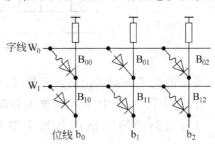

图 6-5 熔丝型 PROM 原理

2. 可编程序只读存储器

可编程序只读存储器(PROM)比掩模型 ROM 使用起来方便一些。用户使用前可对 PROM 器件进行一次编程,写入需要的内容,但当写入程序后,PROM 的内容再也不能改变,只能读出其存储的内容。一般使用熔丝型 PROM,即在每个记忆单元处都做一个连接的管子,但连接管子的电路中串接一个熔断丝。用户使用前编程时,将某单元的熔断丝烧断,表示存"0",保留熔丝者表示存"1",如图 6-5 所示。

在图 6-5 中包含 2 个字单元 W_0、W_1,每个字单元存放 3 位二进制数。若用户对 PROM 编程时,使用特殊装置将 W_0 字中 B_{01} 的熔丝烧断,W_1 字中 B_{10} 的熔丝烧断。则 W_0 字读出时,位线 $b_0 b_1 b_2$ 输出为 1 0 1,表示该字中存放的数据是 1 0 1;而当读 W_1 字时,$b_0 b_1 b_2$ 位线上输出 0 1 1,表示 W_2 字中存放的数据是 0 1 1,以后每次读它,都是如此。

3. 可改写可编程只读存储器

目前用得最多的可改写可编程只读存储器(EPROM)是采用浮动栅雪崩注入型 MOS 管构成的。平时,浮动栅上不带电荷,源漏之间不导通,表示存"0",这种浮动栅管子的栅极是一个被绝缘体隔绝的悬空电极,开始时,栅上没有电荷,MOS 管不导通,都是存"0";编程时,通过专门装置,利用较高电压(25V)向栅极注入电荷,在栅极下面感应导电沟道,使该管子导通,表示该位存"1"。由于绝缘栅上的电荷很难流失,所以 MOS 管能够长期保持导通或截止,从而保存有关信息。为了擦除已存入的数据,可利用紫外线,通过芯片表面的石英玻璃窗口照射浮动栅,使栅上电荷通过光电流释放掉,恢复到所有单元都存"0",擦除存储内容后,还可以重新编程。这种电路可以多次编程,为用户带来方便,但每次擦除需要长时间的紫外线照射(约 15min),写入时也需要特殊装置,使用起来并不方便。这种可擦除的 PROM 又叫 UV EPROM。

4. 电可擦除可编程只读存储器

为了不拔下 EPROM 芯片实现在线擦除改写的要求,又研制了利用电子方法擦除其中内容的电可擦除可编程只读存储器(E^2PROM)电路。其擦除机理是在浮动栅上面又增加一个控制栅极,电路结构如图 6-6 所示。

擦除数据时,利用较高的编程电压(21V)加在源极上,控制栅接地,在此电场作用下,

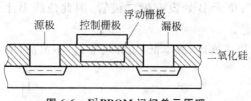

图 6-6 E^2PROM 记忆单元原理

浮动栅上的电子击穿氧化层进入源区,被外加电源吸收,擦除有关单元,使之处于"0"状态。在下一写入周期中,再写入新的数据。

这种电路的擦除操作分为字节擦除和全片擦除两种。但擦除时间不同,约为10~20ms。

6.2.3 闪速存储器

闪速存储器(Flash Memory)又叫快擦存储器。它是在 E^2PROM 基础上发展起来的新型电可擦除可编程的非易失性存储器件。其结构与 E^2PROM 类似,差别是栅极二氧化硅绝缘层较薄,使其擦除更快,使用电压更低。但擦除时是按数据块擦去,不能按字节擦除。快擦存储器的擦写次数在10万次以上,读取时间小于90ns,具有集成度高、价格低、非易失性等优点。

闪速存储器在某些应用中可代替磁盘又称硅盘,具有比硬盘速度高、功耗低、体积小、可靠性高等特点,还可应用于数据采集系统中,周期性的分析采集到的数据,然后擦掉重复使用。市面上常见的U盘属于这种类型。

Flash 闪速存储器,虽可反复修改存储内容,但擦写操作只能按数据块进行,所以还不能当作随机存储器使用。

6.3 主存储器的组成和工作原理

6.3.1 主存储器概述

主存储器可以写入数据、保存数据,需要时又可以读出数据。主存储器直接和CPU交往,对其首要要求是速度快,第二位要求是容量大。它由大量存储单元组成,每个存储单元存放一个数据字,每个字单元有一个地址编号,CPU按地址存取数据,每次读写一个字。这些存储单元的总体称为存储体。CPU要求能够个别地、独立地、平等地、随机地读写每个字单元,存储访问时间与地址无关。

主存储器包括:地址寄存器,指出要访问的主存单元地址编号;地址译码器,把地址编号翻译成具体的某一个地址单元的选择信号;地址驱动器直接驱动存储体工作。

主存储器还包括数据寄存器,存放由存储体中读出的数据,以及写操作时将要写入的数据。还包括读写控制线路,产生具体的内部工作的控制信号。数据寄存器的位数应与一次读写的数据位数相一致。

主存储器通过地址总线、数据总线、控制总线和 CPU 交换数据。显然,地址总线的位数 k 决定可以访问的主存的最大容量,其最大容量是 2^k 个单元。数据总线的位数,决定一次可以并行读写的数据位数,应该等于字长。在以字节编址的存储器中,还可以按字节进行读写。控制总线用于传送 CPU 发出的控制命令和主存的状态信号,如读命令、写命令和同步信号,主存完成信号。主存储器又叫内存储器,以便与磁盘等外存储器区别。随机存储器的组成原理图如图 6-7 所示。

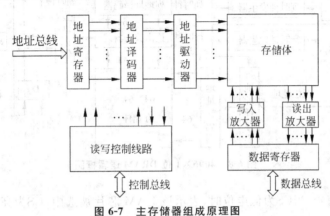

图 6-7 主存储器组成原理图

6.3.2 RAM 集成电路

随着半导体集成电路技术的发展,已经可以把相当规模的存储单元及地址寄存器,地址译码电路和读写控制电路集成在一个 RAM 芯片中。在 RAM 芯片中地址译码可以采用两种方案。

1. 一维地址译码方案

一维地址译码方案又叫线选方案,将全部地址码一起译码,一次可以译出每个地址单元的选择线,又叫字线。由字线直接控制存储单元读出存入的数据。如地址码 10 位,经译码器译出 1024 根字线输出,用来分别控制 1024 个存储单元的读写工作。当存储容量为 1M 单元时,则 20 位地址码一次译出 $2^{20}=1\,048\,576$ 根字线,这是很不现实的,也是不经济的。一维地址译码方案只用于小容量的 RAM 芯片中。

2. 二维地址译码方案

在大容量的 RAM 芯片方案中,将地址码分成两部分:低位地址送入行地址寄存器,经行地址译码选择存储体中某一行;高位地址送入列地址寄存器,经列地址译码选择存储体中某一列。在存储体的矩阵中被选中的某行某列的单元就是被地址选中的单元。例如:4096×1 位的 RAM 芯片,共需 12 位地址码,为了节省集成电路引出线的根数,可用 6 位地址引线,分两次将地址码送入 RAM 芯片的地址寄存器中。低 6 位地址在行地址选通信号 $\overline{RAS}$ 控制下送行地址寄存器,并进行行地址译码,产生 $2^6=64$ 根行选择信号,选中一行。高 6 位地址,在外加信号列地址选通信号 $\overline{CAS}$ 控制下,送入列地址寄存器,并进行列地址译码,产生 $2^6=64$ 根列地址译码输出线,在 64 个列读出放大器中选择一个输出。4096×1 位 DRAM 芯片逻辑框图如图 6-8 所示。

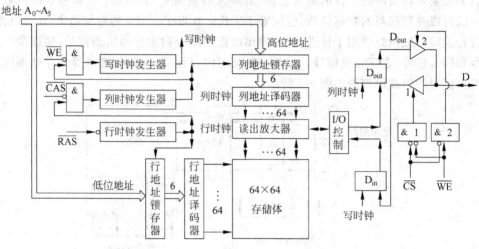

图 6-8 4096×1 位 DRAM 逻辑框图

$\overline{CS}$ 为片选信号,当 $\overline{CS}$ 为低电位时,表示该 RAM 芯片被选中,$\overline{CS}$ 为高电位时该 RAM 芯片不工作。

$\overline{WE}$ 为写入命令,当 $\overline{WE}$ 为低电位时,表示要向 RAM 写入数据。$\overline{WE}$ 为高电位时表示要从 RAM 中读出数据。

D 为双向数据输入输出端,写入 RAM 的数据和从 RAM 读出的数据都需经过 D 端。

当 $\overline{CS}$ 为低、$\overline{WE}$ 为低时表示向该片写入数据,与门 1 输出高电位,使三态门 1 开启,输入数据 D 在写时钟控制下打入写入数据锁存器 D_{in},通过读放电路写入到行地址和列地址指定的存储单元中。

当读出时:除指定行列地址外,$\overline{CS}$ 为低,$\overline{WE}$ 为高,与门 2 输出高电位,使三态门 2 开启,把读出放大器读出的存放在输出数据锁存器 D_{out} 中的数据送到数据输出端 D,数据端 D 接数据总线。

该存储器芯片对外引线包括 6 位地址线。通过行地址选通信号和列地址选通信号,分两次把 12 位地址送入片内行地址寄存器和列地址寄存器,$\overline{WE}$ 用来指定对有关单元的读写操作。读出时 D 为数据读出端;当写入时,D 为数据写入端。因为片内每个单元是 1 位数,所以只有一个数据端,若片内每个单元是 4 位数,则数据端应该是 4 位。片内每个单元的位数是 4 位,即相同的行地址译码和相同的列地址译码驱动 4 位数,而不是 1 位数,但 4 位数必须有 4 根数据线同时读出 4 位数据,或同时写入 4 位数据。

每个片子有片选端 $\overline{CS}$,当存储器由许多 RAM 芯片组成时,用 $\overline{CS}$ 表示该芯片是否被选中,只能对 $\overline{CS}$ 为低电位的 RAM 芯片,进行读写操作。片选端 $\overline{CS}$ 也可当地址线使用,在扩展存储器容量时特别有用。

6.3.3 半导体存储器的组成

当前市面上供应的 RAM 芯片集成度比过去有很大提高,但容量还是有限的,满足不了应用的需求,为了研制大容量、长字长的存储器,需要在字向和位向两个方面进行扩充,才能生产出需要的存储器。

1. 位扩展方式

位扩展的含义是要增加存储器的字长。位扩展方式指将多片 RAM 芯片的地址、片选、读写命令端,一一对应并联起来,而数据端单独引出的方案。

【例 6-1】 使用 $16K \times 1$ 位 RAM 芯片组成 $16K \times 8$ 位的存储器,画出逻辑框图。

解:因为每个芯片有 16K 个单元,但每个单元只能存放 1 位二进制信息,选取 8 个芯片并联可组成 1 个 8 位的存储器,且其容量正好满足要求。8 个芯片的关系是平等的,每片存放同一地址单元中的 1 位数据。8 个片同时工作;同时读出或写入数据。8 个片子是并联的,对应的地址一一相连,片选和读写控制也是并联的,要读出,各片均读出,要写入,各片均写入,如图 6-9 所示。

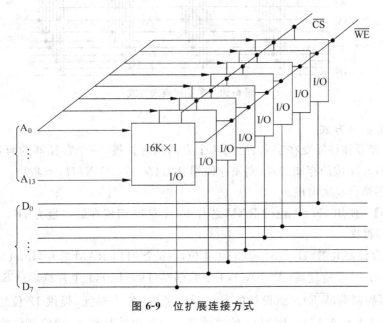

图 6-9 位扩展连接方式

2. 字扩展方式

字扩展指扩展存储器中字单元的数目,即扩展容量。

【例 6-2】 使用 $16K \times 8$ 位的 RAM 芯片组成一个 $64K \times 8$ 位的存储器。

解:显然该存储器用一个芯片满足不了存储容量的要求,必须要用多个芯片才行。这是属于扩充存储器容量的问题。共需芯片数目是 $64K \div 16K = 4$。将 4 片 RAM 的地址线、数据线、读写线一一对应并联。但有一个问题:64K 字的存储器共有地址码 16 位,而每个 RAM 片子容量是 16KB,其地址线为 14 位,还有 2 位地址线如何连接?如果少掉 2

根地址线,则能访问的地址空间是 $2^{14}=16KB$。我们要访问的是 64KB,如何解决地址线连线问题?

有 4 个 RAM 芯片,每个片子存储 16K×8 位,可以把 64K×8 的存储器等分成 4 部分,每个芯片承担 1/4 的存储容量。用高 2 位地址,分别控制 4 个片子工作:如当高 2 位地址是 00 时,让第 1 个 RAM 片子工作,其他 3 个片子不工作;高 2 位地址是 01 时,让第 2 个片子工作,其他 3 个片子不工作,以此类推。具体实施办法是让地址码高 2 位经过译码器译出 4 个输出端,令每个输出端控制 1 个 RAM 芯片的片选端。而低 14 位地址各片一一对应并联,作为片内地址,这样即可满足扩充容量的要求,连接方式如图 6-10 所示。

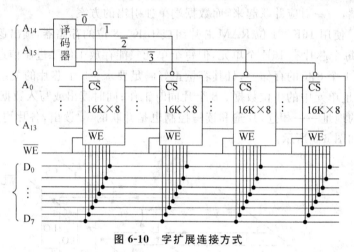

图 6-10 字扩展连接方式

3. 字位扩展方式

实际存储器往往需要在字向、位向两个方向同时扩展,一个存储器的容量为 $M×N$ 位,若使用 $G×H$ 位的存储芯片,则该存储器共需 $(M/G)×(N/H)$ 个芯片。可用上述字扩展、位扩展结合起来实现。

【例 6-3】 使用 1K×4 位的 RAM 芯片 Intel 2114 组成存储容量为 4K×8 位的存储器,画出逻辑框图。

解:该存储器共需 (4K/1K)×(8 位/4 位)=8 个 2114 RAM 芯片,Intel 2114 容量为 1K 个单元,有 10 个地址端($A_0 \sim A_9$),4 个数据端($D_0 \sim D_3$),1 个片选端($\overline{CS}$),低电位有效,1 个读写控制端($\overline{WE}$)。而设计的存储器容量为 4K 个单元,提供 12 位地址,可用其低 10 位地址($A_0 \sim A_9$)与各片 2114 的地址端一一对应并联起来,两位高位地址 A_{10}、A_{11} 通过译码器译出 4 个片选信号,分别控制 4 组芯片(每组 2 片 2114,分别存放同一地址的高 4 位数据和低 4 位数据)。将 4 组芯片的 8 位数据端高 4 位数据、低 4 位数据分别对应一一并联起来,最后汇总为 8 位数据线与 CPU 的数据总线连起来。读写命令 $\overline{WR}$ 和各片的读写控制端 $\overline{WE}$ 并联起来,即可实现一个 4K×8 位的 RAM 方案。

这样的存储器,因为 2114 是静态 RAM 片子,所以不需要刷新工作。如果与 CPU 连接时,可按图 6-11 所示的方法实现。

图 6-11 中 CPU 访存时,要提供访问存储器的请求信号 $\overline{MREQ}$,只有当 $\overline{MREQ}$ 为低电

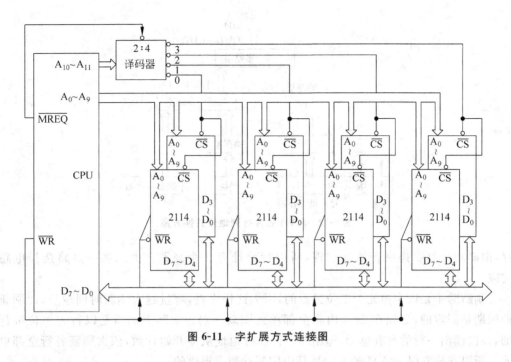

图 6-11 字扩展方式连接图

位时存储器才工作。可用 $\overline{MREQ}$ 信号控制译码器的使能端,只有当 $\overline{MREQ}$ 为低时,译码器工作,输出 $\overline{CS}$ 片选信号,才能使存储器进行读写操作。

6.3.4 存储器控制

在存储器中除了基本的存储电路以外,还需要地址寄存器,并把地址分成两部分,分两次送入 RAM 芯片中;提供行、列地址的选通信号 $\overline{RAS}$、$\overline{CAS}$。如果存储器中有多个存储体时,还需提供存储体的选择信号。

对于采用 DRAM 片子的存储器,还要提供刷新电路。在动态 MOS 存储方式中采用读出方式进行刷新,即在规定的刷新周期内,对所有存储单元读出一遍。我们已经介绍过:动态 MOS,存储电路在读出时,必须要再生原单元的内容,即重新写入一次。为了保证能够在规定的时间里对所有单元读一遍,必须设计专门的刷新电路,按照设计的刷新频率,插入或拨出专门时间,执行刷新操作。

1. 地址转换电路

行列地址的转换方案如图 6-12 所示。

主存地址寄存器中的地址码由 CPU 经地址总线送来。如果主存采用多个存储体结构,则地址最高位为体选信号。图中体选信号为 2 位 B_1B_0,可选择 4 个存储体中某一个存储体工作。当然 4 个存储体是轮流工作的,需要用 B_1B_0 去控制各存储体工作的时序信号。图中将剩下地址 14 位分成两部分,高 7 位地址称列地址,低 7 位地址称行地址。图 6-12 中片内地址最多 14 位,每次将 7 位地址(从行列地址转换电路的输出端)送入 RAM 片中。送入芯片的时间由时序电路 $\overline{RAS}$、$\overline{CAS}$ 决定。在刷新时,CPU 不能读写主

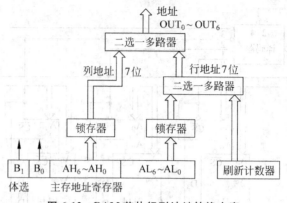

图 6-12 RAM 芯片行列地址转换方案

存,由刷新计数器提供行地址实现,所以行地址有 2 个来源。由二选一多路选择电路完成。

刷新时不是以字单元为单位进行的,因为这样太慢,容量越大刷新时间越长,而刷新的周期是固定的,必须在 2ms 内将全部单元刷新一遍。实际上刷新是以行为单位进行的,每次读出一行的所有单元,即刷新一行。行地址从零开始计数,依次刷新各行全部单元。所以在刷新时,RAM 的行地址是由刷新计数器提供的。

2. 时序控制

时序部分输出 $\overline{RAS}$ 和 $\overline{CAS}$ 信号,向 RAM 芯片依次送入行地址和列地址。动态 RAM 时序控制电路如图 6-13 所示。

存储器工作的基准时钟可从外部电路提供,也可由内部晶体振荡器产生,存储器的时序信号都需与基准时钟同步。

在体选号 B_1B_0 控制下,时序发生器产生 $\overline{RAS_0}$、$\overline{RAS_1}$、$\overline{RAS_2}$、$\overline{RAS_3}$,分别控制 4 个体轮流工作。在刷新周期,通过刷新定时器和刷新计数器使 $\overline{RAS_0} \sim \overline{RAS_3}$ 全部有效(均为低电平),可以实现对 4 个体同时刷新。

刷新定时器,每隔 2ms 完成一次全部存储单元的刷新工作。当有外部刷新请求信号 REFRQ 时,也可产生刷新操作。$\overline{RD}$、$\overline{WR}$ 是 CPU 送来的读写命令,和外部刷新请求同时送到同步器、仲裁器,决定哪一个信号送入时

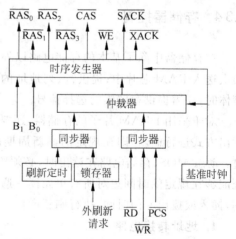

图 6-13 动态 RAM 时序控制电路

序发生器。在刷新周期由刷新计数器顺序产生存储器各行地址,并由行选信号 $\overline{RAS}$ 控制 RAM 按行刷新,每刷新一行,刷新计数器自动加 1,刷新定时器决定两次刷新之间的时间间隔,例如每隔 $10 \sim 16\mu s$ 刷新定时器产生一次刷新请求。如果 RAM 芯片由 128 行组成,则经过 128 个刷新周期,可把 RAM 刷新一遍。刷新时不需要读出数据,不需要提供

$\overline{\text{CAS}}$列选信号。

读写控制电路还包括操作完成信号，$\overline{\text{XACK}}$表示数据已经读出，可利用$\overline{\text{XACK}}$将读出数据送到存储器的数据寄存器。也可把$\overline{\text{XACK}}$作为存储器准备好信号，送给CPU，请CPU从总线上取下数据，以便进行下一个读写操作。

3. 刷新方式

(1) 集中式刷新

集中式刷新指集中一段时间，依次对存储器每一行逐一再生，在此期间停止对存储器读写。例如RAM共有1024行，刷新工作要在2ms内完成，系统工作周期为200ns，每200ns可以读一次主存，则刷新工作共需1024个系统工作周期。而2ms内共有10 000个工作周期，除去刷新用去1024个周期外，还有8976个周期可供CPU读写主存。

集中式刷新的缺点是有时CPU要访存，而存储器正在刷新，这样会影响系统工作。

(2) 分布式刷新

将刷新工作均匀分散在2ms刷新时间内，不集中安排刷新时间。如果刷新一遍需要对1024行读一遍，则可将2ms分成1024段，每段时间为t，作为二次刷新操作之间的时间间隔，每隔时间t，产生一次刷新请求完成一次刷新。前面介绍的刷新定时器，就是这种分布式刷新方案。

【例6-4】 动态存储器DRAM共有16位地址，其中行地址8位，列地址8位，按分布式刷新方案。每次刷新一行，2ms内将全部单元刷新一遍。

求：存储器的总容量及内部刷新定时的时间间隔。

解：存储器容量为$2^{16}=64$K个单元。

内部定时产生分布式刷新请求信号。每次刷新一行，该存储器行地址8位，共有$2^8=256$行。2ms刷新一遍，刷新定时周期是$2\text{ms}/2^8=7.8\mu\text{s}$。

Intel 8203是一个存储器控制电路，具有上述的功能。

8203有5个工作状态。平时处于闲置状态，还有读周期、写周期、刷新周期和测试周期。如果同时要求刷新和访存，则访存周期优先；如果在闲置状态，谁先来谁优先；如果正在刷新，又要求访存，还是先来者优先；如果外部刷新请求时间隔小于刷新定时请求的时间间隔，则外部刷新请求优先。

Intel 8203还设有$\overline{\text{PCS}}$信号，类似前面介绍的片选信号，用于扩展容量时使用。

*6.3.5 存储器读写时序

根据存储器的工作原理，其控制信号和数据必须按一定的时间顺序出现，即所谓操作时序。当CPU读主存单元时需首先从地址总线给出主存地址Addr，给出片选信号$\overline{\text{CS}}$。然后CPU发读主存命令$\overline{\text{RD}}$。再次从指定主存单元把数据读出送到数据总线上，发出主存准备好信号(READY)，该步结束时，若存储器速度较慢，未能读出数据，未能建立

READY 信号，CPU 将推迟从总线上取数操作，直到存储器读出数据，给出 READY 信号。最后 CPU 从数据总线上取走数据，结束读存周期。其读出时序关系表示如图 6-14 所示。

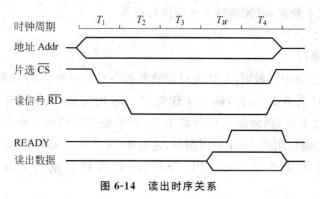

图 6-14　读出时序关系

向存储器写入数据时其工作过程如下：第一步，CPU 通过地址总线给出写入单元地址，建立片选信号，CPU 通过数据总线给出将写入主存单元的数据；第二步，发出写主存命令；第三步，写入数据，第三步结束时，CPU 检查主存写入操作是否完成，如果完成给出 READY 信号；第四步结束写主存周期。

其写入时序关系如图 6-15 所示。

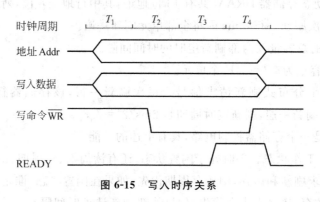

图 6-15　写入时序关系

需要注意：使用 READY 信号决定操作是否结束的方式是为了适应不同速度存储器芯片而安排的，这种方法主存工作更可靠，RAM 片子选择范围更灵活，称为异步通信。异步通信相对同步通信来说控制复杂，速度较慢。

6.4　高速存储器

存储器的速度影响整个系统的工作速度，提高存储器速度成为大家共同关心的焦点。动态存储器具有集成度高、价格低、功耗小等一系列优点，但速度仍不能满足要求。

近年来在动态存储器芯片上采取一些新措施,对提高 DRAM 有一定效果。

*6.4.1 新型 RAM 芯片技术

1. 快速页面访问动态存储器

快速页面访问动态存储器(FPM DRAM)的关键是在顺序访问的若干存储器单元中,各单元都处于存储阵列的同一行(称之为一个页面),不需要重复地向存储器送同一个行地址,只需送入新的列地址就可以了。也就是说,下次访存可以利用上次访存时的行地址,因而减少再次输入行地址带来的访存延迟。

在页面访问方式下,输入行地址后,保持 $\overline{RAS}$ 不变,只利用 $\overline{CAS}$ 输入不同的列地址,可以实现对同一行中不同数据的高速连续访问。其速度可比一般方式提高 2~3 倍。

2. 同步动态存储器

同步动态存储器(SDRAM)是与 CPU 同步工作的 DRAM。为了达到 DRAM 与 CPU 速度的匹配。SDRAM 片内设置多个存储体,交叉工作。SDRAM 适合数据块的连续访问。CPU 发出一个地址,可以连续访问一个数据块,实现 CPU 无等待读写。CPU 按照同一时钟进行存取,而无须检查内存的读写工作是否完成。SDRAM 可以使用高达 100MHz 的速度传送数据,是普通 DRAM 速度的 4 倍。

3. SDRAM Ⅱ,也称双倍数据速率的 SDRAM 或 DDR

与快速页面模式 FPM DRAM 类似,在同步动态存储器 SDRAM 中,也有字块访问传送的情况,如突发操作模式等。此时,可在 SDRAM 中暂时保存行地址不变,利用列地址计数器和时钟脉冲从内部产生 CAS 信号,以选择连续的各个列单元。新的地址可以在每个时钟周期的上升边和下降边进行改变,因此,双倍速率 SDRAM(DDR SDRAM)在时钟的两个边沿都触发列计数器改变,都可以读出有关单元的数据,读出数据的速度是 SDRAM 的两倍。

4. Rambus DRAM

Rambus DRAM(RDRAM)是一个高速传输的存储子系统,是 Rambus 公司的专利。该子系统包括 RAM、RAM 控制器和总线(Rambus 通道)。总线 Rambus 连接 RAM 到 CPU 和其他需要访问 RAM 的设备,它们以数据包的形式传送数据。RAM 存储器采用多个存储体阵列,并行交叉访问,一次取出多个字,输出时将总线宽度变窄,以达到提高数据传输率的效果。

直接 Rambus DRAM 片内总线提供 16 位数据线,而输出时一个时钟分两次传送二字节数据,传输速率提高一倍。其基础是一个特殊设计的通信链路,称为直接 Rambus 通道。一个运行于 400MHz 时钟频率的高速 16 位总线,对外发送数据的传输速率是 800MHz,峰值数据传输是 1.6GB/s。

Rambus DRAM 已经用于图像加速处理应用中,1999 年 Intel Pentium Ⅲ Xeon(至强)处理器及 2000 年 Intel Pentium Ⅲ 处理器也使用了 RDRAM 技术。

6.4.2 并行存储结构

为了提高访存带宽,在研究新型高速存储电路的同时,在存储结构上做若干的改进,对提高带宽也是很有意义的。

1. 双端口(或多端口)存储器

传统存储器只有一个读写端口,每次只读出一个数据。若要读二个数据,需要二个存取周期。双端口存储器,每个芯片设有两个读端口,有两组地址线、两组数据线和控制线,两个端口可以并行工作,同时进行访存。一个存取周期可以读出二个数据,成倍地提高存储器的效率。但需注意,二个端口可以同时读出一个单元的数据,但不能同时写入同一单元或读写同一个单元。

双端口存储器常应用于通用寄存器,高速缓冲存储器中。

2. 单体多字存储系统

根据程序存储的局部性原理,顺序执行的指令大多数情况是连续存放的。这样可以使用一套地址系统,利用一个地址,在一个存储周期中读出多条指令。其基本思路就是扩大一次读出的数据位数,增加存储器的数据宽度,这样可以提高存储器的并行性和吞吐率,如图 6-16 所示。

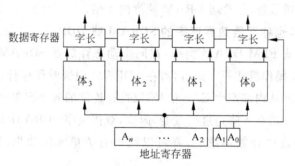

图 6-16 单体多字存储系统

如果把数据字的宽度改为原来一个存储体的 4 倍,则利用一个地址 $A_n \cdots A_3 A_2$ 一次可以读出 4 倍字长的数据,即依次读取 4 个字,利用地址低 2 位 $A_1 A_0$,区分是哪一个存储体中读出的数据。

3. 多体交叉存储器

多体交叉存储器由多个独立的存储模块构成,每个模块有自己地址的寄存器、数据寄存器、存储体和读写控制电路。每个存储模块可以独立地进行存取操作,与 CPU 交换数据。

关键是如何组织多个存储模块,以提高读写速度。可以利用多个模块轮流交叉重叠的工作方式,达到提高速度的目的。例如图 6-17 为四体交叉存取结构的示意图。如果每个存储器的存取周期是 $2\mu s$,则每隔 $2\mu s/4 = 0.5\mu s$ 时间启动一个模块进行读写。最后会每隔 $0.5\mu s$ 读出一个数据。如果存放数据时也是按照这种办法存放的,即第一个字放在 0 体中,第二个字放在 1 体中,第三个字放在 2 体中,第四个字放在 3 体中,第五个字又放在 0 体中,以此类推。连续读出各单元数据时,我们会在 $0.5\mu s$ 读出一个所需的数据,速度提高 4 倍。

多体交叉存储时,存储体的编址方法有两种:第一种方法体号是主存高位地址时,低位地址是体内地址,这种方案每个体内的地址是连续的,称为高位交叉编址。第二种方法体号是主存低位地址者,称低位交叉编址,其编址情况如图 6-17 所示。显然,低位交叉编址能够提高访存速度。

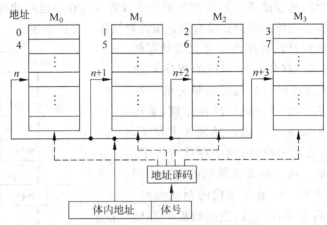

图 6-17 低位交叉编址多体存储器

6.4.3 高速缓冲存储器及分级存储体系

计算机对存储器速度和容量的要求似乎是无止境的,理想的存储系统应该具有与 CPU 相匹配的速度和足够的存储空间。这种要求实际上是不现实的,主要制约因素是价格、速度和容量三个指标的矛盾。速度快的存储器如 SRAM 价格贵,容量小;容量大的存储器,如磁盘、磁带,价格虽然便宜,但速度很慢,DRAM 虽然速度、容量、价格居中,可以作为主存使用,但速度并不理想。寻找构造速度更快、容量更大的主存,仍是大家努力的目标。

在现实条件下,使用现有存储器件,利用组织结构上的新方法,实现分级存储,统一管理的方案,以提高访存速度是很有意义的。

结构上在主存与 CPU 之间,增加一级高速缓冲存储器(Cache Memory),简称 Cache,存放 CPU 正在使用的指令和数据。Cache 特点是速度特别快,容量能大一些更好;只要做到 CPU 要访问的数据,一定能在 Cache 中找到,或者大部分可以找到就行了。因此 Cache 的内容是主存的局部内容的副本。Cache 的内容与主存要频繁交换,保证实现 CPU 的要求。

程序执行的现实情况,说明这种方案是可行的。这就是程序访问的局部性原理。所谓访问的局部性,在空间上是指连续使用的指令或数据在存储器中的存储单元是相邻或相近的。如顺序执行的程序和数组数据等。访问的局部性在时间上是指正在使用的信息，很可能是后面马上还要使用的，如循环程序和堆栈操作中的信息等。访问的局部性是存储系统采用层次结构可行性的基础。把暂时不用的信息放在速度较低，容量较大的存储器中，把正在使用的频繁访问的信息，成块地调入速度较高的存储器中。在程序执行中，由于访问的局部性，要访问的指令和数据已可能先行送到高速缓冲存储器中了。因此，有极大的可能，再取指令和数据时，只用访问高速缓冲存储器即可找到要取的指令和数据。如果以后每次取指令或数据都可在高速缓冲存储器中找到，我们可以把这种两级存储器看作是一个高速缓存器。如果 80% 的指令或数据能在高速缓冲存储器中找到，也可以使访问存储器平均访问时间比没有高速缓冲存储器时要快很多。

同样的道理我们可以利用磁盘等大容量存储器作第三级存储器。存放暂时不用的程序和数据，等到用到有关程序时，将包含该单元的一批信息一次调入主存。按照访问局部性原理，紧跟着的操作要访问的单元也应该已经调入主存了，因此 CPU 存取有关代码时，访问主存就可以了。如果系统能自动地完成这种成批数据的调度。用户使用这种具有主存——辅存结构的存储系统，就好像使用一个具有辅存容量、主存速度的存储器一样。

考虑到在 CPU 与主存之间加上 Cache，构成一个三级的存储器系统。用户使用它们就好像使用一个存储器，它们具有 Cache 的存取速度和磁盘的容量。这当然是非常理想的。这种三级存储系统如图 6-18 所示。

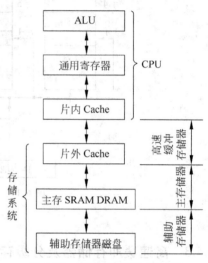

图 6-18　存储系统层次结构图

6.5　高速缓冲存储器

6.5.1　高速缓冲存储器工作原理

高速缓冲存储器（Cache）是一个高速小容量存储器，其速度数倍于主存。Cache 的内容是正在执行的程序段，或将要使用的相邻单元的指令或数据，是主存中程序的临时副本。

程序执行前 Cache 中是空的，当 CPU 访问主存时，从主存中取出的指令或数据在送入 CPU 的同时，还送入 Cache 中保存，以备下次再使用这个单元中的代码。以后 CPU 再访问有关的指令或数据已经放在 Cache 中，就可直接从 Cache 中读出，而不必再去访问主存了，这种情况称为 Cache 命中。命中时读 Cache 中的代码比读主存快多了。

更有意义的是从主存中读出一个数据时，并不是只读一个单元，而是读取包含这个单元在内的连续若干个单元，称为一个数据块，一起放在 Cache 中，以后访问相邻的下一地址时,该单元内容已经存入 Cache,也不必访问主存,直接从 Cache 中取出送 CPU 即可。这样大大提高了访问主存的速度。

也就是说,从主存到 Cache 中数据的传送是以数据块为单位进行的。这样既提高了 Cache 的命中率,也提高了数据传输的效率。Cache 的原理框图如图 6-19 所示。

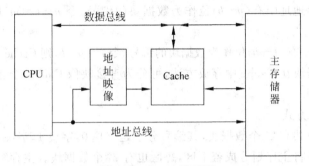

图 6-19 Cache 原理图

CPU 访问主存首先要给出主存地址,我们把主存地址分为两个部分:一部分是数据块块内地址 b;另一部分是主存内数据块块号 m,显然每个数据块有 2^b 个单元,整个主存有 2^m 个数据块,主存地址共有 $m+b=n$ 位。

Cache 也按 2^b 个单元分成一块,与主存块的大小相同,因为每次访存交换数据是按数据块为单位进行的。Cache 内数据块的块号地址为 c 位,Cache 内共有 2^c 个数据块。我们把主存中的一块数据调入 Cache 中,必须对这一块数据加上标志,说明这一个数据块是主存中的第几块数据才行。

当 CPU 访存时给出主存地址,计算机按照数据块号先去查 Cache,查看包括这个地址单元的数据块,是否已调入 Cache。通过查看 Cache 中每个数据块的标志,即可做出判断要访问的数据块是否调入 Cache,如果该数据块已经调入 Cache,就从 Cache 中读出这个数据块中有关单元内容送给 CPU,完成了访存任务。

如果根据主存地址,在 Cache 中没有找到这个数据块,则说明该单元还在主存中,就按照主存地址访存取出该单元内容送给 CPU,并且也写入 Cache。还要特别说明,写入 Cache 的并不仅仅是这个主存单元的内容,还有包括该单元的整个数据块的全部单元。

查看某单元是否已调入 Cache,是在 Cache 存储器中的地址映像机构中进行的,它是根据已知的标志去访问 Cache 数据块有关单元的,属于一种新型存储器(联想存储器),这种存储器与前面介绍的按照地址进行访问的方法不同,它是按照单元存储的内容进行访问的。这里不做介绍。

* **6.5.2 高速缓冲存储器组织**

1. 地址映像

主存把一个地址单元中的数据调入 Cache 中,放在 Cache 什么位置? 主存往 Cache 传送数据是以数据块为单位进行的,在数据块安排上有什么规定? 这些问题属于有关地址映像问题。

设主存地址有 n 位,主存容量有 2^n 个单元。

Cache 地址有 p 位,Cache 容量有 2^p 个单元。

主存与 Cache 传送数据时以块为单位,设块内地址为 b 位,则 1 块数据包括 2^b 个存储单元。显然主存地址中有 $(n-b)$ 位作为数据块的编号,令 $n-b=m$,则主存共有 2^m 个数据块。

Cache 地址码中有 $(p-b)$ 位作为数据块的编号,令 $c=p-b$,则 Cache 共有 2^c 个数据块。

根据主存数据块在 Cache 中存放方法,可分为直接映像 Cache、全相联映像 Cache 及组相联映像 Cache。

(1) 直接映像方式

因为 Cache 中共有 2^c 个数据块,其编号分别是字块 0,字块 1,字块 2,…,字块 2^c-1。按照 Cache 的容量将主存划分成若干区,每区也有 2^c 个数据块。主存第 0 区内各数据块的编号依次是:字块 0,字块 1,字块 2,…,字块 2^c-1。主存第 1 区内各数据块的编号依次是:字块 2^c+0,字块 2^c+1,字块 2^c+2,…,字块 $2^{c+1}-1$。第 3 区等,以此类推。

直接映像方式规定:主存各区第 0 个数据块调入 Cache 时只能放在 Cache 的字块 0 中,各区第一个数据块调入 Cache 中,只能放在 Cache 的字块 1 中,依此类推,如图 6-20 所示。

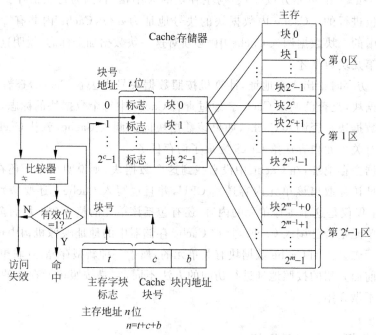

图 6-20 直接映像 Cache 存储器

为了区分放在 Cache 中的数据块是主存中哪一区的,在 Cache 字块中必须记录主存分区编号,称为主存字块标志,实际上是主存地址的高位地址,即主存地址除去 c 位 Cache 字块编号地址及 b 位块内地址。

主存字块标志为 $n-b-c=m-c$，若令 $t=m-c$，则字块标志就是主存地址最高 t 位数。

Cache 存储器包括三部分内容：

① 主存字块标志（主存地址最高 t 位）表明主存中有可能占据同一 Cache 字块的 2^t 字块中哪一字块已经进入 Cache 存储器。

② Cache 装入有效位为 1 位二进制数。

③ 块内各单元内容。

如果给定主存地址（n 位），首先根据地址中 c 位表示的 Cache 块号，查 Cache 中对应块主存字块标志，看与主存最高 t 位地址是否相同，如果相同，再看 Cache 中装入有效位是否为 1，如果是"1"表示该块内容有效，称为命中。再按块内地址读出 Cache 中对应单元送给 CPU，完成访存任务。

如果主存高位地址与 Cache 中对应字块的标志位不同。表示所要访问字块未读入 Cache，或者与标志位虽然相等，但装入位为 0，表示要访问的单元未装入 Cache。两种情况都称访问失效。需要访问主存取数送给 CPU，同时把该块数据送入 Cache 对应块中，并把主存高位地址置入字块标志，把装入位置 1。

直接映像 Cache 组织的优点是实现起来最简单，只需利用主存地址中 Cache 字块编号字段 c，查看其字块标志与主存高 t 位地址是否相同，即可判断该数据块是否存入 Cache 中。如果符合，可根据主存地址低 b 位访问 Cache。取出所要数据，送往 CPU。

直接映像方式的缺点是不灵活。与主存地址字段 c 相同的字块共有 2^t 个。它们调入 Cache 时只能放在 Cache 中唯一的一个字块中，即使其他 Cache 字块空着也不能使用，Cache 存储空间利用不充分。

(2) 全相联映像 Cache 方式

这是一种最灵活的映像方案。它允许主存中任何字块存放到 Cache 空间中任何字块位置上，但是实现起来却很困难。标志位长度增加为 $t+c=m$ 位，在查找时需要把 Cache 中全部字块搜索一遍，才能最后判断出包含指定主存单元的字块是否已在 Cache 中。全相联 Cache 组织中主存字块与 Cache 字块对应关系如图 6-21 所示。

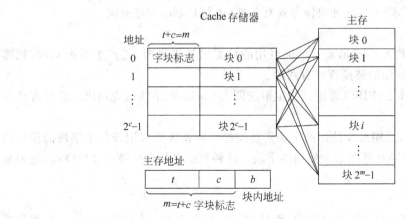

图 6-21　全相联映像 Cache 方式

显然,按照主存高位地址($t+c$ 位)找 Cache 单元内容与之相同的存储单元,是属于按内容寻址的存储器,称为联想存储器。访存时需把联想存储器的每个单元的内容读出来与设定的内容比较。找到内容与之符合的哪些存储单元,是很复杂的,最主要的困难是要求速度快,因此实现时不使用按地址访问的存储器那套办法。

(3) 组相联映像 Cache 存储组织

这是一种直接映像与全相联映像方式的折中方案。其设计思想是把 Cache 分成若干组,每组分成若干数据块,每个数据块包括若干个字单元。主存与 Cache 交换时,还是以数据块为单位,但每个数据块必须有标志,说明它属于主存高位地址指明的数据块中哪一个数据块。主存空间也分为若干组,每组若干块,每块若干单元。

设主存地址为 n 位,其中分为: Cache 内小组地址(组号) e 位、组内数据块地址 r 位及块内地址 b 位,主存高位地址作为 Cache 分组编号。

主存地址为

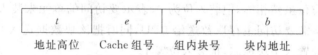

地址映像时,规定主存分组和 Cache 分组组间采用直接映像,而组内字块间为全相联映像。也就是说,主存内某一组的数据,只能放在 Cache 对应组的位置,不能随便放;但同一组内各数据块之间可任意存放,这样可以增加数据块存放的自由度。但是每一个数据块必须有字块标志,指出该数据块是主存高位地址指出的哪一区的哪一个数据块。因此 Cache 内主存字块标志应包括 $(t+r)$ 位。

主存访问 Cache 时,先按照地址字段中 e 位查找 Cache 组号,再将该组内 2^r 个数据块的标志与主存高位地址(t 位+r 位)逐一进行比较,当某一数据块标志符合时,且装入位为 1,表示命中。按主存地址低 b 位块内地址访问 Cache 存储单元,取出数据送到 CPU 即可。

组相联映像的性能和复杂性介于直接映像与全相联映像之间。当 $r=0$,它就成为直接映像方式,表示组内不再分成数据块,组号即数据块号。当 $e=0$,表示 Cache 内不再分组,它就成为全相联映像方式。

Cache 的命中率除了与地址映像方式有关外,还与 Cache 容量有关。

2. 替换算法

当新字块需要调入 Cache,而 Cache 可用的位置已被占满时,就产生替换问题,把哪一个字块替换掉? 常用的替换算法有两种:

(1) 先进先出算法(FIFO 算法),规定最先调入 Cache 的字块最先调出。这种方法实现容易,开销小。

(2) LRU 算法,近期最少使用的字块先替换掉。该算法要求记录每个字块的使用情况,以便找出哪个字块是近期最少使用的字块。这种算法平均命中率比 FIFO 高,是最常使用的一种方法。

3. 更新策略

当 CPU 的运算结果要写回主存时,而且 Cache 又命中时,写入 Cache 中的数据如果不写入主存,会造成主存与 Cache 中的数据不一致;如果要写回主存,则使写操作的速度不能提高。处理这种情况的更新策略有两种方案：

（1）写直达法（write through），又称全写法，将写入 Cache 中的数据，也写入主存。这时写操作的时间就是访问主存的时间，但数据块替换时，不需要再调入主存。

（2）写回法（write back），写 Cache 时，不写回主存。当 Cache 中的字块被替换时，才将改写过的数据块一起写回主存。这种方法造成 Cache 中数据与主存不一致，为了识别这种情况，在 Cache 存储单元增加一位特征位，称改写位，如果改写位为 1，表示这块数据被改写过，在替换这块数据时，需将该数据块写回主存。

如果写操作较少，写直达法可保持 Cache 与主存内容一致，且替换时又不用写回主存，这种更新策略容易实现。据统计，在访存操作中有 5%～34% 的操作是写操作，写操作的平均概率是 16% 左右，因此写直达法有一定实用性。

为了提高 Cache 的操作速度，所有 Cache 的控制算法都是使用硬件实现的。

6.6 虚拟存储器

6.6.1 基本原理

随着计算机应用范围的扩大，解决的问题越来越复杂，程序也越来越大，要求主存有更大的空间。随着系统软件的发展，计算机应用起来越来越方便，也要求更大的主存空间。解决主存容量的一个经济有效的方法是使用大容量的磁盘，但磁盘的速度较低，不适合于 CPU 直接从磁盘中存取指令。根据程序访问的局部性原理，可以把磁盘作为外存储器使用，存放 CPU 暂时不用的程序和数据。等到 CPU 需要使用有关程序时，再把它们成批的调入主存。CPU 访问主存取出有关指令和数据比访问外存要快得多，这样访问磁盘中的程序其速度如同访问主存一样快。那么，用户得到一个更为实用的存储器，其容量像磁盘容量那么大，其访问速度像访问主存一样快。这种实际上并不存在的存储器，称为虚拟存储器。

CPU 根据指令生成的地址是虚拟地址，又称逻辑地址，虚拟地址访问的区间分叫虚拟空间，它是程序员看到的包括磁盘在内的整个地址空间。当 CPU 执行某一部分程序时，必须先将该程序调到主存中，把逻辑地址转换成程序在主存中存放的主存地址，CPU 才能快速地访问这些指令。主存地址又叫物理地址，其构成的地址空间叫物理空间，是 CPU 实实在在的随机存取空间。

把磁盘中的程序调入主存，把其对应的虚拟地址转换为物理地址的工作是由存储管理部件完成的。虚拟存储器中这些管理工作是由软件完成的，原理与 Cache 存储器类似。Cache 中地址映像等工作是由硬件完成的。

虚拟存储器与 Cache 存储器的管理方法有很多类似之处，由于历史的原因，它们使用不同的术语。虚拟存储器中，在主存与外存之间传送的数据单位称"页"或"段"，而 Cache 中叫数据块。

虚拟存储器与 Cache 主要区别是：

(1) 地址映像：虚存是由软件实现的，而 Cache 是由硬件实现的，Cache 更强调速度。

(2) 替换策略：虚存是由虚拟操作系统用软件实现的，可以用较好的算法，较长的时间；Cache 的替换算法是由硬件来实现。

(3) 虚存地址映像使用全相联方式，用软件实现，可以提高命中率，提高主存的利用率。

(4) 更新策略：虚存使用写回法，等到该页要替换时，才一起写回外存。

(5) Cache 对程序员是全透明的，用户不感到有 Cache 的存在。虚存中的页面对系统程序员是不透明的，段对用户可透明，也可不透明。

(6) 虚存容量受计算机地址空间的限制，由地址码位数决定。Cache 的容量，主存的容量都小于处理机的地址空间，不受此限制。

6.6.2 页式虚拟存储器

1. 页式虚拟存储器的页面

页式虚拟存储器把虚拟存储空间和实际的主存空间（物理空间）等分成固定容量的页面（page），虚拟存储器和主存储器间的数据交换是以页为单位进行的，各虚拟页面可装入主存中不同的物理页面位置中。主存中页面存放位置称为页面框架（page frame），普通一个页面有 1~64KB。对于一个具体的页式虚拟存储器，每个页面都是固定不变的、等长的。由于页的大小都是取 2 的整数次幂个字，页的起始地址都是低位地址（页内地址）等于 0 的地址，其逻辑地址的高位地址就是页号，或叫页面地址。页面划分和传送管理对用户都是透明的，页的大小固定，有利于磁盘的读写控制和主存地址空间分配。

2. 页式虚拟存储器的结构

页式虚拟存储器中设有一个页表，这是一张虚页号与调入主存储器时的实页号对照表，该页表记录每个虚页在主存页面框架中的位置及某些特征，如装入位反映该虚页是否已经装入主存；修改位反映该页在程序运行中是否已经修改过；替换控制说明替换算法。页表是由操作系统运行程序时自动建立的，对用户是透明的。每个应用程序都设有一个页表，页表的长度为该程序的虚页数，页表按虚页号排列，每个虚拟页占用页表中一行，称页表信息字。页表保存在主存中。页表是虚拟页号（或称逻辑页号）与物理页号的对照表。

给定一个逻辑地址，访问虚拟存储器，取出该单元数据的过程：首先进行逻辑地址与物理地址的转换，查页表。在多用户的系统中，虚拟操作系统为每个应用程序建立一个页表，该页表的首地址就是该页表的基地址，不同应用程序有不同的页表，其页表的基地址也是不同的。不同应用程序逻辑地址最高几位是该程序的编号，称基号。在进行逻辑地址转换时，首先根据基号找出该程序页表的基地址，放到页表基地址寄存器中，再把逻辑地址中的虚页号与页表基地址相加。找到该虚页在页表中的地址，读出该行的内容，即可知道该虚页的状态。如装入位为 1，表示该虚页已经调入主存，后面的内容给出该虚页面放在主存哪一页面框架中，即实页号，由实页号与逻辑地址低位给出的页内地址，即可决定要读出的主存单元的地址（物理地址），读出该单元内容即可完成访问存储器的工作。

如果页表的有关页面信息给出装入位为 0,表示该页面未装入主存,访问页面失效。则需要根据虚页号访问磁盘,读出该虚页面信息装入一个空闲的主存页面框架中,并修改页表,把主存实页号填入页表对应栏目中,装入位修改为 1。然后 CPU 再访问该实页面,读出有关内容,完成虚存的访问工作。

页式虚拟存储器的工作原理与逻辑框图如图 6-22 所示。

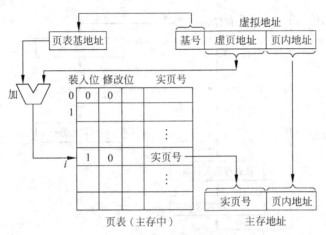

图 6-22 页式虚拟存储器

由上述可知,查页表进行虚实地址转换是很费时间的,为了加快查表工作,用硬件办法构造了一个快表,又叫 TLB 表。按照快表内容(虚页号)访问快表,找出与逻辑地址中虚页号相同的单元读出相应实页号,但快表容量很小,只能把虚页中使用最频繁的一些虚页的转换表放到快表中,但当快表中查不到时,还得去主存中查慢表(页表)。不过已经有了改进,提高了访存速度。

3. 页式管理调页操作流程

CPU 产生逻辑地址,访问主存。在对页式虚拟存储器的访问过程中,首先是查页表进行虚实地址转换,严格讲是虚实页面转换。如果查出该页已在实存中,把对应实页号与逻辑地址低位的页内地址连接起来,构成物理地址,即可访问主存取出有关单元操作数,完成本次访存工作。

如果查页表时,出现该页并未调入主存,则需要查看主存有空页否,如果没有空页,还需淘汰旧页,腾出页面。如果主存中有空页,则将包括本单元的虚页调入主存,并更新页面表,调页操作流程图如图 6-23 所示。

* **6.6.3 段式虚拟存储器**

段是利用程序的模块化性质,按照程序的逻辑功能划分的多个独立的程序部分,例如过程、子程序、数据表、阵列等。段作为独立的逻辑功能单位可被其他程序段调用,形成更大的程序。因此,按照逻辑功能,把段作为信息传送单位在主存与辅存间传送是合理的。

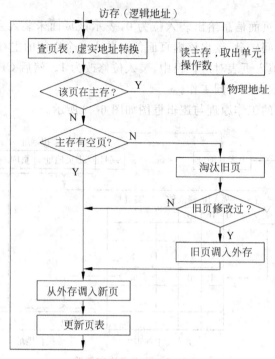

图 6-23 调页操作流程

仿照页表，用段表给出各段程序在主存中的位置，包括段的起始地址、段长以及装入特征等，把主存按段划分的存储管理方式称段式管理。其主要特点是段的逻辑独立性，使它易于编辑、管理、修改、保护，便于多道程序共享。但各段长度不等，段的起点、终点不定，给主存空间分配带来很多困难，容易在主存中留下零碎的主存空间，造成浪费。

段式虚拟存储器地址变换结构如图 6-24 所示。由 CPU 访存产生的地址为虚拟地址，包括基号、段号、段内地址。由基号找到本程序段表基地址，即段表的首段起始地址。段表基地址加上段号得到本段在段表中的位置，每个逻辑段在段表中占一行，其内容有本

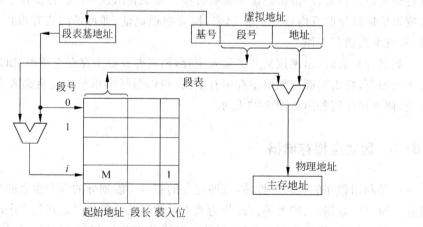

图 6-24 段式虚拟存储器地址变换

段起始地址、段长、装入位等。本段起始地址加上虚拟地址低位提供的段内地址,其和即为主存的实际地址(物理地址),按实存地址访问主存取出代码,送给 CPU 即可完成访存任务。

6.6.4 段页式虚拟存储器

段页式虚拟存储器规定,先把程序按逻辑功能分段后,再把每段分成固定大小的页。主存与辅存间传送数据是以页面为单位进行的,又可以按段实现共享和保护。可以兼取段式和页式两种系统之优点。其缺点是地址变换时需要多次查表,才能得到物理地址。

每道应用程序有一个段表,每个逻辑段在段表占一行,其内容包括该段页表的起始地址(页号),及该段的控制及保护信息。由该段的页表指明本段各页在主存中的位置及装入、修改标志。

如果机器运行多道程序,则每个用户程序都有一个用户标志号,称为基号,放在逻辑地址最高位。根据基号可找到段表,段表提供页表基地址。段页式虚拟地址包括 4 部分,如图 6-25 所示。

| 基号 D | 段号 S | 页号 P | 页内地址 d |

图 6-25 段页式虚拟地址格式

由基号找到本用户程序段表基地址,找到其段表,根据段表找到本程序页表基地址,找到页表,根据页表找到本虚页的实页号。实页号与虚地址低位提供的页内地址,合起来得到实存地址。

但当查页表时发现要找的虚页不在主存中(装入位为 0),产生页面失效中断,或叫缺页中断,由中断服务程序到外存中去调页。调页前,通过外部地址变换(例如查外表)将虚地址变成外存的实地址,到外存中去选页,将该页内容送入主存页面框架中(此时该框架的装入位是 0),并修改内部地址变换的页表中有关内容。

如果主存已经装满,需要通过替换算法寻找替换页,如果被替换的页面(移出去的页面)在程序运行中未修改过,则不需送回外存。如果修改位为 1,得知该页已修改过,则需将该页送入辅存原来位置,最后再把调入页装入主存。

6.7 存储保护

系统程序和用户程序都存放在主存中,用户程序也可能是多个用户程序,因此主存中存放多个独立运行的程序,为了保证系统正常工作,防止一个用户程序出错,破坏系统软件和其他用户程序,系统应提供存储保护。

6.7.1 存储区保护

设立界限寄存器,提供程序越界保护。在非虚拟存储器中,系统软件使用特权指令,为每个用户程序指定存储区域,设置用户程序上、下界地址寄存器的内容。用户程序不能改变上、下界地址寄存器内容,它也不能访问上、下界地址限定区间之外的主存单元,如果某用户程序出错,也只能破坏自己的程序,不会影响其他用户程序和系统程序。

界限寄存器方式,适用于每个用户程序占用的一个或几个连续的存储空间。在虚拟存储系统中,一个用户程序的各页,分散的分布在主存不同区域中,不采用这种保护方式。

虚拟存储器常采用页表保护、键保护等方式进行保护。

1. 页表保护方式

每个程序都有自己的页表、段表,它们本身都有保护自己的功能。无论地址如何出错,也只能影响有限的几个主存页面。假设一个程序有三个虚页号,调入主存后,分别给它们分配三个实页号;如果虚页号错了,在页表中找不到对应的实页号,也就访问不了主存,不会破坏其他程序。段表的保护功能和页表相同,另外,段表中除段表起点外还有段长,段长通常用该段包含的页数表示。进行地址变换时,将段表中的段长与虚地址中的页号比较,若出现页号大于段长时,说明该页号为非法地址,发越界中断,请求 CPU 处理。如果虚地址中的页号小于段表中的段长,说明页号正确,继续变换地址,访问主存。

这种页表保护、段表保护是在形成主存地址之前保护,若在地址变换过程中出现错误,形成错误的主存地址,这种保护就没用了。因此需要其他保护方法,如键方式的保护等。

2. 键保护方式

键保护方式的基本思想是为主存每一页匹配一个键,称为存储键,相当于一把锁,每个用户程序的实存页面存储键都是相同的,都是由操作系统赋予的。访问该用户程序时,必须拿着钥匙去开对应的锁才行,这个钥匙叫访问键,保存在该道程序的状态寄存器中。

写入主存时,必须将访问键与存储键比较,两键相等,允许写入该页,否则禁止访问该页。

3. 环保护方式

环保护方式可以保护正在执行的程序。环保护方式按系统程序和用户程序的重要性和对整个系统的正常运行的影响程度进行分层,每一层叫一个环。环的编号大小表示保护的级别,环号越小,级别越高。

如虚拟存储器把整个虚拟空间分成 8 层。每层设一个保护环;并规定 0~3 层用于操作系统,4~7 层用于用户程序。

程序运行前,先由操作系统规定好程序各页的环号,并置入页表中,并把本程序开始运行时,在主存分区中的环号送入 CPU 的现行环号寄存器,并把操作系统为其规定的上限环号置入上限环号寄存器。如果某程序需要跨层访问,只允许它访问外层(环号大于现行环号)空间,如企图访问内层(环号小于现行环号)空间,按出错处理。

6.7.2 访问方式保护

对主存的访问方式有三种：读(R)，写(W)，执行(E)。"执行"是指该单元作为指令来使用。因此相应的访问方式保护也有三种 R、W、E，以及这三种方式形成的逻辑组合。访问方式的保护的逻辑组合如表 6-1 所示。

表 6-1 存储器访问保护方式

逻辑组合	保 护 含 义	逻辑组合	保 护 含 义
$\overline{R+W+E}$	不允许任何访问	$(R+E)\overline{W}$	不能写入
$R+W+E$	可进行任何访问	$\overline{(R+E)}W$	只能写入
$(R+W)\overline{E}$	只能读写,不能执行	$(W+E)\overline{R}$	不能读出
$\overline{(R+W)}E$	只能执行,不能读写	$\overline{(W+E)}R$	只能读出

访问方式保护和上述的存储区保护结合起来使用。如上下界寄存器方式中增加 1 位访问方式位；环保护方式和页表保护方式时将访问方式位放在页表或段表中，使得同一环内或同一段内的各页有不同的访问方式，增强了保护的灵活性。

习题

1. 什么叫主存储器？有什么特点？有什么用途？
2. 什么叫外存？有何特点？有何用处？
3. 存储器的主要技术指标有哪些？是什么含义？
4. 什么叫随机存储器 RAM？有什么特点？有什么用处？
5. 什么叫只读存储器 ROM？有什么特点？有什么用处？
6. 什么叫静态存储器 SRAM？什么叫动态存储器 DRAM？各有什么特点？
7. 64KB 的存储器需要多少条地址线？需要多少条数据线？
8. 用 16K×4 位的 RAM 芯片构成 64K×4 位的存储器，需要多少片 RAM 芯片？画出逻辑框图。
9. 用 16K×1 位的 RAM 芯片构成 16K×4 位的存储器，需要多少片 RAM 芯片？画出逻辑框图。
10. 用 16K×4 位的 RAM 芯片构成 64K×8 位的存储器，需要多少片 RAM 芯片？画出逻辑框图。
11. 什么叫 PROM？什么叫 EPROM？什么叫 E^2PROM？各有什么特点和用处？
12. 什么叫刷新？什么存储器需要刷新？
13. 说明存储器的基本组成和工作原理。
14. 什么叫 Cache？为什么要增加 Cache？

15. 什么叫 Cache 命中率？命中率与哪些因素有关？

16. Cache 地址映像有哪几种方式，各有什么特点？

17. 什么叫虚拟存储器？什么叫虚拟地址？什么叫虚拟存储空间？为什么要构造虚拟存储器？

18. Cache 存储器和虚拟存储器能够有效提高访存速度，其基本原理是什么？

19. 什么叫页式虚拟存储器？什么是页表？说明其工作原理。

20. 什么叫段式虚拟存储器？什么是段表？说明其工作原理。

21. 以提高速度为目的四体交叉工作时，其编址方式应该用什么方式？

22. 存取时间与存取周期有什么区别？存储器带宽是什么含义？设存储器数据总线 32 位存取周期 250ns，问其带宽是多少？

23. 用 $32K \times 8$ 位的 EPROM 芯片组成 $128K \times 16$ 位只读存储器。试问：数据寄存器多少位？地址寄存器多少位？共需要多少片 EPROM？画出存储器组成逻辑框图。

24. 说明存储保护的必要性，说明存储区保护中，上下界保护原理。说明页表保护及键保护的原理。

第7章 控 制 器

计算机运行程序,最终归结为执行机器指令。计算机有五大部件:运算器、控制器、存储器、输入装置和输出装置,其中有四个部件是功能性部件,用来完成功能性指令。如运算器完成算术运算和逻辑运算指令,存储器完成写存储器和读存储器的指令,输入装置执行输入程序和数据的指令,输出装置执行输出运算情况和结果的指令。唯独控制器是用来控制其他部件以实现有关指令的功能。各个部件什么时候完成什么操作,都是由控制器提供各种操作控制命令,控制有关部件的工作,实现指令功能。控制器另一个功能是控制指令的执行顺序,是依次顺序执行,还是跳到其他单元去执行,例如循环程序、子程序和中断程序等。

控制器是整个计算机的指挥中心,控制机器正常运行,也处理异常情况,如溢出,传送数据校验错等情况。控制器是整个机器的司令部,占据着特殊的位置。

7.1 指令执行过程

计算机执行程序归根结底就是执行指令。指令是怎么执行的,必须仔细分析,才能了解控制器的组成和工作原理,现以典型的一地址指令为例,说明指令执行过程。

1. 取指令

程序由若干条按一定顺序执行的指令组成,并存放在主存中。开始执行程序时首先取出第一条指令,第一条指令在哪个单元存放,如何告诉控制器?为此控制器专门设置了一个叫"程序指针"的寄存器存放将要执行的指令的地址。取指令就是到程序指针作为指令在主存中存放的地址,去取指令。把主存中取出的指令放在专门的"指令寄存器"内,供控制器分析。

2. 分析指令

取出指令后,必须弄清楚指令要干什么事。指令是二进制编码,是一串二进制数,必须按照规定的指令格式解释。通常一条指令包括操作码、寻址方式和形式地址三个字段。

分析指令要求控制器告诉运算器或其他部件,指令要做什么运算。通常用一个特定控制线上的高电位表示,不同运算用不同线上的高电位分别表示。因此,只有二进制数表示的操作码不行,必须把这种二进制数表示的不同操作,用不同的控制线上的高电位表示。这就需要用到译码器。操作码部分,通过操作码译码器译出其对应的控制线上的高电位,用来控制不同部件的操作。

寻址方式字段,告诉如何寻找操作数的有效地址,也是通过译码器实现的。

3. 计算操作数有效地址

多数运算类指令和访存指令,都要求根据寻址方式的规定,寻找操作数有效地址。不同的寻址方式,有效地址的寻找方法是不同的。

基址寻址、变址寻址、相对寻址等都是通过加法得到有效地址,最常用的变址寻址,其有效地址就是把指令地址码部分的形式地址(也叫位移量)与变址寄存器的内容相加得到的。

$$EA=(X)+D$$

式中,(X)为变址量,是 X 寄存器的内容,D 为位移量。做一次加法运算需要一拍时间。

4. 取操作数

第三步已经得到操作数在主存中存放的地址,第四步,当然需要访问存储器把这个数取出来,才能对这个数进行运算。

5. 执行操作

执行操作码规定的操作,如加、减、乘、除等运算,一地址指令中只需由存储器中取一个操作数,另一个操作数在累加器中,运算结果也放在累加器中。

6. 给出下条指令的地址

这样才能保证计算机自动地、连续地执行指令,完成程序功能。

不同指令的功能是不同的。如不需从主存中取操作数的指令,就不需要计算操作数有效地址和读操作数两步。但其他几步是必不可少的。通常把指令的执行过程分为以下几步。

(1) 取指令;

(2) 分析指令;

(3) 执行指令;

(4) 给出下条指令地址。

7.2 控制器的功能和组成

7.2.1 控制器的功能

1. 决定指令的执行顺序

程序运行过程中自动地产生下条指令地址,保证程序自动地、连续地执行指令,直到结束。

通常指令按照程序中执行顺序在存储器中存放,因此做完第一条指令,使第一条指令地址加"1",即给出第"2"条指令的地址。做完每一条指令后其地址加"1",给出后续指令的地址。因此要求程序指针具有计数功能,每做完一条指令,程序指针加"1"给出后续指令地址。程序指针又可称为程序计数器或指令计数器(Program Counter,PC)。

当程序不按顺序执行时,通常使用转移指令告诉计算机下条指令地址放在主存什么地方,这时 PC 不能再加"1"了,而是把转移指令的地址,送到程序指针 PC 中,下条指令按 PC 的内容去取指令,当然跳到另外地址去取指令了。

2. 分析指令功能

控制器还需对指令的功能进行分析,以便发出各种操作控制命令实现指令要求的操作。显然指令的种类越多,指令的功能越复杂。这部分工作越复杂。

这里特别强调,各种操作命令不是一次同时给出的,而是按照指令执行过程,按一定顺序提供的。有序就是有时间顺序,有先有后。因指令执行过程中各步操作是不能颠倒的,其操作信号也不能颠倒提供。例如,必须先取出指令才能分析指令,否则分析什么指令还弄不清,发出的操作命令不可能正确。又如必须先取操作数,才能进行运算等。关于时间顺序的控制,控制器中专门设置了时序电路,提供时序信号。

3. 控制操作过程

控制有关部件完成指令指定的操作,有些操作在运算器中完成,有些操作在存储器中完成,有些操作在外部设备中完成。不管在哪个部件中完成,计算机是一个统一的整体,各部件必须协调工作,互相配合才行,不能各行其是。为了保证协调工作,这些操作命令都是由控制器发出的,各部件就像机器一样服从命令听指挥。

4. 处理异常情况和随机提出的请求

计算机运行时出现异常情况,必须及时处理,否则做下去也没有意义。例如,从内存取来的数错了,或从外存送到主存的程序错了,都应该及时纠错。否则硬做下去,没有什么意义。另外,在计算机运行过程中,I/O 提出来要输入输出数据,CPU 应该中断正在运行的程序,处理 I/O 设备的要求,处理完再返回原程序,继续进行原来的工作。在多机系统中,在网络环境下,各机器间的通信,也属于随机请求,控制器也应该及时处理。

5. 协调各部件的工作

向全机提供统一的控制时序信号,保证机器内各部件协调工作。例如存储器读出数据送到数据传输线上,接收部件和发送数据必须约定,什么时间把数据从总线上接收下来。同步控制要求在规定的时间,完成规定的操作,在规定的时间发送数据和接收数据。但有时做到这一点是很困难的,例如各种外部设备的工作速度千差万别,很难用统一的同步方式传送数据。控制器也必须解决其传送的不同步问题,通常采用应答的握手方式,发送方通知对方接收数据时,对方才能接收数据,这就是异步方式。异步方式也是解决数据传送中的收发同步的一种有效方法。

中央控制器在计算机中占据着指挥控制的地位。就像一个工厂有许多加工车间,许多职能科室,但它们必须服从统一的厂长办公室或总工程师办公室的领导,不能各自为政。

7.2.2 控制器的基本组成

控制器的基本组成包括指令部件、地址部件、时序电路及操作命令生成电路。

1. 指令部件

指令部件包括：指令计数器、指令寄存器、指令译码器。在具有指令预取功能的机器中，还应包括指令队列缓冲寄存器。

（1）指令计数器，又叫程序计数器（Program Counter，PC），用于存放当前执行指令的地址。每做完一条指令，PC 的内容自动加 1，指出下条指令地址。PC 寄存器的字长与主存容量有关。如果主存容量为 64KB，则 PC 用 16 位触发器实现。

(PC)+1→PC 操作，可以通过把 PC 接成计数器实现，也可以通过 ALU 的加法器实现，为了节省时间，只要把(PC)+1 的时间与运算时间错开即可。因为寻址方式越来越灵活，越来越复杂，现在计算机中专门设置地址加法器，完成基址寻址、变址寻址、相对寻址，(PC)+1 等操作要求。

每条指令结束前，把 PC 的内容送到主存地址寄存器 MAR，为取下条指令做好准备。当执行转移指令时，指令计数器 PC 接收由指令地址部件形成的转移地址，下条指令即可转向新的程序入口。

（2）指令寄存器（Instruction Register，IR），指令寄存器存放本条要执行的指令，等待分析、解释，进而控制指令完成指令规定的各种操作。指令寄存器从数据总线上接收由主存读出的指令，并一直保持到本条指令执行完毕。指令中的操作码字段送给指令译码器解释翻译，地址码字段送地址加法器，进行地址计算。

（3）指令译码器（Instruction Decoder）用于分析二进制编码的操作码功能，给出相应的操作控制电位。因此指令译码的过程就是识别机器指令表示的各种操作的过程。

例如，PDP-11 双操作数指令，操作码字段占 4 位，最高位为字节标志位，实际操作码是 3 位，可表示 $2^3=8$ 种运算，000 用于扩展操作码时使用，其他操作如下所示，其中 Rs 表示源操作数地址，Rd 表示目标操作数地址。

001 表示传送指令，(Rs)→(Rd)；

010 表示比较指令，(Rd)−(Rs)，不保存结果，但置结果标志；

011 表示按位测试指令，(Rd)∧(Rs)，不保存结果，置结果标志；

100 表示按位清除，(Rd)∧(Rs)→Rd，即逻辑乘操作；

101 表示逻辑加，(Rd)∨(Rs)→Rd；

0110 表示加法，(Rd)+(Rs)→Rd，表示 16 位加法；

1110 表示减法，(Rd)−(Rs)→Rd，表示 16 位减法。注意：加减法操作码为 4 位。

这样安排是很整齐的，但实际上为了把 111 这个编码留下作为扩充操作码使用（×、÷、移位等），把加法、减法指令合用 110 操作码，而用最高位来区分加法或减法操作。同时规定机器中加、减法操作，只有字操作（16 位二进制数），没有字节加、减法指令。

使用译码器可以把操作码的二进制编码翻译成不同输出线上的高电位。如果 4 位操作码分别用 IR_{15}、IR_{14}、IR_{13}、IR_{12} 表示，则

传送指令操作码 MOV=$\overline{IR_{14}}\,\overline{IR_{13}}\,IR_{12}$=001；

比较指令操作码 CMP=$\overline{IR_{14}}\,IR_{13}\,\overline{IR_{12}}$=010；

按位测指令操作码 BIT=$\overline{IR_{14}}\,IR_{13}\,IR_{12}$=011；

按位清指令操作码 BIC=$IR_{14}\,\overline{IR_{13}}\,\overline{IR_{12}}$=100；

逻辑加指令操作码 BIS＝$IR_{14}\overline{IR_{13}}IR_{12}$＝101；

加法指令操作码 ADD＝$\overline{IR_{15}}IR_{14}IR_{13}\overline{IR_{12}}$＝0110；

减法指令操作码 Sub＝$IR_{15}IR_{14}IR_{13}\overline{IR_{12}}$＝1110。

图 7-1 所示为用译码器电路实现的操作码译码。

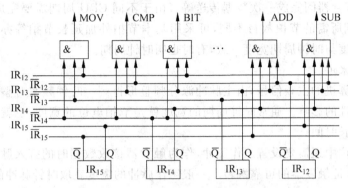

图 7-1　PDP-11 指令操作码译码器举例

有时并不需要把每个操作码都译出，而是根据需要综合化简。这样可节省设备、提高速度、提高可靠性，但不直观，修改扩充困难。

2．地址部件

计算机中为了实现基址寻址、变址寻址、相对寻址，专门设置了有关地址寄存器，以及程序指针、堆栈指针等。它们往往需要与指令寄存器中的位移量做加法，形成操作数有效地址。为了加快得到有效地址，还设置专门的地址加法器，实现寻址等要求。

在存储保护中，有时设置上、下界地址寄存器，与有效地址进行比较，看有效地址是否越界，越界比较的工作也是在地址部件中完成的。

3．时序系统

计算机实现指令的过程是计算机内各部件的数据，按照严格的顺序，随时间先后传送和加工的过程。这种时间顺序的控制是由时序系统(Timing System)提供的定时信号完成的。时序系统是计算机控制器的心脏。

(1) 指令周期

指令周期是指一条指令由取指令、分析指令到执行完指令所需的全部时间。由于各类指令功能的复杂程度不同，因此各种指令的指令周期不全相同。

(2) 机器周期

机器周期又叫 CPU 周期。一条指令执行过程可以分为若干功能阶段，每一阶段完成一定的操作，称作一个机器周期，如取指令周期、分析指令周期、取数周期、执行周期，还有寻址周期、中断周期、DMA 周期等。不同指令包含的机器周期数目不同，但最短的指令必须有二个周期，即取指周期和执行周期。机器周期的时间宽度，取各周期中时间较长者，通常与访存周期(存取周期)一致。

(3) 节拍电位和时钟周期

在一个机器周期中，要执行若干微操作，配合起来才能完成该周期的功能。控制这些微操作的微命令,也是按照一定的顺序给出的,如读存储器单元时,必须先向存储器发出要读出单元的地址,再发读出命令,而不能先发读命令,后发读出单元地址。因此需要把一个机器周期分成若干个相等的时间段,每个时间段有先后顺序,对应一个电位信号,称节拍电位。节拍电位的时间宽度,取决于 CPU 完成一个微操作的时间,如 ALU 完成一次加法运算,寄存器间完成一次数据传送等。由于不同 CPU 周期需要完成的操作不同,每个 CPU 周期所需的节拍数目不同,可采用基本节拍外加延长节拍等办法解决。通常节拍电位的宽度与时钟周期宽度一致,有时也叫时钟周期。

(4) 工作脉冲

时钟是计算机的主频信号,由主脉冲源分频整形得到。时钟频率对整个计算机的运算速度有决定性的影响。通常时钟周期的宽度就是节拍电位的宽度,也就是完成一个基本微操作的最长时间。

在节拍电位中还需要设置工作脉冲,作为触发器接收数据时的打入脉冲。工作脉冲的宽度,要能保证触发器的可靠翻转。一般工作脉冲的宽度就取时钟脉冲的宽度。

总而言之:计算机的时序系统,负责向机器内各个部件提供操作命令的定时信号,使各个部件在规定的时间完成规定的操作。一条机器指令的操作时间叫指令周期,一个指令周期分为若干 CPU 周期(机器周期),一个 CPU 周期分成若干节拍(时钟周期),每个节拍(时钟周期)又设置了工作脉冲,形成一个严格有序的时序系统。

下面举例说明时序系统。

一台采用同步控制的机器中,执行一条指令需要四个 CPU 周期(机器周期),分别叫取指令周期、分析指令周期、取数周期、执行指令周期,称为 C_0、C_1、C_2、C_3;每个 CPU 周期分成两个节拍,也叫时钟周期,称为 T_0、T_1;每个时钟周期设置一个工作脉冲,则其时序信号波形图如图 7-2 所示。取指令周期 C_0 分成两拍,第一拍 C_0T_0 发送指令地址,和读存命令,第二拍 C_0T_1 把主存读出的指令经过数据总线送到控制器指令寄存器 IR 的数据输入端,C_0T_1 的工作脉冲将读出的指令打入 IR 寄存器。第二个 CPU 周期 C_1 是分析指令周期,分析操作码类型和寻址方式,寻找操作数有效地址。第三个 CPU 周期是读数周期,根据地址码形成的有效地址访问主存,第一拍 C_2T_0 送操作数地址。第二拍 C_2T_1 将读出的操作数送入运算器的通用寄存器,其工作脉冲 C_2T_1m 作为打入脉冲。第四个 CPU 周期 C_3,执行具体的运算。若为加法操作,实现 (AC)+(EA)→AC 操作。

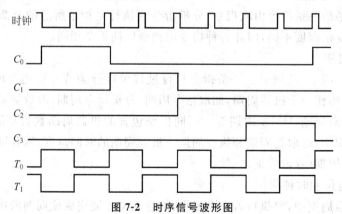

图 7-2 时序信号波形图

为了得到CPU周期的 C_0、C_1、C_2、C_3 信号,可以用二位计数器的四个状态:00,01,10,11,经过译码器输出得到。另外还有一种方案,用四位循环移位寄存器实现,如图7-3所示。

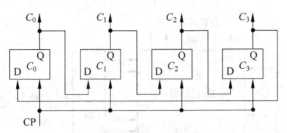

图7-3 CPU周期信号生成电路

四个触发器 C_0、C_1、C_2、C_3 连成循环右移寄存器。开始时把四个触发器的状态置成1000,以后每来一个时钟脉冲,其寄存器内容右移一位,分别成为 0100,0010,0001。第四个时钟到来时循环一遍,又变成 1000。每个触发器的"1"输出端,即其代表的周期电位。

如果每条指令的CPU周期数目不同,可采用异步控制方案。为每一种机器周期设置一个周期状态触发器。当需要转入该周期工作时,把该触发器置"1",由该周期触发器控制执行有关周期的操作。其对应的周期触发器分别称为:取指周期触发器,变址周期触发器,间址周期触发器,取数周期触发器。执行周期触发器等,需要强调在各周期串行执行的情况下,同一时刻只能有一个周期触发器状态为"1",其他周期触发器为"0"。这种方案硬件线路复杂,但指令执行时间可以有效缩短。

4. 操作控制部件

操作控制部件产生各种指令在不同机器周期、不同节拍中需要各种操作命令。产生这些操作控制命令的依据是:(1)指令种类,由操作码译码器输出进行控制;(2)时序电路,给出产生信号的时间是什么周期,什么节拍,由CPU周期信号和节拍电位进行控制;(3)有时还需要运算器中形成的标志。如条件转移指令即需CPU状态寄存器提供的运算结果的标志,如结果为零、结果有进位、结果为负、结果溢出标志 Z,C,N,V 等;在乘法操作中,需要根据乘法末位状态,决定是否加上被乘数等。操作控制器的原理如图7-4所示。

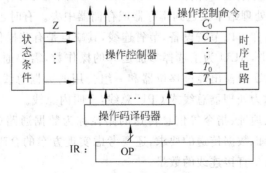

图7-4 操作控制器逻辑框图

5. 中断控制逻辑

这部分内容在输入输出工作中使用的更多,因此,放在第8章I/O系统中介绍。其他部分还有脉冲源,时钟发生器,启停电路等。计算机控制器组成原理框图如图7-5所示。

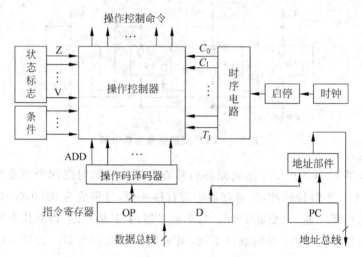

图7-5 计算机控制器组成原理图

计算机的控制器,由于产生操作控制命令的方案不同,可分为两类:组合逻辑控制器,使用与门、或门等逻辑电路实现;微程序控制器,将一条指令执行过程分解为若干微指令,编成微程序存入控制存储器中,执行指令时,将该指令微程序的微指令一条一条由控存中取出执行,这种方案又叫存储逻辑控制。

7.3 处理器总线及数据通路

随着集成电路技术的发展,集成度迅速提高,把联系最紧密的控制器、运算器集成到一个芯片中是最佳方案,也最易实现。这种电路叫中央处理器部件,或中央处理器,简称CPU。

在中央处理器中,算术逻辑部件(ALU)是数据处理中心,寄存器或存储器中的数据要送到ALU中处理,处理结果又送到寄存器或存储器中去。有时也可利用ALU实现寄存器间数据的传送,这样可以节省设备,节省连线,其缺点是有些操作要串行执行,影响指令速度。在这种方案中,ALU为了选择参加运算的操作数,需要通过数据多路选择开关与各寄存器相连。ALU的输出经过移位器和一组公用的数据总线与各寄存器相连。这组公用的数据总线,称为处理器总线或CPU总线,又叫内总线。

计算机中的数据、地址、指令等信息传送的路径称为数据通路(Data Path)。在设计数据通路时,不但要考虑数据传送的要求,还要考虑实现方案的合理性和经济性,争取借用或共用路径,尽量减少直接连线的数量。

7.3.1 ALU 为中心的数据通路

ALU 不但可以完成算术逻辑运算,还可以作为各个寄存器间交换数据的枢纽。

如图 7-6 所示,$R_0 \sim R_3$ 为通用寄存器,具有双端口输出,用于存放操作数、中间结果,也可以作为变址寄存器使用。程序计数器 PC 可以利用 ALU 进行加 1 计算,也可接收转移指令形成的有效地址。寄存器 IR 中地址部分 D,可以通过 ALU 与变址寄存器内容相加,形成有效地址,送给存储器地址寄存器 MAR。存储器中读出的数据,通过存储器缓冲寄存器 MBR,送入通用寄存器。数据多路开关下面的与门,非门用于实现逻辑运算和减法操作。

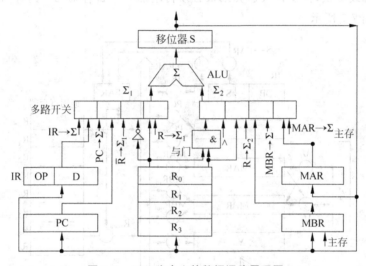

图 7-6 ALU 为中心的数据通路原理图

处理器总线可用作多个寄存器交换数据的公共通路。处理器总线在 CPU 内可以设一组或多组。PDP-11 计算机的 CPU 是 DEC 生产的 LSI-11,是典型的单总线的处理器。

7.3.2 单内总线 CPU 结构

PDP-11 计算机的 CPU 采用通用寄存器结构。有 8 个寄存器 $R_0 \sim R_7$,其中 R_6 作为堆栈指针 SP,堆栈设在主存,是下推堆栈。R_7 作为程序指针 PC,指出下条指令地址。CPU 中设有专门的处理器状态寄存器,保存程序运行中处理器的状态字 PSW,其中 N,Z,V,C 保存指令运算结果的标志,分别表示结果为负、结果为零、结果溢出、结果有进位。

CPU 使用同一套总线与主存和外部设备交往,这套总线称为单总线(UNIBUS),主存地址为 16 位,最大容量是 64KB。主存和 I/O 统一编址,用访存指令代替输入输出操作。主存地址空间最高 8KB 留作 I/O 寄存器单元,实际可用主存容量为 56KB。

PDP-11 指令格式,前面已经作过介绍,其典型的双操作数指令,提供二个操作数地址,每个操作数地址 6 位,包括 3 位寄存器号 Ri,3 位寻址方式位,尚余 4 位作为操作码

OP。PDP-11 双操作数指令格式如下：

4	3	3	3	3
OP	MI	Rs	MI	Rd

操作码　源地址 SS　目标地址 DD

CPU 中除了 8 个通用寄存器外，还有程序计数器 PC、指令寄存器 IR、访存地址寄存器 MAR、主存数据寄存器 MBR，还有暂时存放主存读出的源操作数寄存器 SRC，目标操作数寄存器 DST，以及中间结果寄存器 TEMP，所有寄存器通过单一的内总线交换数据。为了执行双操作数运算，全加器输入端增加一个 Y 寄存器，用来存放一个操作数，另一个操作数由内总线提供，为了存放运算结果必须再增加一个寄存器 Z。具有内总线的 CPU 原理框图如图 7-7 所示。

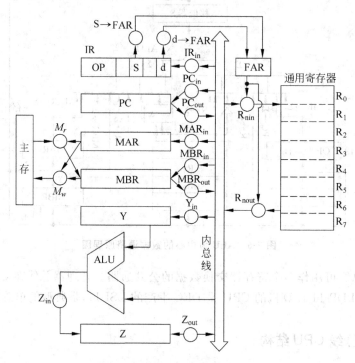

图 7-7　单内总线 CPU 结构原理图

图 7-7 中有些操作命令下标为 in 表示把数据送入该寄存器，有些操作命令下标为 out 表示取出该寄存器的数据。FAR 用来控制访问通用寄存器 Rn 的寄存器编号，这 3 位数可能来自指令中的 Rs，也可能来自 Rd。

例如，取指令时用 PC_{out}、MAR_{in}、Mread 读出指令，放入 MBR 中，再通过 MBR_{out}、IR_{in} 把刚读出的指令放到指令寄存器 IR 中。

如果取出的是加法指令，寻址方式是寄存器寻址，寄存器号 Rs=001, Rd=010，则指令要求执行 $(R_1)+(R_2) \rightarrow R_2$ 运算。其执行过程如下：

S→FAR，把 001→FAR，通过 R_{nout}、Y_{in}，把 R_1 的内容送到 Y 寄存器；再用 d→FAR，

把 010 送入 FAR 中,通过 R_{nout} 把 R_2 的内容送到内总线上。指令寄存器 IR 的操作码 OP 控制全加器作加法,实现 Y 中的数与内总线上的数相加,其和在 Z_{in} 控制下送到 Z 寄存器中,下一步才能通过 Z_{out} 和 R_{in} 把 $(R_1)+(R_2)$ 的和写回 R_2 中。相同的道理,可推知其他指令的操作。

7.4 组合逻辑控制器

组合逻辑控制器又叫硬连接控制器(Hardwired Control Unit),包括指令部件、地址部件、时序部件、操作控制部件和中断控制逻辑部件。其有关组成原理前面已经作过介绍。

7.4.1 组合逻辑控制器的特征

组合逻辑控制器是相对于微程序控制器而言的,其主要特点是操作控制部件中操作控制命令是靠与门、或门、非门、与或门等基本逻辑电路生成的。

操作控制部件根据指令的要求和指令执行流程,按照一定顺序发出各种操作控制信号,控制有关部件,完成指定的操作。操作控制部件的输入有:操作码译码器的输出、时序信号、运算结果的标志、状态和其他条件。

设计操作控制器时,第一步必须写出每条指令、每个周期、每个节拍所需的全部操作命令信号,我们称为操作时间表,写出每个命令的逻辑表达式。第二步把相同的操作命令综合到一起,合并同类命令,写出各个操作命令的与或逻辑表达式。第三步利用有关工具进行逻辑化简。第四步用基本逻辑电路实现每一个操作控制命令。要求生成每个命令时用的门数最少,通过门的级数最少。

由上所述,这是一项非常细致,非常复杂的工作,工作量很大,很容易出错。其主要特点是形成命令的时间短,在一些要求速度的场合采用这种方案。

*7.4.2 组合逻辑控制器设计原理

1. 组成

设有一个模型机,指令字长 8 位,为一地址指令,其中操作码 2 位,可设计 4 种指令,地址码 6 位为直接寻址。CPU 中有 4 个寄存器;PC 为程序计数器,IR 为指令寄存器,AC 为累加器,操作数寄存器 DR,存放由主存读出的数据。存储器字长 8 位,设置有存储器地址寄存器 MAR,存储体 MM 和存储器数据寄存器 MDR。MAR 存放 6 位二进制数,MDR 存放 8 位二进制数。模型机逻辑框图如图 7-8 所示。

2. 指令执行

四条指令的操作码和功能叙述如下:

00 表示取数 LDA,执行(EA)→AC;

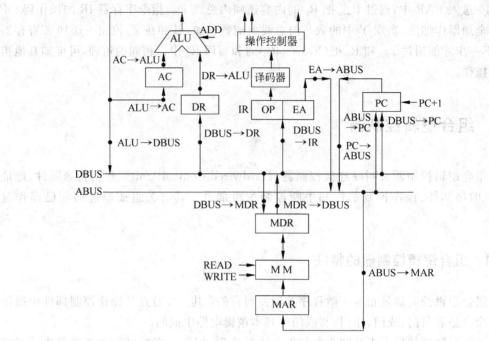

图 7-8 模型机逻辑框图

01　表示加法 ADD,执行(AC)+(EA)→AC;

10　表示存数 STA,执行(AC)→EA;

11　表示转移 JMP,执行 EA→PC。

存储单元分配:

地址	内容(八进制数)
20	030
21	131
22	231
23	321
30	011
31	034

(1) LDA 指令执行过程

开始 PC=20(八进制数),需要如下操作命令:

C_0 是取指令周期。

T_0: PC→ABUS

　　　ABUS→MAR

　　　READ

T_1: MDR→DBUS

　　　DBUS→IR,IR 的内容是 030。

　　　(PC)+1,PC=21,是下条指令地址。

C_1 是分析指令周期。

(IR)=00011000,OP=00 为取数指令 LDA,有效地址 EA=30,为八进制数。

C_2 是取数周期。

T_0：EA→ABUS

　　　ABUS→MAR

　　　READ

T_1：MDR→DBUS

　　　DBUS→DR,DR 内容为 011(八进制数)。

C_3 是执行周期。

T_0：DR→ALU。

T_1：ALU→AC,(AC)=(30)=011。

(2) 第二条指令

C_0 是取指周期。

T_0：PC→ABUS

　　　ABUS→MAR

　　　READ

T_1：MDR→DBUS

　　　DBUS→IR,IR 内容是 131(八进制数)。

　　　(PC)+1,PC=22 是下条指令地址。

C_1 是分析指令周期。

(IR)=01011001

OP=01,为 ADD 加法指令,EA=31。

C_2 是取数周期。

T_0：EA→ABUS

　　　ABUS→MAR

　　　READ

T_1：MDR→DBUS

　　　DBUS→DR

　　　(DR)=(31)=034 八进制数。

C_3 是执行周期,做加法。

T_0：DR→ALU

　　　AC→ALU

　　　ADD

T_1：ALU→AC

　　　(AC)=011+034=045

(3) 第三条指令

C_0 取指令。

T_0：PC→ABUS

　　　ABUS→MAR

READ

T_1: MDR→DBUS

　　DBUS→IR,IR 内容为 231 八进制数。

　　PC+1,PC=23 是下条指令地址。

C_1 分析指令。

(IR)＝10011001　OP＝10　为存数 STA 指令。

EA＝31,应该做(AC)→31 号地址单元。

C_2 执行周期存数。

T_0: EA→ABUS

　　ABUS→MAR,AC→ALU

　　ALU→DBUS

　　DBUS→MDR

　　WRITE,(31)＝045。

(4) 第四条指令

C_0 取指令。

T_0: PC→ABUS

　　ABUS→MAR

　　READ

T_1: MDR→DBUS

　　DBUS→IR,IR 内容为 321 八进制数;

　　(PC)+1,PC=24,给出下条指令地址。

C_1 分析指令。

(IR)＝11010001

OP＝11 为转移指令;

EA＝21,应做 EA→PC。

C_2 执行周期。

T_0: EA→ABUS

　　ABUS→PC。

　　PC 内容为 21,为下条指令地址。

3. 逻辑表达式

写出所有操作命令的逻辑表达式:

PC→ABUS＝LDA $C_0 T_0$＋ADD$C_0 T_0$＋STA$C_0 T_0$＋JMP$C_0 T_0$＝$C_0 T_0$

ABUS→MAR＝$C_0 T_0$＋LDA$C_2 T_0$＋ADD$C_2 T_0$＋STA$C_2 T_0$

READ＝$C_0 T_0$＋LDA$C_2 T_0$＋ADD$C_2 T_0$

MDR→DBUS＝$C_0 T_1$＋LDA$C_2 T_1$＋ADD$C_2 T_1$

DBUS→IR＝$C_0 T_1$

DBUS→DR＝LDA$C_2 T_1$＋ADD$C_2 T_1$

EA→ABUS＝LDA$C_2 T_0$＋ADD$C_2 T_0$＋STA$C_2 T_0$＋JMP$C_2 T_0$＝$C_2 T_0$

$DR \to ALU = LDAC_3T_0 + ADDC_3T_0$

$ALU \to AC = LDAC_3T_1 + ADDC_3T_1$

$AC \to ALU = ADDC_2T_0 + STAC_2T_0$

$ALU \to DBUS = STAC_2T_0$

$DBUS \to MDR = STAC_2T_0$

$ABUS \to PC = JMPC_2T_0$

$WRITE = STAC_2T_0$

4. 化简

化简结果使生成的每个操作命令使用的门数最少，经过门的级数最少。即要求速度快，设备省。例如(PC)→ABUS 信号，四条指令在 C_0T_0 时都要产生，该指令系统只有四条指令，也就是全部指令 C_0T_0 时间都要产生这个信号，这个信号就可简化为 C_0T_0；ABUS→MAR 四条指令 C_0T_0 时都要产生，可把条件简化为 C_0T_0。除此之外，LDA 指令 C_2 周期 T_0 取数时，需要 ABUS→MAR，ADD 指令 C_2 周期 T_0 时，需要产生这个命令，以便完成取数任务，STA 指令写主存时 C_2T_0 也要生成这个命令。所以，

$$ABUS \to MAR = C_0T_0 + LDAC_2T_0 + ADDC_2T_0 + STAC_2T_0$$
$$= C_0T_0 + (LDA + ADD + STA)C_2T_0$$
$$= C_0T_0 + \overline{JMP}C_2T_0$$

因为共有四条指令，三条指令要在 C_2T_0 生成这一信号，JMP 不需要访存送地址，不要这个命令，三条指令操作码或起来与非 JMP 指令是等价的，即

$$LDA + ADD + STA = \overline{JMP}$$

同样道理，可对各种情况下的逻辑函数进行化简。因为我们的机器指令系统只有四条指令，操作命令少。其逻辑表达式简单。如果指令系统很庞大，功能很复杂，操作命令很多，其逻辑表达式要复杂得多，化简就很困难。通常借助于卡诺图或逻辑代数有关公式进行化简，但化简后，函数中每项的物理意义就不直观了。

5. 用逻辑电路实现

最后再把各个操作命令的逻辑表达式，用门电路实现：例如 PC→ABUS，ABUS→MAR 的逻辑图如图 7-9 所示。

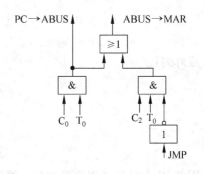

图 7-9 操作命令实现举例

*7.4.3 可编程序逻辑阵列控制器

使用门电路设计操作控制器的优点是速度快，缺点是使用器件数量多，功耗大、占用印刷电路板面积大，逻辑表达式不规整，维修、调试、修改、扩充困难。

随着 LSI 技术的发展，20 世纪 70 年代推出通用可编程序逻辑电路，为设计组合逻辑控制器提供了一种很好的手段。常用的可编程序逻辑器件有：可编程序逻辑阵列 (Programmable Logic Array，PLA)；可编程序阵列逻辑（Programmable Array Logic，

PAL);以及通用阵列逻辑（General Array Logic,GAL）。

可编程序逻辑阵列其实是只读存储器 PROM 的变种。不同的是 PROM 是一种由全译码的地址译码器和存储单元组成的存储体构成。地址译码器是一个与阵列，每个地址依次选择一个存储单元。存储体的输出是或阵列，是各个地址单元对应位读出的或。

PLA 的与阵列及或阵列，用户都是可以进行编程的。而 PAL 的与阵列，用户是可以编程的，或阵列是固定的。PLA 和 PAL 采用熔丝工艺，只能进行一次编程。

GAL 的输出级具有更强的逻辑编程功能，可以获得多种输出方式。采用 E^2CMOS 工艺，可以多次改写，快速编程。

PLA 的逻辑结构如图 7-10 所示。

与阵列是输入变量任意组合构成的与门集合。图 7-10 中有 4 个输入变量，每个变量可取 1 或 0，实际上还有输入变量的 4 个非变量可选，即 x_1,x_2,x_3,x_4 及 $\bar{x}_1,\bar{x}_2,\bar{x}_3,\bar{x}_4$。图中共有 8 个与门，每个与门最多有 4 个输入。也可不选其中某些输入变量。如：

$$y_1 = x_2 x_3$$
$$y_2 = x_1 \bar{x}_2 x_4$$
$$y_3 = \bar{x}_1 \bar{x}_2 x_4$$
$$y_4 = x_1 \bar{x}_3 \bar{x}_4$$
$$y_5 = x_2 \bar{x}_3$$
$$y_6 = x_1 x_2$$
$$y_7 = \bar{x}_1 x_4$$
$$y_8 = x_1 \bar{x}_2 \bar{x}_4$$

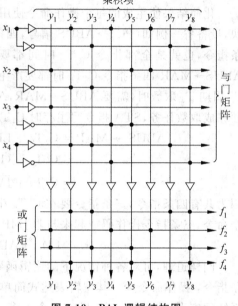

图 7-10　PAL 逻辑结构图

或阵列：

$$f_1 = y_2 + y_3 + y_7 + y_8$$
$$f_2 = y_1 + y_4 + y_6$$
$$f_3 = y_1 + y_3 + y_5 + y_8$$
$$f_4 = y_2 + y_5 + y_8$$

因此 PLA 可以实现典型的与或逻辑表达式，如果 PLA 的输入是指令操作码和时序信号，则 PLA 的输出就是操作控制命令。

7.5　微程序控制器

7.5.1　微程序设计的基本原理

组合逻辑控制器的主要缺点是操作命令的设计没有一定的规律，调整、维护困难，修改扩充指令更加困难。

改进办法是采用微程序设计技术。其主要特点是根据各种最基本的操作命令,确定一套微指令,每条机器指令的操作通过执行一系列微指令来实现。这种称为微程序的微指令序列放在专门的存储器中(称为控制存储器)。因此只要改变控制存储器的内容,就可方便地修改、扩充机器的指令系统。

微程序设计思想是英国剑桥大学的威尔克斯(M. V. Wilkes)1951年提出的。他在《设计自动化计算机的最好方法》一文中指出:一条机器指令的操作可以分解为若干更基本的操作序列。计算机的操作可以归结为信息传送,而传送信息的关键是控制门,这些门可以通过存放在某个存储阵列中的信息进行控制。因此,他提出可以用一种规则的,类似子程序设计的方法来设计计算机的控制逻辑。这种方法就是基于存储控制逻辑概念的微程序设计方法。

威尔克斯的方案首先在 EDSAC 系统中得到验证。在威尔克斯模型中,微程序存放在磁芯存储器阵列之中。每个微指令的每一位都用来控制某个门。每条微指令还要给出一个后继微指令地址,又叫次地址。威尔克斯模型如图 7-11 所示。

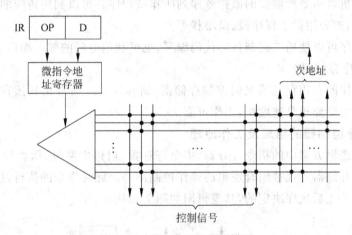

图 7-11 威尔克斯微程序模型

由于控制存储器速度低、价格高等原因,微程序技术一直处于停滞阶段。直到 1964 年,由于半导体技术的发展以及研制大型机和系列机的推动,微程序设计技术开始兴旺起来。IBM 360 系统的诞生,可以作为微程序设计发展的标志。

1. 微程序设计中有关术语

(1) 微命令

通常把微程序控制器产生的每一个控制信号叫作一个微命令,是操作控制命令的最小单位。微命令分成兼容性微命令和互斥性微命令两种。如果某些微命令同时产生,共同完成一个操作,则称这些命令是兼容性微命令。反之,某些微命令在机器工作中不能同时出现,我们称之为互斥性微命令。

兼容和互斥是相对的,是指几个微命令之间的关系而言。一个微命令可以和这些微命令是兼容的,而和另一些微命令是互斥的。单独一个微命令,谈论它是兼容的或互斥的是无意义的。

(2) 微操作

一个微命令对应完成的操作叫做微操作,是计算机各部件的基本操作,如两个寄存器之间数据的传送、加法器的加法运算或读写主存操作等。

(3) 微指令

微指令包括两部分:微指令操作控制部分,又称数据通路操作控制字段(DOCF);下条微指令的后继地址,又称顺序控制字段(SCF)。一条微指令放在控制存储器的一个单元中,用以产生一组微命令,实现数据处理中一步操作。

微指令又可分为垂直型微指令和水平型微指令。垂直型微指令接近机器指令格式,每条微指令包含微操作码和地址码,用来完成一组基本操作,微指令字中不给次地址,微程序通常情况是顺序存放,顺序执行的。水平型微指令一次可以完成较多的基本操作,微指令的功能较强,字长较长,需用次地址给出下条微指令地址。

(4) 微程序

实现一条机器指令所需要的微指令序列叫作微程序。可以利用传统的程序设计技巧来设计微程序,如公用微子程序段、微堆栈等。

编写微程序可以使用二进制目标代码编写,也可利用专门的微汇编语言编写。

(5) 微程序存储器

存放微程序的专用存储器又叫控制存储器,简称控存。通常用只读存储器ROM实现。对控存的主要要求是速度快,工作可靠。

2. 微程序控制器的组成及工作原理

除了组合逻辑方案中的指令计数器、指令寄存器、启停电路外,微程序控制器的主要特点是用控制存储器等代替组合逻辑的操作控制部件。此时指令的执行过程是由微程序中微指令执行的先后次序决定的,其逻辑图如图7-12所示。

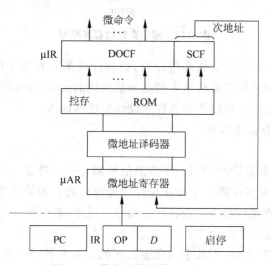

图7-12 微程序控制器逻辑框图

微程序控制器的基本原理：当计算机执行程序时，总是按照指令计数器 PC 的内容作为指令地址，从主存储器中取出指令，放在指令寄存器 IR 中。微程序控制器根据机器指令操作码决定微程序的入口。选择控存中该机器指令微程序的第一条微指令，送入微指令寄存器 μIR。微指令的操作控制字段 DOCF，给出各种控制信号（微命令），控制计算机各个部件完成指定操作。同时微指令的顺序控制字段给出后继微指令的地址，按照规定的顺序由控制存储器取出第二条微指令。取出一条微指令，执行一条微指令，直到完成机器指令的功能为止。

3. 微程序方案的特点

（1）微程序控制器比常规组合逻辑控制器结构整齐，便于设计和生产。特别是采用半导体只读存储器(ROM)，对于缩小机器体积，简化设计都有不少好处。

（2）可以方便地修改和扩充机器指令系统，甚至可以使用更换控存 ROM 的办法，获得指令系统完全不同的另一个机器，满足不同用户的需要。

（3）微程序控制器可以和计算机其他部件的设计工作平行进行。缩短研制周期，有利于实现计算机结构系列化和积木化的要求。

（4）使用诊断微程序，方便检查故障、排除故障的工作。提高机器的有效使用时间。

微程序方案的缺点：

（1）执行一条机器指令的时间较长，因为完成一条机器指令，要执行一段微程序，要多次访问控存才行。因此对控存的速度要求较高。

（2）对一些结构简单的小型计算机，采用控存方案可能是不经济的。

7.5.2 微指令方案

微指令方案通常分为两类：水平型微指令和垂直型微指令。

1. 水平型微指令

典型的威尔克斯水平型微指令格式如图 7-13 所示。

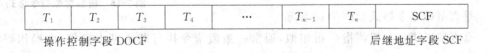

操作控制字段 DOCF　　　　　　　　　　　　　　　　后继地址字段 SCF

图 7-13　水平型微指令格式

如 ILLIAC Ⅳ 就是一例，其微指令字长 280 位。水平型微指令适用于大中型高速计算机，而且要求机器具备充分的并行操作部件和数据通路。

这种微指令，操作并行度高，使用灵活，微程序短，速度快。但微指令字比较长，实现转移和立即数比较困难。为了克服这个缺点，通常把控制命令按其操作性质分成几组。每组内的微命令是互斥的且采用二进制编码表示。用译码器译出各个互斥的微命令。这种方法又叫分段译码法。

分段译码法的特点是：

(1) 微指令字比较短,比微指令字的各位直接控制法普遍缩短 1/4 至 1/2。

(2) 各个控制字段间的操作命令还是同时出现的,可并行执行。因此速度还是较快的。

(3) 字段译码器,当字段内位数不多时,可选用标准线路,通用灵活,简易可行。

因此分段译码法是一种比较理想的实用方案。例如 IBM 360/50 计算机的微指令字长 90 位,分成 21 个控制字段和两个次地址字段。

分段译码法的工作原理如图 7-14 所示。

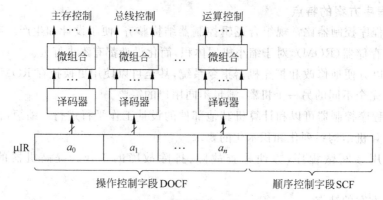

图 7-14　分段译码法原理图

如一条微指令有 $n+1$ 个微命令字段,则每条微指令最多可同时执行 $n+1$ 个微命令。

如果采用字段间接编译法,则可进一步压缩微指令字长。这种方法要求某一字段中的微命令要由另一字段中某些微命令来解释。

为了实现立即数操作,通常水平型微指令还专门设置了立即数字段 ID,其位数为 2～8 位,用于给各部件提供立即数,又叫发射字段。

2. 垂直型微指令

垂直型微指令功能比较简单,和通常的机器指令格式接近。一般适用于速度要求不高或结构简单的计算机。

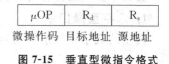

图 7-15　垂直型微指令格式

垂直型微指令格式如图 7-15 所示。

垂直型微指令与机器指令很相似,通常一条微指令执行若干基本操作,由操作码指定。在微指令中还需指定源寄存器和目标寄存器。微程序通常是顺序执行的,有时可以增加一个辅助功能字段,以提高操作并行性。

垂直型微指令的特点是:

(1) 微指令字比较短,控存位码利用率高;

(2) 实现转移和立即数操作方便;

(3) 编制微程序容易,用户容易掌握;

(4) 便于采用高级微程序设计语言,容易实现微程序设计自动化。

垂直型微指令的缺点是:微操作并行度低。每条微指令只完成少数基本操作,实现一条机器指令的微程序较长,速度低。

小型计算机硬件结构简单，数据通路和操作部件并行度低。如果机器不以提高速度为主要目标，则采用垂直型微程序方案还是相宜的。

垂直型微指令在控存中是顺序存放的，执行也是顺序执行。当需要转移到其他分支入口时，可采用转移微指令。此时微指令地址字段给出转移微地址。

显然微操作码的位数将决定微指令的种类多少。为了压缩微指令字长，通常采用分类编码法，即把微指令分为几类，用微指令的标志字段加以区分。不同类型的微指令，对微指令的每一位的解释是不同的。

如果分成五种微指令则设三位标志即可。分别用

０００表示算术逻辑微指令；

００１表示移位型微指令；

０１０表示立即数微指令；

０１１表示转移微指令；

１００表示特殊微指令。

实际上每一种微指令，不一定都要三位标志码。因为有的微指令微命令较多，分类标志位少一些，操作控制字段可多一些，此时，可设一位标志。而有些类型微指令不需要那么多码点，可设三位或四位标志码，如可以采用以下方案解决标志位的分配问题。

第一类微指令的标志位是１；

第二类微指令的标志位是０１；

第三类微指令的标志位是００１；

第四类微指令的标志位是０００１；

第五类微指令的标志位是００００。

不同类型的微指令的控制字段和地址字段的含义解释是不同的。

在小型计算机中这是一种实用可行的方案，可以较好地解决水平型微指令遇到的问题。如水平型微指令要解决立即数操作，还需要增加立即数字段，而垂直型微命令并不需要增加微指令字长，可采用设立立即数微指令解决。在转移地址上，垂直型微指令也可不增加转移地址字段而圆满地解决这个问题。

*7.5.3 微程序设计的基本问题

1. 微指令的并行性

水平型微指令的基本特点是最大限度地利用微操作之间的并行性。一条微指令可以同时指定和并行执行多个微操作，其最大数目是衡量微指令的并行性的标准。这些微命令组成微指令的控制字段，控制字段长度决定于最大可能的并行执行的微操作数。当然，并不是每条微指令都同时用到这些微命令。如果每一个微命令占据微指令中的一位代码，那么微指令字会变得很长，但每一位微命令都可以直接去控制有关操作，得到最快的工作速度。威尔克斯就是用这种方案。更常见的是分段译码方案，把控制字段分成若干组，每一组用 K 位表示，则每组可表示 2^K 种微操作。但这 2^K 个微操作是不能同时出现的，称这些微命令是互斥的，而不同组之间的微操作可以同时并行工作。这样可以不降低

微指令的并行性,而大大缩短了微指令字长,缺点是操作控制信号经过译码器而降低了工作速度。例如 IBM 360/50 计算机的微指令字长 90 位,控制字段分成 21 个组,说明其微指令最多可提供 21 个同时并行工作的微命令。

2. 微程序分支地址

有时微指令操作中包含条件转移的要求,就需要提供生成转移地址的方法。垂直型微指令可以设置专门的条件转移微指令,但水平型微指令中只能设置专门的字段指定下一条微指令地址,称为次地址字段,即下条微指令的地址。因为微指令必须连续执行,因此每条微指令都要给出下条微指令地址,都是一条无条件转移微指令。如果在此基础上实现条件转移,需要增加条件选择字段和条件满足时的分支地址。

产生分支地址的方法有多种。

第一种方法是对不同的转移条件设置不同的次地址,省时间,但微指令字较长占据较多的控存空间。

第二种方法是在原来的次地址字段外增加若干较短的字段,指明转移地址的低位。这种方法保留了第一种方法的优点,缩短了微指令字长,缺点是转移的范围有限,对微程序设计带来不便。

第三种方法是用被测的条件变量修改原来次地址,以形成不同分支地址。但修改方法要简单,不采用加法修改。优点是次地址字段只有一个,微指令格式不变,但分支地址要考虑具体的修改方案。

3. 机器指令操作码分支

与组合逻辑控制器的操作码译码器类似,微程序控制方案中要利用操作码的差别,转向不同指令的微程序起始地址。这也属于条件转移类,但分支数目很大,可采用地址映像的方法,查表,把操作码当作地址,把单元内容当作其对应指令微程序入口。

4. 立即数

微指令是一种控制结构。控制字段、条件字段和次地址字段,都不能提供立即数。对于固定不变的已知立即数,可通过寄存器加载来解决;对于加、减 1 操作,可以通过微指令字中一位控制代码表示。

对于垂直型微指令,可以用立即数型微指令,在地址字段中指定。

5. 微操作时序

如果水平微指令控制字段中,每一个微命令控制的微操作,能够同时执行,则在控制时序中从控存取出微指令后一拍即可完成,如果把读下一条微指令和执行本条微指令在时间上重叠起来,则一个微指令周期就等于一个时钟周期。

如果一条微指令的多个操作不能在同一节拍中完成,必须安排多条单拍微指令,才能胜任这类工作。另一种方案就是一条微指令可采用多个时钟周期来完成,多拍微指令比单拍微指令可节省微指令条数,节省控存空间和访问控存的次数。

采用读微指令和执行微指令时间上重叠的方案实际上就是一个二级流水线。当然,流水线中相关的问题要引起注意。如条件转移微指令,在前一条微指令结果、条件未出现前,不能决定从何处取出新的微指令。

*7.6 微程序的顺序控制

为了自动连续地执行微指令,实现程序的功能,必须由现行微指令给出下条微指令在控存中的地址,即通常说的后继地址或次地址,一般形成微指令的后继地址有两种情况:

(1) 微程序无分支时,现行微指令的次地址部分就是后继微指令的地址。类似于无条件转移。

(2) 微程序有分支时,要通过测试机器的状态和条件来决定后继微指令如何选取。这种情况类似于条件转移。

微程序中大量采用条件转移操作的原因是为了实现微程序中微程序段的嵌套,以节省控制存储器空间。

常用的微程序顺序控制方式有两类,即增量方式和断定方式。

7.6.1 后继微地址的增量方式

增量方式指在顺序执行微指令的情况下,后继微地址是由现行微地址增量(如+1)而产生的。在非顺序执行微指令的情况下,必须通过转移操作,由顺序控制字段 SCF 与微地址修改逻辑共同给出后继微地址。

微地址增量器通常把微地址寄存器 ROMAR 接成计数器方式解决。ROMAR 有时称 μAR,也就是控制存储器的地址寄存器。

微指令地址字段 SCF 通常由两部分组成:转移地址字段 BAF 和转移控制字段 BCF。微地址形成部件根据转移控制字段 BCF 的要求,选择不同的后继地址,例如,顺序执行还是转向 BAF 转移地址。有时为了实现微程序循环,还增设一个计数器,用于累计循环次数。为了实现微子程序,增设微子程序返回地址寄存器 RR,用来保存现行微地址的下一个顺序微地址。

微地址形成部件原理框图如图 7-16 所示。

通常转移地址字段 BAF 只有 4~8 位,因为转移点多在现行微地址附近,这时用 BAF 代替 ROMAR 的低位部分。

转移控制字段 BCF 用于选择后继地址来源:ROMAR+1、BAF、RR 等。例如:BCF 选三位,转移约束规定如下:

BCF=0 表示顺序执行 ROMAR+1。
BCF=1 表示运算结果=0 转移。当条件成立时,后继地址选择 BAF;否则顺序执行。
BCF=2 表示结果为负转移。当条件成立时,后继地址选择 BAF;否则顺序执行。
BCF=3 表示无条件转向 BAF。
BCF=4 表示循环测试,当计数器 CONT≠0,循环仍需继续,选择 BAF 作为后继地址以便再次进入循环。当 CONT=0,表示循环结束,现行微地址 ROMAR+1 作为后继地址。

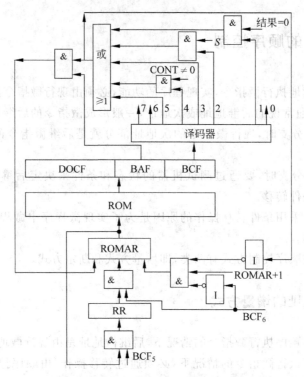

图 7-16 增量方式微地址形成部件原理图

BCF=5 表示转子微命令,把微子程序入口 BAF 作为后继地址,同时保存现行微地址后继地址 ROMAR+1 到 RR 中,作为微子程序执行完毕时的返回地址。

BCF=6 表示返回微命令。RR 作为后继地址。

BCF=7 备用。

这种方案的特点是:微地址形成部件结构简单,实现顺序控制比较容易。另外 BCF 字段短,而获得 ROM 寻址的较大灵活性。其缺点是只能实现两路转移,实现多路转移困难,这种方式适于小型机采用,速度不快。如果还要压缩微指令字长,可采用垂直型微指令时介绍过的办法,将含有 SCF 转移地址字段的微指令,和不含有 SCF 字段的微指令分成两类微指令,用于微程序的不同场合。

7.6.2 后继微地址的断定方式

断定方式指后继微地址由微指令指定,或者是由设计者指定的微命令控制产生。对于前者,要求地址字段 SCF 中给出一个完整的后继地址,对于后者,要求 SCF 中必须含有把指定的运算状态转换成后继地址的微命令。

后继微地址来源通常有:

(1) 设计者直接指定的后继微地址,例如无条件转移情况。

(2) 来自指令寄存器的操作码字段，产生该指令的微程序入口。

(3) 来自运算结果的状态。例如根据运算结果产生的不同条件进行转移。

下面给出的一个方案是采用条件码控制的修改后继微地址的方案，这种修改电路最简单的方案是采用或门。例如，机器指令操作码四位。最多产生 16 个操作分支。此时，用四位操作码与后继微地址末四位相"或"，但规定此时后继微地址末四位必须为 0。

条件转移时，若根据进位位 C 及结果为"0"信号 Z，实现转向不同的后继地址，则可用 C 或 Z 与后继微地址的低位相或，形成两个分支。但此时后继微地址相或之前必须为"0"，其逻辑原理图如图 7-17 所示。

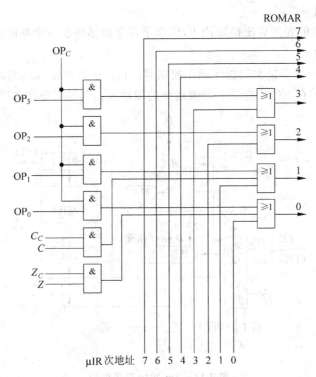

图 7-17 条件转移微地址的实现

(4) 来自计数器 CONT 状态，CONT 主要用于微循环控制。初始预置循环次数，每执行一个循环，CONT－1。当 CONT≠0 时，微程序继续循环操作；当 CONT＝0 时，则跳出循环。因此必须用 CONT 状态控制后继地址的生成。

(5) 来自专门的微编址电路或开关状态，如执行指令过程中产生中断，必须中止现行微程序，保留后继微地址，插入中断处理微程序等。

7.6.3 顺序控制部件 Am 2910

Am 2910 微程序顺序控制器是 AMD 公司为微程序控制器研制的次地址生成部件，是一个功能很强的通用的生成下条微指令地址的集成电路。

Am 2910 包括微指令计数器 μPC,先进后出的微堆栈,及控制微循环次数的计数器 R/C,提供 16 种生成次地址的方法。微地址 12 位,控制存储器的最大容量可达 4K 条微指令。

每条微指令执行期间,需向控存 ROM 提供下条微指令的 12 位微地址,其微地址来源有:

(1) 微程序计数器 μPC,它的内容通常比前一条微指令的地址多 1。

(2) 外部直接送来的 12 位微地址 D,包括微指令寄存器送来的 12 位后继微地址。

(3) 寄存器/计数器(R/C),它保存以前微指令送来的数据,作为转移地址或循环计数值,R/C 具有判零逻辑。

(4) 五层深度的先进后出微堆栈 F,供微子程序微循环和微中断时使用。

1. 逻辑结构

Am 2910 是一个双极型微程序顺序控制器。包含一个四输入端的地址选择开关。D 宽度为 12 位,向控存 ROM 提供下条微指令的微地址。其逻辑框图如图 7-18 所示。

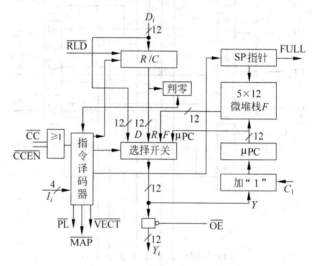

图 7-18 Am 2910 逻辑框图

R/C 寄存器/计数器由 12 个 D 型触发器组成。当控制信号 $\overline{RLD}$ 为低电位时,外部输入总线 D 上的 12 位数据,在 CP 上升沿时打入 R/C 中保存。R/C 有计数功能,可保存转移地址,也可作为循环微程序的循环次数计数器使用。其输出具有判零逻辑。

微程序计数器 μPC 是由 12 位寄存器与增 1 器组成的,具有两种功能。当增 1 器的进位输入端 $C_1=1$(高电位)时,在下个 CP 到来时,把当前微指令地址 Y 加 1 送入 μPC,这时微程序可以顺序执行,对于垂直型微指令这是很方便的。当 $C_1=0$ 时,则 Y 不增 1,下一个时钟将当前微指令地址 Y 送入 μPC。因此同一条微指令,可被重复执行任意次。

微堆栈由 5 个 12 位的堆栈寄存器和堆栈指针 SP 组成。SP 总是指向最后写入堆栈的一个堆栈单元。在执行微子程序和微循环程序时,提供返回地址。SP 是一个可逆计数器,每一次进栈操作 SP 都要先加 1,每一次出栈操作,SP 都要减 1。堆栈的嵌套层次最多五层,在达到五层后,$\overline{FULL}$ 输出低电位,表示栈满。如果再向堆栈压入信息,只能在栈顶单元冲掉原来存放的内容而 SP 不变。当堆栈空闲时,从空堆栈中读出的信息,是没有意义的。此时 SP 为 0 不变。

微程序控制器也可直接选择外部输入的 12 位地址作为下条微指令的地址。这是很有用的。例如在转移操作中,可将微指令寄存器的后继地址字通过 Am 2910 的 D 总线,送入控存,读出下条微指令。

Am 2910 具有 16 种操作。由外部送来 4 位 2910 操作码进行控制。操作码译码器也集成在片内。2910 指令译码器用可编程序逻辑阵列 PLA 实现。

2. 转移地址选择控制

由外部送入的四位操作码 $I_0 \sim I_3$,可控制 16 种操作,用于选择下条微指令地址。这些操作中有 4 条是无条件转移指令,有 3 条受内部 R/C 计数器状态控制,有 10 条受外部条件控制。外部测试结果加到条件码 $\overline{CC}$ 端。若 $\overline{CC}$ 端为低电位,表示测试通过,指令名称的动作就发生;否则测试失败,转向另一分支,通常是 $(\mu PC)+1$。另外 Am 2910 还有一个条件码允许信号 $\overline{CCEN}$。当 $\overline{CCEN}$ 为低电位时,表示输入条件码 $\overline{CC}$ 起作用;当 $\overline{CCEN}$ 为高电位时,$\overline{CC}$ 不起作用,强制表示条件通过。Am 2910 指令如下:

指令 0(JZ)为转 0 指令,无条件地转向地址号为 0 的微指令。

指令 1(CJS)为条件转子指令,转移地址由存放微指令的流水线寄存器 μIR 在 $\overline{PL}$ 控制下经 Am 2910 D 端送来。这是微指令寄存器的后继地址。若测试条件通过,微程序转向微指令的次地址,返回地址(现行微指令地址+1)推入微堆栈。若测试失败,则不转向子程序,而顺序执行。

指令 2(JMAP)为无条件转移指令,使 $\overline{MAP}$ 为低电平。通常,$\overline{MAP}$ 控制机器指令的微程序入口,使之作为下条指令的地址。

指令 3(CJP)为条件转向流水线寄存器的后继地址。条件具备时 $\overline{PL}=0$,转向 PL 次地址,否则顺序执行。

指令 4(PUSH)把现行微指令的顺序下一个微地址送入堆栈,并且当条件具备时,将 PL 中的转移地址送入 R/C 计数器,否则,不送入 R/C。

指令 5(JSRP),条件转子程序 R/PL。把返回地址推入堆栈。并且转向两个子程序中的一个。当条件具备时,转向 PL 的转移地址字;如果测试失败,转向 R 中的地址。

指令 6(CJV)条件转向量,条件具备时,允许向量地址输入 $\overline{VECT}$ 为低电位。转向向量地址。否则顺序执行。

指令 7(JRP)条件转向 R/PL。条件具备时,转向 PL 的转移地址。否则转向 R/C 中的地址。

指令 8(RFCT)计数器≠0,重复循环。当执行本微指令时,如果 R/C 内容≠0,R/C 内容减 1,下条微指地址由栈顶取出。如果 R/C 内容=0,转向现行微指令的顺序下一条微指令,并且 SP-1,退出堆栈。

指令 9(RPCT)计数器≠0,重复流水线。执行本指令时,如果 R/C 内容不是 0,转向 PL 给出的转移地址,并且 R/C 内容减 1。如果 R/C 内容为 0,则顺序执行。

指令 A(CRTN)条件返回。当条件具备时转向栈顶单元指出的地址。显然这就是转子微指令的返回地址,并且退栈。当条件不具备时,顺序执行。

指令 B(CJPP)条件转流水线并退出堆栈。当条件具备时,转向流水线寄存器 PL 提供的转移地址,并且退出堆栈。否则顺序执行。

指令 C(LDCT)送入计数器并继续。当执行本指令时,将总线 D 上的 12 位数据送入 R/C,并顺序执行下条微指令。

指令 D(LOOP)测试循环结束,如果测试失败,它将使微程序经由堆栈作循环,由栈顶给出下条指令地址。测试成功,顺序执行,并退出堆栈。

指令 E(CONT)继续$(\mu PC)+1$,顺序执行。

指令 F(TWB)三路转移。当计数器 R/C 的内容$\neq 0$ 时,如果测试成功,顺序执行,并退出堆栈,否则由栈顶提供转移地址。另外,R/C 的内容减 1。当 R/C 的内容$=0$ 时,如果测试成功,顺序执行,退出堆栈,否则转向 PL 提供的转移地址。

3. 微子程序与微程序循环

微程序控制器中设置了微堆栈后,使微子程序和微程序循环变得更加灵活、规整,并且允许微子程序之间以及微程序循环之间相互嵌套。图 7-19 是使用微子程序之一例。

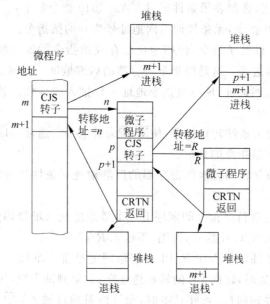

图 7-19 微子程序嵌套

微程序和微子程序之间通过微堆栈实现转移和连接的方式既统一又灵活。可以从控存 ROM 的任意单元访问微子程序。微子程序的结构也是标准化的,只需要在其末尾安排一条无条件返回微指令即可。这种结构还适合于实现微程序设计模块化。

图 7-19 是微子程序嵌套二层的例子,使用 Am 2910 这种嵌套深度可达五层,显然这是很方便的。

如果微指令是顺序存放的,可使用 μPC 增量方式。转子微程序和微循环时,可使用微堆栈方式。无条件转移或条件转移,可使用转移方式由 D 总线输入转移地址。在循环时还可使用 R/C 计数器方式。

由此可见,Am 2910 的功能很强,且有通用性,使用比较灵活。

*7.7 微程序设计举例

我们采用简单模型说明其工作原理。前边在组合逻辑控制器举过一个实例,现在用微程序控制方案说明如何实现。

7.7.1 指令流程图

模型机四条指令的流程图,按照指令执行过程绘制如图 7-20 所示。

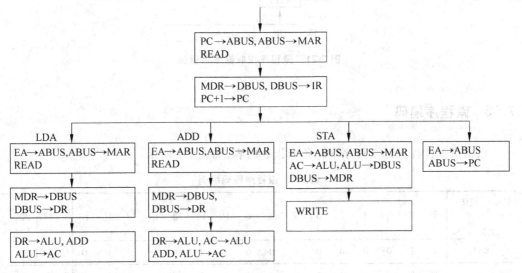

图 7-20 指令流程图

在指令执行过程中,使用操作控制命令编号如下:
(1) PC→ABUS, (2) ABUS→MAR,
(3) MDR→DBUS, (4) DBUS→IR,
(5) EA→ABUS, (6) ABUS→PC,
(7) ALU→DBUS, (8) DBUS→MDR,
(9) PC+1, (10) DBUS→DR,
(11) READ, (12) WRITE,
(13) ALU→AC, (14) ADD,
(15) AC→ALU, (16) DR→ALU。

7.7.2 微程序控制器逻辑图

微指令格式一般采用水平微指令,次地址 6 位,控制字段 16 位,每位表示一个微命令。微指令字长 22 位,微程序控制器逻辑框图如图 7-21 所示。

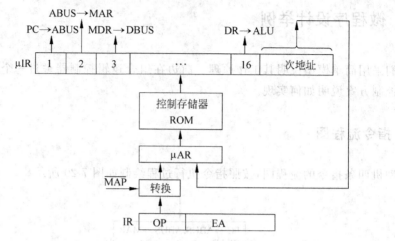

图 7-21 微程序控制器逻辑框图

7.7.3 微程序编码

根据指令流程设计微程序中每条微指令内容,如表 7-1 所示。

表 7-1 微程序编码举例

IR AR	1	2	3	4	5	6	7	8	9	10	11	12	13	14	15	16	17~22
$(00)_8$	1	1	0	0	0	0	0	0	0	0	1	0	0	0	0	0	$(01)_8$
$(01)_8$	0	0	1	1	0	0	0	1	0	0	0	0	0	0	0	0	MAP
$(02)_8$	0	1	0	0	1	0	0	0	0	0	1	0	0	0	0	0	$(10)_8$
$(03)_8$	0	1	0	0	0	1	0	0	0	0	1	0	0	0	0	0	$(12)_8$
$(04)_8$	0	1	0	0	0	0	1	0	0	0	1	0	0	0	0	0	$(14)_8$
$(05)_8$	0	0	0	0	0	0	0	0	0	0	0	0	1	0	1	0	$(00)_8$
$(10)_8$	0	0	1	0	0	0	0	0	0	1	0	0	0	0	0	0	$(11)_8$
$(11)_8$	0	0	0	0	0	0	0	0	0	0	0	1	1	0	1	0	$(00)_8$
$(12)_8$	0	0	1	0	0	0	0	0	0	1	0	0	0	0	0	0	$(13)_8$
$(13)_8$	0	0	0	0	0	0	0	0	0	0	0	0	1	1	1	0	$(00)_8$
$(14)_8$	0	0	0	0	0	0	1	0	0	0	1	0	0	1	0	0	$(00)_8$

微程序编码说明:

μAR 为微指令在控制存储器中的地址共 6 位,表中用八进制数表示。

μIR 为微指令寄存器 22 位,最低 6 位为次地址(下条微指令地址)。

00 单元为取指令微程序起始地址。

取指令微程序共有两条微指令,用八进制数编码表示。

$(00)_8$ 单元的内容为 14004001,该微指令有 3 个微操作,PC→ABUS,ABUS→MAR,READ,从主存中读出程序计数器 PC 指定的指令。该微指令做完,转向控存 01 单元。

$(01)_8$ 单元的内容为 030200,该微指令有 3 个微命令:MDR→DBUS,DBUS→IR,PC+1→PC,把主存单元读出的指令送入指令寄存器,同时(PC)+1,给出下条机器指令地址。

本条微指令完成后,由指令操作码 OP 通过查转换表给出每条指令微程序入口,分别执行各种指令的微程序。如模型机指令操作码 00 表示取数指令,转入控存$(02)_8$ 单元,执行取数微程序。取数微程序共有三条微指令$(02)_8$ 微指令:04404010 给出访存地址,通过微操作 EA→ABUS,ABUS→MAR,READ 开始读存工作,次地址为$(10)_8$。

控存$(10)_8$ 单元微指令为 02010011 完成微操作 MDR→DBUS,DBUS→DR,把主存单元读出的数先送入运算器的数据寄存器 DR,本条微指令次地址为$(11)_8$。

取控存$(11)_8$ 单元微指令 00001500,执行微操作:DR→ALU、ADD、ALU→AC,次地址为 00。

机器指令 LDA 要求完成取数操作,把地址码指出的主存单元内容取出后送累加器 AC。到此,取数微程序完成了(EA)→AC 的工作,并且在取指令微程序中已经做过(PC)+1→PC,给出下条机器指令地址,指令要求的工作全部完成。

取下条指令的工作由取指令微程序完成。在上条指令微程序结束时,其次地址应为取指令微程序入口,取指令微程序结束时,应该读入的机器指令放在指令寄存器 IR 中,并且执行(PC)+1→PC 的操作,给出再下条指令地址。

根据指令寄存器作码 OP,经过查表变换找出本条机器指令微程序入口。逐条执行微指令,当本条指令微程序结束时,本条机器指令的功能也完成了。同时在本条微程序最后一条微指令的次地址应该是取指令微程序入口地址,准备取下条机器指令。

以此类推,通过执行微程序完成各条指令要求的功能。通过执行各条指令的功能,完成程序规定的功能。

7.8 指令流水线结构

通常一条指令执行时可分为三个阶段:取指令阶段,分析指令阶段,执行指令阶段。这三种操作是按严格的时间顺序完成的,不能颠倒。三种操作分别是由三个独立的功能部件完成的。如果完成 n 条指令,则控制器共需的执行时间为

$$T = \sum_{i=1}^{n}(t_{ai} + t_{bi} + t_{ci})$$

其中,t_a,t_b,t_c 分别代表三个阶段部件操作所需的时间,如果三个阶段操作时间相等,则总时间:

$$T = 3nt$$

指令执行时,在各个阶段操作中时间空间分布图如图 7-22 所示。

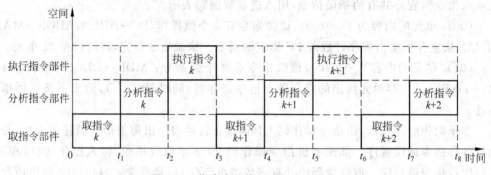

图 7-22　指令串行执行时间空间分布

指令串行执行方式的优点是硬件控制简单,缺点是指令执行时间长,速度慢,各功能操作部件利用效率低。

为了提高指令速度和功能部件利用率,人们提出了流水线结构,它类似于工厂中的装配流水线,例如汽车装配线。把汽车全部装配过程分为许多工序,每一工序都为装配一辆汽车完成一些特定的工作(如安装发动机等)。每一工序都与其他工序同时操作,但安装部件不同,且作用在不同汽车上。一辆汽车在流水线上按工序规定的步骤,串行安装不同的部件。当通过全部工序、完成全部装配工作,最后才能在流水线末端开出一辆总装好的汽车。理想情况下,每一个工序操作内容虽然不同,但操作时间是相等的。每一个工序时间周期,开始启动安装一辆新车;每一个工序时间周期,同时能从总装线上开出一辆装配好的新车,才会出现几分钟时间装配一辆汽车的奇迹。

在计算机的指令流水线结构中,如果需要连续处理多条指令,让指令依次流入三个功能部件。使三个功能部件不停地依次处理不同指令的执行要求,这样在每隔一个部件工作时间 t,就可送入一条新的指令,每经过时间 t 就可得到一条指令执行的结果,指令执行速度可提高三倍。流水线方式执行指令的时间空间分布图如图 7-23 所示。

图 7-23　指令流水线方式执行时空分布图

由图看出,如果取指令、分析指令、执行指令三段时间都等于 t,则 n 条指令执行的总时间为 $T'=(2+n)t$。

当 $n \gg 2$ 时,$T'=nt$,与串行指令执行时间相比,加速比 $C=T/T'=3nt/nt=3$。

当一条流水线有 m 个独立的功能部件 $E_1, E_2, \cdots, E_m$ 时，指令流水线的结构如图7-24所示。需要注意，多个功能部件之间必须设置缓冲寄存器进行隔离，避免各个功能部件操作时间不同引起的麻烦。

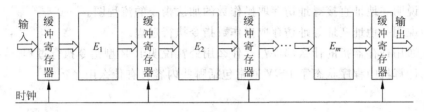

图 7-24　指令流水线基本结构

当流水线充满时，每个时钟周期将完成一条指令，其结果由流水线输出端流出。其加速比理想情况下为 m。这时流水线应该满足以下条件：

(1) 流水线中处理的指令必须是连续不断的。

(2) 各个功能部件工作必须是独立的，且其执行时间相等。

(3) 各功能部件间，必须用缓冲寄存器隔离，避免各个部件互相影响。

(4) 流水线开始工作时，必须有装入时间，结束时必须有排空时间，只有当流水线完全充满时，流水线的作用才能充分发挥。

但实际情况并不是理想的，例如当上条指令的结果是下条指令的操作数，上条指令未执行完，下条指令无法执行，这种情况称为数据相关。另外遇到条件转移指令时，下条指令是否转入其他分支取指令也需等待上条指令的运算结果。这时称为控制相关。这些情况流水线必须等待，可采取延迟转移技术、转移预测技术等办法解决。

习题

1. 说明控制器在计算机中的地位和功能。
2. 说明指令部件的组成和功能。
3. 说明一地址访存指令的功能和执行过程。
4. 什么叫指令周期？什么叫 CPU 周期（机器周期）？什么叫节拍电位（时钟周期）？什么叫工作脉冲？各有什么用处？
5. 计算机中时序电路有什么作用？
6. 组合逻辑控制器有什么特点？操作控制部件输入什么信号？输出什么信号？
7. 说明微程序控制器的原理和特点。
8. 常用微指令有几种类型？各有什么特点？
9. 什么是微命令？什么是微操作？起什么作用？
10. 什么是微程序？机器指令和微程序有什么关系？
11. 控制存储器有什么用途？计算机对控存的要求是什么？
12. 微程序设计中如何解决下条微指令地址问题？常用的微程序顺序控制中有哪些

方法？
13. 比较组合逻辑控制器与微程序控制器的性能特点。
14. 比较水平型微程序与垂直型微程序的性能特点。
15. 说明一地址直接寻址访存取操作数的加法指令的流程图。
16. 说明一地址变址寻址访存取操作数指令执行过程。
17. 通用寄存器指的什么部件？有什么用处？说明 R-R 型指令执行过程。
18. 计算机中程序状态字 PSW 通常包括哪些内容？有什么用途？

第8章 外围设备

计算机的外围设备包括输入设备、输出设备和外存储器。

输入设备和输出设备是计算机与外部世界联系的桥梁。计算程序和原始数据通过输入设备送入主机,运算结果通过输出设备告诉用户。计算机若发现特殊情况或故障,也需及时通知使用人员,以便有关人员进行必要的干预。

外存储器是计算机的第二级存储器,也叫辅助存储器,简称外存,用于存放 CPU 当前没有使用的程序和数据,等到 CPU 需要执行有关程序时,再成批地调入主存储器。外存的特点是容量大,速度低。现代计算机的系统程序、工具软件、应用程序都很大,没有外存很难工作。在虚拟存储系统中,外存和主存构成一个统一体。一般用户可直接使用逻辑地址运行程序,不需了解程序在主存与外存之间交换的过程。

8.1 外围设备的种类和特性

8.1.1 外围设备的分类

外围设备的结构、功能、工作原理有很大差别,通常有机械的、机电的、电子的、电磁的、激光的等各种设备,若按功能分类可将其分为 4 类。

1. 输入设备

常用的输入设备有键盘、鼠标、扫描仪等,早期使用的还有纸带输入机、卡片输入机等。它们用来把外部信息转换成二进制信息,经过运算器送入存储器中保存。

2. 输出设备

常用的输出设备包括显示设备和打印设备两类。显示设备主要是显示器,打印设备分为点阵式针式打印机、激光打印机、喷墨打印机,还有绘图仪等。

3. 外存储器

外存储器通常使用磁性材料的两种磁化状态存储二进制信息,这类存储器统称为磁表面存储器,包括磁盘、磁带、磁鼓等。磁盘又可分为硬磁盘、软磁盘,固定头盘、活动头盘等。随着激光技术的发展,光盘使用也多起来了。光盘利用了聚焦激光束在盘面介质上是否烧出小坑表示存储的"0"、"1"信息,因为改变了介质材料的光学性质,在读出时反射光的差别很大,根据反射光的强弱来读出"0"、"1"信息。因为这种介质状态的改变是不能恢复的,是永久性的变化,因此只能写入一次,如同只读存储器 ROM 一样,称为只读光盘。类似 PROM 可编程序只读存储器的光盘称为 WORM 光盘。光盘与磁盘不同,其光道是一根螺旋线。

现在已经研制出可写型光盘,有两种类型：一种是磁光盘,利用激光束的热磁效应,改变磁性介质的磁化方向,表示存储的信息性质,读出时,激光束照在存储信息的记录点上,利用磁化方向不同,引起反射光的偏振面改变,从而检出记录的数据信息。另一种是相变盘,利用强弱不同的激光束照射介质材料记录点,通过形成的晶态和非晶态两个状态存储不同的信息,读出时,因为晶态和非晶态反射率不同,根据反射光的强弱可检测存入的数据。

在光盘中还有两种常用类型：

(1) VCD

VCD(Video Compact Disc)是一种针对影视播放而发展起来的存储光盘,一般一张光盘只能存放 5min 数字音像信息,这种光盘没有多少实用价值,但经过 MPEC 数据压缩技术,可将存储的信息压缩成原来的 1/200,一部电影录像用 2 张 VCD 就可存下了。VCD 的光道格式规定：经过压缩的图像包和经过压缩的声音信息包交替地排列在光道上,每个包的长度都是 2324B。一张 VCD 盘片上可存放 650MB 的数据。

(2) DVD

DVD(Digital Video Disc)是一种高密度大容量的数字激光视盘,光道间距约为 $0.74\mu m$,比 VCD 光道间距小一倍以上。其影视图像用 MPEG-2 标准压缩,单面单层 ROM 容量达 4.7GB,如果使用双层 ROM 存储信息,一张 DVD 上可存放 8.5GB 数据。

DVD 视频图像质量超过 VHS 录像带,又不磨损,具有高音质、高兼容性、高可靠性和低成本的特点,成为下一代光盘产品的基础。

近年来流行的固态盘及 U 盘,采用闪存半导体芯片(快擦 EPROM)作为存储介质。体积更小、工作更可靠、使用更方便,受到推崇,成为移动硬盘发展方向。

4. 数字通信与控制设备

数字通信与控制设备包括调制解调器、模拟量与数字量的转换装置等。

调制解调器是数据调制器与数据解调制器的总称,简称 modem。用于把计算机的数字信息调制成模拟信号,通过电话线传送到远处。接收方的 modem 再把模拟信号解调制成原来的数字信号送给远处的终端或计算机。

模拟量与数字量转换装置,包括把模拟量如连续变化的电压、电流等物理量,转换为数字量的装置和把计算机的运算结果——二进制数据转换成连续变化的电压电流等模拟量的装置。以便利用计算机控制生产过程。模拟量转换为数字量的装置称为 A/D 转换器,数字量转换为模拟量的装置叫 D/A 转换器。

8.1.2 外围设备工作的特性

1. 异步工作

外围设备种类繁多,速度相差很大。如键盘的速度完全取决于操作人员的熟练程度,但再快每秒钟也只能输入几十个字符。打印机的速度决定于打印头每分钟移动的字数和行数。I/O 设备本身的操作与 CPU 工作是相对独立的,它们都使用自己的时钟脉冲,但某些时候又要接受 CPU 的控制,与 CPU 交换数据。当 I/O 设备准备和 CPU 通信时,随机地向 CPU 发出 I/O 请求,CPU 响应 I/O 请求后,才为 I/O 设备服务。数据交换完毕,CPU 再向打印机输出一个字符,打印机打印完一个字符,再向 CPU 送出设备准备好信号,请求 CPU 为之服务。在两次 I/O 向 CPU 发出的请求服务信号之间要经历很长时间,因此 I/O 设备工作与 CPU 是异步的。

为了适应不同速度的输入输出设备工作的要求,I/O 与主机交换信息多采用异步方式传送。两次传送数据间所需的时间,不是由主机硬性规定,而是取决于外围设备工作的需要。当设备处理完上一个数据,并发出回答信号后,主机才能传送下一个数据,这种异步方式又叫应答方式,其特点是灵活、可靠,可以适应各种 I/O 设备的需要。

2. 实时要求

外围设备种类不同,速度不同,传送方式不同,使用场合不同,对 CPU 处理的时间要求不同。对一些高速设备如磁盘,每分钟转几千转。访问磁盘首先要寻找地址,当找到磁盘数据首地址后,开始传送数据,一次连续传送几 KB 的数据,CPU 必须及时处理磁盘传送来的数据,否则要丢失数据。

另外在实时控制的场合,当生产过程中出现某种危险征兆,如容器压力过大,超过允许值;加热温度过高,可能造成废品时,必须及时量测控制对象的状态,果断采取控制措施。计算机必须根据设备的不同特点,采取不同的传输控制方式,以满足不同级别的数据传送要求。

3. 标准的计算机接口

各种外围设备类型、特性不同,产生和接收信息的方法不同,产生数据的格式不同,与主机通信的要求也不同,计算机要满足不同设备提出的要求,从结构设计上也是很困难的。主机希望设计一套标准接口与设备通信,以简化结构设计,简化控制方法,也希望标准接口独立于具体的设备的类型和特性,当然标准接口的设计应考虑到各种设备的要求。外部设备与主机连接时先经过自己的设备控制器,再与标准接口相连。标准接口中也有若干选项,通过对接口编程满足设备控制器提出的要求。这样,主机不需要了解各种外围设备工作时的具体细节,只需发出控制标准接口的收发、应答命令,即可完成与各种设备的通信交往。

8.2 常用输入设备

计算机处理数据时,首先需要将程序和数据转换成计算机可以接收和识别的电信号,然后送给 CPU,这种装置称为输入设备。

常用的输入设备有键盘、鼠标和扫描仪。

8.2.1 键盘

键盘是最重要的字符输入设备，其基本组成元件是按键开关，通过识别所按按键产生的二进制信息，并将信息送入计算机中，完成输入过程。一般键盘盘面分成4个键区：打字键盘区称英文主键盘区，或字符键区；数字小键盘区又称副键盘区，在键盘盘面右侧；功能键区位于盘面上部；以及屏幕编辑键和光标移动键区。

微机常用84键的基本键盘和101键的通用扩展键盘。随着计算机网络发展，键盘键数已经增加到104、105键。键盘通过主板上的键盘接口与主机相连。

键盘基本部件是按键开关。开关的种类有很多，一般分为触点式和无触点式两类。触点式利用金属或导电橡胶将两个触点接通或断开以输入信号，无触点式借助霍尔效应的磁场变化或电容中的电压电流变化，产生输入信号。机械式的触点开关信号稳定，不受干扰，但触点易磨损，并且易受按键抖动的影响。电子式无触点开关使用灵活，操作省力，因此备受重视。

1. 键盘的基本工作原理

最简单的键盘用一个按键对应一根信号线，根据这根信号线上的电位，检测对应键是否被按下。其缺点是当键数很多时，连线很多，结构比较复杂。

通常使用的键盘采用阵列结构，设有 $m×n$ 个按键，组成一个 m 行 n 列的矩阵，只要有 $m+n$ 根连线就可判别哪一个按键被按下了。每按一个键传送一个字节数据，完成一个字节数据的输入。例如，一个键盘有64个键，用8行和8列的矩阵表示，根据某行某列的输出线上的电位可以唯一判定是哪个键被按下了，如图8-1所示。

2. 按键识别

按键识别常使用行扫描法，先使第0行行线接地，若第0行中有一个按键被按下，则闭合按键的对应列线上输出低电位，表示第0行和此列线相交的位置上的键被按下。若各列线输出均为高电位，表示第0行上没有按键被按下。然后再将下一行线接地，检查各列线中有没有输出为低电位者，如此一行一行地扫描，直到最后一行。在检测过程中，当发现某一行有键闭合时，即列线输出中有1位为低电位时，使扫描中途退出，逐位检查是哪一列的列线为低电位，从而准确决定闭合键的位置。

按键识别的第二种方法是行反转法，其工作原理为：先向全部行线送上低电平，读出列线上的电位值，如果此时有一按键闭合，则必有某一列线的电位为低电位，将各位列线之值存放在对应寄存器中，再反过来，将刚才接收的数值再一一对应地加在各位列线上（即原来读出为低电位的列线加低电位，其他列线加高电位），再读行线上的电位，若某行线为低电位，则即可决定闭合按键的位置。

根据行线位置和列线位置，通过查按键表，可查到对应按键的 ASCII 码。

3. 重键

如果按键时不小心，同时按下两个键（称为重键），则刚读出的行号和列号中有两个为零，查表时，也查不到这个编码的值，可判为重键，将重新检测按键位置，这种方法方便地解决了重键问题。

第 8 章 外围设备

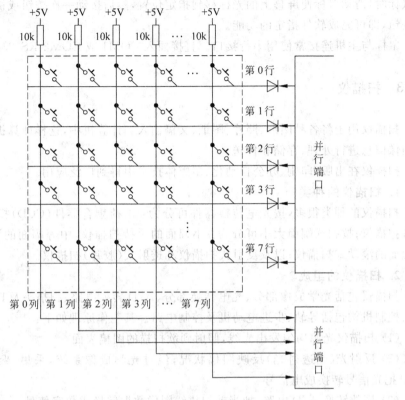

图 8-1　8×8 键位识别原理图

8.2.2 鼠标

鼠标（mouse）因其外形像一只拖着长尾巴的老鼠而得名。当鼠标在平面上移动时，其底部传感器把运动的方向和距离检测出来，控制光标做相应运动。利用鼠标可以方便地指定光标在显示屏幕上的位置，比用键盘上的光标移动键移动得快并且方便。

1. 鼠标分类

目前鼠标主要分三类，分类方法如下：

（1）机械鼠标。由于其编码器与底部滚动圆球的接点颤动会影响精度，需要增加补偿电路，并且触点也易磨损。

（2）光电鼠标。光电传感器检测出鼠标运动方向和距离，完成光标定位。使用方便，工作可靠，精度较高，但进一步提高分辨率受到限制。

（3）光电机械鼠标。有上述两者的长处，现在大多数高分辨率鼠标均为光电机械鼠标。

2. 性能指标

鼠标的性能指标主要是指分辨率，即鼠标每移动 1 英寸所能检出的点数（dpi），目前鼠标的分辨率为 200～3600dpi。传送速率一般为 1200bps。鼠标按钮数为 2～3 个。使用鼠标时,滑动鼠标使屏幕上的光标移到指定位置,然后按动一次按钮或快速连续按动两次按钮,即可完成软件指定的功能。

鼠标与主机连接常使用串行接口。直接插入 COM1 或 COM2 RS-232 接口即可。

8.2.3 扫描仪

扫描仪用于将各种图形、照片、图纸、文稿输入到计算机中,这样计算机即可对这些图形图像信息进行处理、存储和传送。

扫描仪在出版、印刷、办公自动化、多媒体技术中得到广泛应用。

1. 扫描仪的种类

扫描仪的种类很多,按光电转换器件可分为:电荷耦合器件(CCD)扫描仪和光电倍增管扫描仪;按扫描幅面大小可分为:小幅面的手持扫描仪,中等幅面的平板式扫描仪,大幅面的滚动式扫描仪;以及反射式扫描仪和透射式(胶片)扫描仪。

2. 扫描仪的组成

扫描仪包括光学成像部分、光电转换部分、A/D 转换电路、扫描头及其控制机构。扫描头控制机构包括导轨、步进电动机及控制电路。其工作原理如下:

(1) 扫描仪光源均匀发出光线,照射到欲扫描的图稿表面。

(2) 反射光(或透射光)反映图稿状况,经过光学成像系统,采集、聚焦在 CCD 上,CCD 把光信号转换成电信号。

(3) 模数转换 A/D 电路,把当前扫描线图像数据转换成数字信号。

(4) 步进电动机移动扫描头读取下一条扫描线图像数据。

(5) 所有扫描线图像数据经过处理,暂存在扫描仪的缓冲存储器中,做好输入计算机的准备工作。

(6) 按照先后顺序把图像数据输入计算机中存储起来。

(7) 利用软件处理计算机中图像数据,并在显示器的屏幕上显示出来。

3. 各种扫描仪的比较

(1) 手持式扫描仪的主要优点是:体积小,携带方便,价格低廉。扫描图幅最大宽度为 105mm,长度方向不限。使用时由人推动扫描仪对图稿进行扫描,扫描图像质量与人的操作有很大关系。性能指标较低,其分辨率约为 400dpi。多用于初学者或家庭中以及对图像精度和幅面要求不高的用户。

(2) 平板式扫描仪,扫描图幅为 A3、A4 幅面。分辨率可达 1200dpi,彩色图像的每个像素的颜色种类一般用 24 位表示,质量高的用 36 位表示。扫描时,将图稿放在扫描仪的平板上,通过软件控制自动扫描全过程,扫描速度快、精度高,已广泛应用于许多领域,是市场上主要的扫描仪产品。

(3) 工程图扫描仪,属于大幅面的图形扫描仪,图纸型号为 A0、A1,其光电转换电路仍是采用 CCD 器件,大多采用滚筒式走纸机构。扫描时,扫描头固定不动,由走纸机构控制图纸在扫描头下移动。大幅面扫描仪的分辨率为 300～800dpi,一般都是黑白型扫描仪,灰度级为 256 级,多用于 CAD、测绘、勘探和地理信息系统等方面。

扫描仪与主机连接采用 SCSI 标准，传递数据速率快。另外为了使屏幕上的图像清晰，刷新速度更快，就要选用视频存储器容量较大的显示卡或图形图像卡。

8.3 显示设备

计算机运行程序结束后，其处理结果以二进制数的形式存放在主存中，计算机必须把二进制数据表示的运算结果转换成人们习惯上使用的直观方式，通过输出设备告诉用户。常见的输出设备有显示器、打印机、绘图仪等。

显示器由监视器和显示控制适配器（又叫显示卡）两部分组成，用于显示多种数据、字符、图形或图像。

8.3.1 显示设备的分类和基本概念

显示器种类很多，技术上发展很快，按照采用的显示器件可分为阴极射线管（CRT）显示器、液晶显示器（LCD）、等离子体显示器；按照显示的内容可分为字符显示器、图形显示器、图像显示器。CRT 显示器是在电视技术基础上发展起来的，有黑白显示器和彩色显示器两种。按照显示管显示屏幕对角线尺寸分为 12 英寸、15 英寸、17 英寸、19 英寸等多种。按照屏幕上每屏显示光点的数目，可分为高分辨率显示器、中分辨率显示器和低分辨率显示器。

1. 图形和图像

图形是指没有亮暗层次的线条图，如电路图、机械零件图、建筑工程图等，使用点、线、面、体生成的平面图和立体图。

图像是指摄像机拍摄下来的照片、录像等，是具有亮暗层次的图片。经计算机处理和显示的图像，需将每幅图片上的连续的亮暗变化变换为离散的数字量，逐点存入计算机，并以点阵方式输出，因此图像需要占用庞大的主存空间。

2. 光点的生成与控制

显示器上的图形和图像是由许多光点组成的，光点越细、越密，生成的图像质量越高。

在阴极射线管屏幕上的光点是由电子束打到荧光屏上形成的。若要得到直径很小、很亮的光点，就要求 CRT 的阴极、灯丝产生足够数量的电子，控制栅极、加速阳极有较高的电压，使电子束有足够的能量轰击荧光屏；聚焦极把电子束聚焦得很细；荧光屏上涂的荧光粉有较高的发光效率，有较长的余晖时间，有较细的颗粒，才能保证光点清晰，并缩小两个光点间的距离。

彩色 CRT 有三个电子枪，分别对应红、绿、蓝三种基色，荧光屏上涂的彩色荧光粉，按三基色叠加原理形成彩色图像。为使光点出现在荧光屏上任何一个位置上，必须有一套电子束的控制电路，即水平偏移板和垂直偏移板，根据水平偏移板上加的电压的高低决定电子束的光点打在屏幕上的左边或是右边，如果垂直偏转板上的电压不变，水平偏转板上的电压线性增加，则光点的轨迹是一条由左到右的水平线。同理，如果水平偏转板上的电压不变,垂直偏转板上的电压由小到大线性增加,则电子束形成的光点的轨迹是由上到下的一条垂直线,我们分别称之为水平扫描和垂直扫描。显然,当水平偏移板上加一定电压,垂直偏移板上也加一定的电压时,光点打在屏幕中间某一固定位置上,至于在屏幕某一点位置上光点是个亮点或是暗点(没有电子束打在屏幕上),决定于CRT中控制栅上所加的电压,当栅上加正电压,屏幕上为亮点,当栅上加负电压,屏幕上什么也不显示。

显示器中电子束的扫描规律与电视类似,分为隔行扫描和逐行扫描两种。隔行扫描是扫完第一行后扫第三行,依此类推;逐行扫描是扫完第一行,再扫描第二行,依此类推。

3. 分辨率与灰度级

分辨率是指整个荧光屏上所能显示的光点数目,即像素的多少。显示的像素个数越多,显示器的分辨率越高。例如,12英寸彩色显示器的分辨率为 640×480 个像素,因为对角线为12英寸,折合成公制 12in×2.54cm/in=30.48cm,其中矩形显示区的长为 24.384cm,上下宽为 18.288cm,有效显示区还要再小一些。如果两个像素中心间距离是 0.31mm,水平方向有 640 个像素占据 0.31mm×640=198.4mm,垂直方向有 480 个像素,占据 0.31mm×480=148.88mm。

灰度级指每个光点的亮暗级别,在彩色显示器中表现为每个像素呈现不同的颜色的种类。灰度级越多,图像的亮暗层次表现越细腻、越逼真。每个像素的灰度级用若干位二进制数表示,如果用 4bit 表示一个像素的灰度级或颜色,则可表示为 $2^4=16$ 级灰度,彩色显示器中一个像素有 16 种颜色;若用 8bit 表示一个像素,则可表示为 $2^8=256$ 级灰度或 256 种颜色;若用 16 位表示一个像素的灰度级,则可表示 $2^{16}=65\,536$ 级灰度或 65 536 种颜色。黑白显示器的灰度级别只有二级,用 1 位二进制数"0"或"1"表示该亮点亮或不亮。

当然表示一个像素的灰度级的位数越多,刷新存储器的容量越大。例如,分辨率为 640×480 的显示器共有 307 200 个像素,每个像素用 8bit 表示其灰度级,则共需 307 200B,每个像素用 16 位表示灰度级,则共需 614 400B。

4. 刷新和刷新存储器

CRT屏上的光点是由电子束打在荧光屏上引起的,电子束扫过该像素之后,其亮点只能保持极短暂的时间(约几十毫秒)便消失了。为了使人眼看到稳定的图像,必须在亮点消失之前,再重新扫描显示一遍,这个过程叫刷新(refresh)。每秒刷新次数叫刷新频率,根据人眼视觉暂留原理,刷新频率大于 30 次/s,眼睛就不会感到闪烁,显示器沿用电视制定的标准是刷新 50 次/s,又叫刷新 50 帧(frame)/s,一帧就是满屏全部像素,即一副画面。

为了满足刷新图像的要求,必须把一帧图像的全部像素信息保存起来,存储一帧图像全部像素数据的存储器,称为刷新存储器,也叫视频存储器(VRAM)。显然刷新存储器的容量决定于显示器的分辨率和灰度级。

例如,分辨率为 1024×1024,灰度级为 256 级的显示器,其刷新存储器的容量为 1024×1024×8b=1MB。

另外刷新存储器的读写周期应能满足每秒刷新 50 次的要求。在上例中,显然要求 1s 内至少读出 50MB。

5. 光栅扫描和随机扫描

光栅扫描要求图像充满整个画面,电子束扫过整个屏幕。光栅扫描是从上到下顺序逐行扫描或隔行扫描,现在显示器中多采用逐行扫描方法。

随机扫描指电子束只在需要作图的地方扫描,不必扫描全屏,因此扫描速度快,图像清晰,但控制复杂,价格较贵。

8.3.2 字符显示器

字符显示器能在屏幕上显示每一个字符的形状。输入时把一个字符变成一个数字编码,存到计算机中;输出时必须再变回来,把该字符的数字编码变成这个字符书写表示的形状,否则用户是很难认识的。

1. 显示原理

表示字符形状是用点阵方法实现的,每一个字符用若干个光点组成的点阵表示,多个光点组成字符的线条笔画,显示出字符的外形。点阵是由 $m \times n$ 个点组成的阵列,用点阵中各点的亮暗构成字符的形状。将每个字符的点阵图形存入一个称为字符发生器的只读存储器中,在 CRT 扫描过程中,从该只读存储器中首先找到存放该字符点阵的地址,依次读出表示每个像素的代码,如在单色显示器中用"1"表示该像素是一个亮点,用"0"表示该像素是暗点(什么也没显示)。用"0"、"1"表示的高低电位控制 CRT 的栅极,若表示该像素的数据为"1",则栅极上加高电位,电子束在指定位置上打出一个亮点;若表示像素的数据为"0",则栅极上加低电位,阻止电子束发出电子,荧光屏上什么也看不到,表示该点是个暗点。

在 IBM PC 计算机的显示器上,全屏可显示 25 行字符,每行有 80 个字符,因此可显示 $80 \times 25 = 2000$ 个字符。如果分辨率为 720×350 个像素,即可算出 2000 个字符,平均每个字符占据的像素点阵的大小,我们称为字符窗口,它表示每个字符在屏幕上所占的点阵大小,包括字符显示点阵和字符间隔。IBM PC 单色显示器,字符窗口为 9×14 点阵,除去行列间隔,显示字符的点阵为 7×9。

对应屏幕上每个字符窗口,把需要显示的字符的 ASCII 代码存放到对应位置的显示存储器 VRAM 中,显示和刷新都要使用 VRAM 存放的字符代码。已知要显示的字符 ASCII 代码,显示时必须先找出该字符的点阵,即查字符发生器,用该字符的 ASCII 码作为字符发生器的存储器的高位地址(起始地址),用光栅计数器地址作为字符发生器存储器低位地址。光栅计数器表示该字符点阵的线数,光栅计数器若用三位二进制计数,其输出的三位二进制数 $R_2 R_1 R_0$,表示字符点阵中的光点的行数,000 表示第 0 条扫描线,001 表示第 1 条扫描线……,依此类推。扫完字符点阵各行数据,即可完成一个字符的显示,因此,在读取字符点阵时,还需光栅计数器给出字符发生器的 ROM 的低位地址。

例如,单色点阵式字符显示器,每幅画面显示 25 行×80 列共 2000 个字符。显示器内应包括一个 2KB RAM 的显示存储器与画面字符相对应。每个字符由点阵组成,若用 5×7 的点阵来表示,即用 7 行 5 列的亮点组成。通过控制各点的亮暗,即可显示出不同符号。为了把显示存储器内 ASCII 码变成 5×7 点阵字符形式,需要利用字符发生器进行变换。常用的字符发生器是由存储 64 种字符的 ROM 所组成。每个字符用 8 个字节来表示。因此,字符发生器 ROM 中共有 512 个字节信息,每个字符的 ASCII 编码,对应于存放该字符 8 个字节信息的起始地址。实际上 ASCII 字符除去校验位,还有 7 位。表示不同字符的是低 6 位,可利用其低 6 位作为字符 ROM 的地址。显示存储器与显示屏画面的关系如图 8-2 所示。字符发生器地址与显示内容如图 8-3 所示。

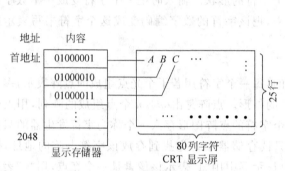

图 8-2 显示存储器(VRAM)与屏幕画面对应关系

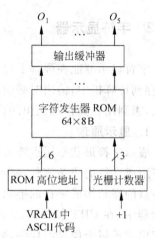

图 8-3 显示内容与字符发生器地址的关系

例如,显示存储器某单元存放的 ASCII 代码 F=01000110,需要显示该字符 F 时,先将其代码低 6 位 000110 送入字符发生器 ROM 的地址存储器,取出 F 的第一个字节信息,其内容 $O_1 \sim O_5$ 输出均为"1",即 11111。该 5 位信息控制 F 字符的第一线上的 5 个光点全亮。依此类推,显示一个字符,共需 7 排光点,可从 ROM 中取出 7 个字节。7 排光点需要电子束扫描 7 次才能输出一个完整的字符。由三位光栅地址计数产生 7 条线扫描信号。例如,显示 F 字符时,当行地址为 010 时,读出 F 字符的第二个字节信息,其输出为 10000,这时只有第一个点是亮的,其他各线的输出原理也是类似的。

因此,VRAM 中某一个地址存储单元的内容为 01000110(表示字符"F"的 ASCII 代码),把 01000110 的低 6 位作为字符发生器 ROM 点阵的起始地址,找到 F 的字形,再根据表示字符点阵线数的光栅计数器,逐行读出该点阵各行之值,通过 $O_1 \sim O_5$ 输出,控制 CRT 的控制栅,在屏幕上显示"F"字形。其原理如图 8-4 所示。

因为字符发生器只保存 64 个字符,用 6 位地址即可,ASCII 码为 7 位,最高位舍去,用低 6 位作为地址来读出大小写英文字母和各种符号。

在 IBM PC 单色字符显示器中,实际上一行有 80 个字符,并不是一个字符一个字符显示的,而是 80 个字符同时显示的,在显示第一行字符时,荧光屏上第一根水平扫描线把 80 个字符的每一个字符点阵的第一条线上数据依次读出,逐个控制第一条扫描线每个像素的亮暗,再扫第二条线,当字符点阵最后一条线读出时,80 个字符才同时全部显示出来。字符显示器原理图如图 8-5 所示。

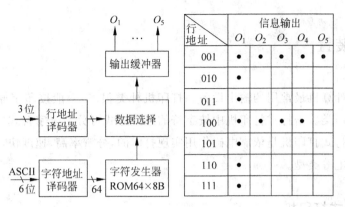

图 8-4 字符发生器与显示原理图

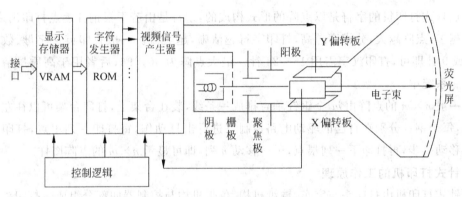

图 8-5 CRT 字符显示原理图

2. 显示器的控制适配器

IBM PC 系列机器几种主要的显示标准如下：

(1) MDA 为单色字符显示器显示控制接口板,也叫单色显示器显示适配器。屏幕显示 80×25 个字符,字符窗口为 9×14 点阵,分辨率为 720×350。

(2) CGA 为彩色图形/字符显示器适配器。在字符方式下,字符窗口为 8×8 点阵,字符质量不如 MDA 好,但可选择字符颜色及背景颜色。在图形方式下,可显示分辨率为 640×200 两种颜色或 320×200 四种颜色的彩色图形。

(3) EGA 为增强的彩色图形、字符显示器适配卡,与 MDA、CGA 兼容。其字符窗口为 8×14 点阵,在图形方式下,可显示分辨率为 640×350,16 种颜色的彩色图形。

(4) VGA 可用于 IBM PC/AT,80386 及 IBM PS/2 等系统。字符窗口为 9×16 点阵。图形方式下分辨率为 640×480,16 种颜色或 320×200、256 种颜色。与前述适配器不同的是,决定颜色种类的是由视频信号输入经过显示板的模拟/数字转换电路输出的数字位数和调色板的位数决定的。VGA 标准中,R(红色),G(绿色),B(蓝色)三种基色每种均用 6 位 D/A 转换,并使用 18 位彩色调色板,最多可组合 $2^{18}=256$K 种颜色。但每次可以同时显示的颜色数取决于每个像素对应灰度级(颜色数)的位数。如在分辨率为 640×480 时,每个像素对应 4 位数,因此只能从 256K 种颜色中选择 16 种输出。

8.4 打印装置

打印机是计算机最常用的输出设备。打印机种类很多，一般按印字原理可分为击打式和非击打式两类。击打式打印机中按字符的形成方式可分为全字符式(字模式)和点阵式两种。非击打式打印机是依靠电磁作用实现打印的，分辨率高，速度快，常用的有喷墨、激光、热敏、静电等类型。

8.4.1 点阵式打印机

点阵式打印机的字符是以点阵的形式构成的，字符是由若干根钢针逐点打印出来的，钢针越多，点阵越大，分辨率越高，打印字符越清晰，越美观。一般打印英文字母、数字用7针或9针即可，打印汉字需用16~24针。最大点阵为96×96，后者用于高质量精美汉字排版系统中。

一般 $n \times m$ 的点阵由 m 个钢针垂直排成一条线，装在台架上，打印台架可以往左往右移动，每个钢针分别在自己的驱动电路控制下进行击打动作，每打印一列墨点，打印台架向右移动一步，再打印下一列墨点，……移动 n 列，即可显示 $n \times m$ 的点阵图样。

针式打印机的工作原理

针式打印机由打印头与字车、输纸机构、色带机构与控制器四部分组成。打印头由打印钢针、电磁铁、衔铁组成。如9针打印机有9根打印钢针，在打印位置垂直排成一列，每根钢针单独驱动，根据需要打印出一个色点或不打印色点。9根钢针按要求同时动作，打完一列后打印头沿水平方向移动一小步，再打印一列，如此工作。对于7×9的点阵字符，9根钢针移动7步，即可打出7列像素，显示一个完整的字符。打印头再向右移动一个字符的间距，打印下一个字符。打印完一行字符后，打印纸在输纸机构控制下前进一行。字车带着打印头又回到一行起始位置，重新从左向右打印。

这种方式工作的针打属于串行、单向打印方式。还有一种串行双向打印的针打，这种打印机打完一行后，输纸机构驱动打印纸前进一行，但打印头字车不必返回纸的最左边，而是从纸的最右边开始，从右至左的反向打印一行。如此正向，反向交替进行，可加快打印速度。

针打的关键部件是打印针的驱动控制电路。其原理与显示器的控制类似，应包括字符缓冲存储器、字符发生器、时序控制电路和接口电路。主机通过接口将要打印的字符ASCII码送到打印机的字符缓冲存储器中。在打印时序信号控制下，从字符存储器中取出一个字符的ASCII代码，作为字符发生器存储器的地址，从字符发生器中逐列地取出字符点阵，驱动打印头，形成字符图形。

输纸机构由步进电动机驱动，每打完一行字符带动打印纸向前走一行字符的距离。

色带的作用是提供色源,像复写纸一样。打印过程中色带也要不断移动,避免只打一个地方把色带打破。通常色带机构使用环形色带,自动循环工作。

针式打印机驱动的钢针很轻,惯性小,速度快,一般打印速度 100 字符/s。针式打印机的原理图如图 8-6 所示。

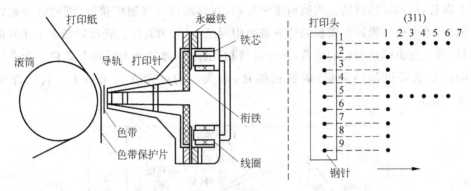

图 8-6　针式打印机原理图

行式打印机比串行打印机速度快,打印时不是一个字符一个字符打印,而是同时输出一行字符。

行式针打,将打印钢针沿横向排成一行,安装在一个板上,像梳子一样,称为梳形板。每根针独立驱动,负责打印同行相邻的多个字符。例如 44 针行式打印机,沿水平方向均匀安装 44 根打印钢针。每根针负责打印同一行的相邻的 3 个字符,打印机工作时,一次打印一行,一行打印 44×3 个=132 个字符。

行式打印机工作时,先使梳形板停在左侧,在时序信号和字符发生器控制下逐点向右移动打印出每个字符的第一排像素(印点),当一行字符的第一条线打印完成后,走纸机构驱使打印纸向前前进一个印点间距,驱动打印头打出该行字符的第二条线上各个印点,重复多次,打印出一行字符。

8.4.2　激光打印机

激光打印机是一种高速度、高精度、低噪声的非击打式打印机,又叫激光印字机。它是激光技术与电子照相技术相结合的产物。与静电复印机的工作原理相似。

激光打印机的关键部件是一个滚筒形的记录装置,表面涂有一层光敏性的感光材料,一般采用的材料是硒,又将此滚筒称为硒鼓。硒鼓在未被激光束扫描前先在黑暗中充电,使硒鼓表面均匀的沉积一层电荷。

第二个关键部件是可以精确控制的激光源,激光源经过光学系统聚焦成一个很细的光点照在硒鼓上。印字机的控制部分根据需要打印的字符的 ASCII 码,寻找对应的字符发生器的字符点阵,用字符发生器输出的点阵信号"0"、"1",控制激光束照射硒鼓的开关,使硒鼓表面上电荷释放或保留,以记录字符点阵信息。硒鼓沿轴向转动,激光束在鼓面圆柱线方向扫描,因此激光束可照射到硒鼓表面的任何位置上。凡是被激光束照射的位置,使该位置曝光,产生放电。未被照射的地方未被曝光,仍保留原来充电时的电荷,这样就形成"潜像"。随着硒鼓转动,有潜像的鼓面通过碳粉盒显像——使得具有字符点阵的区域吸上碳粉,达到显影目的。当鼓面继续转动,在显影区与普通纸接触,纸的背面施以反向静电荷,鼓表面显影区有碳粉的地方被吸附到纸上,称为转印。转印后鼓面上还残留一些碳粉,可先除去硒鼓表面的电荷,再经过清扫,清除全部鼓面上的残余碳粉。含有转印图形的记录纸经过加热定影,碳粉被熔化,永久性的固定在记录纸上。其工作原理如图 8-7 所示。

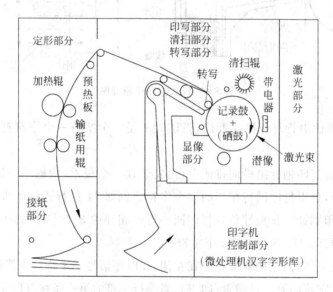

图 8-7 激光打印机原理图

8.4.3 喷墨打印机

喷墨打印机的墨水通过精细的喷头喷到纸面上产生图形,也是一种非击打式打印机,具有体积小、重量轻、噪声小、操作简单的特点。如果喷头喷出多种颜色墨水,则可制成彩色喷墨打印机。

喷墨打印机的关键部件是墨水喷头及其控制部件。

喷头后部装有压电陶瓷,它受震荡脉冲激励产生电致伸缩,使墨水形成墨滴喷射出来,墨滴通过充电极给墨滴充电,而墨滴充电电荷多少,受字符发生器控制,带电墨滴在偏转电极控制下,打在记录纸上。如果不需打出墨点,墨滴不带电,因而墨滴不会偏转,垂直打在墨滴回收器中。喷墨头沿水平方向移动,逐列打出字符各列印点。其工作原理如图 8-8 所示。

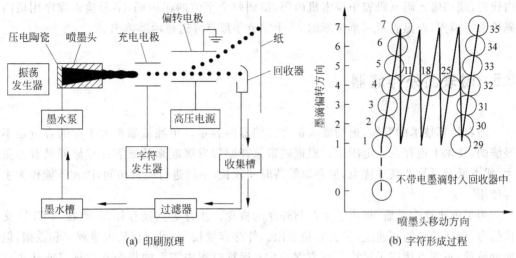

(a) 印刷原理 (b) 字符形成过程

图 8-8 喷墨打印机原理图

8.4.4 汉字的显示与打印

针式汉字打印机有 16 针和 24 针两种,可以打印字库规定的字形。如果使用西文的 9 针打印机打汉字,16 行的点阵分两次打出,先打上 8 行,再打下 8 行。

汉字显示采用图形显示器,汉字点阵一般为 16×16。其工作原理与字符输出原理类似。不同的是汉字字库与字符发生器不同。输出汉字时先由主机将汉字内码通过接口送给输出设备,设备将内码作为字库地址查出对应汉字字形,送执行部件输出。图 8-9 表示汉字显示原理。

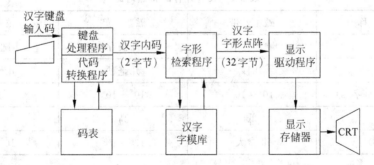

图 8-9 汉字显示原理图

如果汉字点阵为 16×16,则表示一个汉字的字形需要 32 个字节。

在 IBM PC 系列微型计算机系统中,汉字利用通用图形显示器和点阵式打印机进行输出,在主机内部由通用的图形显示卡和字库形成汉字点阵码以后,将点阵码送到输出设备,输出设备只要具有输出点阵的能力就可以输出汉字。以这种方式输出的汉字是在设备可以逐行逐列显示点阵位图的图形方式下实现的,因此常称这种汉字为图形汉字。

如图 8-9 所示,通过键盘输入的汉字输入编码,首先要经代码转换程序转换成汉字机内代码,或用输入码到码表中检索机内码,得到两个字节的机内码,字形检索程序用机内码检索字模库,查出表示一个字形的 32 个字节字形点阵送显示器输出。

8.5 磁表面外存储器

随着计算技术的发展,迫切要求扩大存储器的容量。单纯依靠扩大主存的容量是不经济的,技术上也存在一定困难。根据磁带录音原理发展起来的磁表面存储器具有容量大、成本低及可靠性高等优点,但存取等待时间较长,不能进行随机访问,因而不能作为主存使用。

为了解决这个矛盾,提出了主存与外存的概念。主存为高速存储器,直接与 CPU 交换信息,保证计算的高速度,但其容量有限。外存容量较大,可以存放大量程序和数据,但速度较低,不能直接用于运算。新方案规定:运算过程中需要的指令和数据只能从主存储器中存取,当用到外存储器中的数据或程序时,可使主存和外存的数据进行成批的交换,把 CPU 需要的数据和指令调入主存,并且把暂时不用的程序和数据转到外存,以解决运算速度与存储容量间的矛盾。

常用的磁表面外存储器有:磁鼓、磁带、磁盘等。它们都是利用磁性材料的不同剩磁方向记录信息的。制造时把磁性材料做成一个很薄的薄层,喷镀在某种基体表面。工作时,磁层随着基体做圆周运动或直线运动,在基体运动中由磁头进行读写。按照外存的存取方式,又可把它们分为顺序存取文件存储器(如磁带机)和半随机存取文件存储器(如磁鼓、磁盘)。

几种外存的特点对比如表 8-1 所示。

表 8-1 几种外存的特点对比

名 称	磁 带	磁 鼓	磁 盘
存取方式	顺序存取	半随机存取	半随机存取
存取时间	几秒	几毫秒	几十毫秒
数据传输率/(字/s)	$10^4 \sim 10^5$	$10^5 \sim 10^6$	10^6
成本	低	高	中
存储容量(B)	非常大	$10^5 \sim 10^6$	$10^6 \sim 10^8$

8.5.1 存储原理和记录方式

磁存储器都是利用铁磁材料的剩磁特性保存信息的。用磁性材料两种不同的剩磁状态分别代表"0"和"1"两个不同信息。如果用正向剩磁 $+B$ 表示代码"1",则负向剩磁 $-B$ 表示代码"0"。使用上要求磁性材料的磁感应强度 B 要大,使得读出信号幅度大;矫顽力 H_c 要小,否则写入电流就会太大,但不要太小,否则易受外界磁场的干扰,其原理如

图 8-10 所示。

当载磁体在磁头下运动时,由磁头对磁层进行磁化和读出操作。磁头是一个绕有两个线圈的电磁铁。当写线圈中通入一定方向的电流时,铁芯中产生一定方向的磁通,铁芯空隙处产生的磁场将处于磁头下磁层的一个小区磁化成某一方向。磁化电流消失后,该小区仍保持其剩磁状态。当写线圈中通入反向磁化电流,磁头下面磁层将反向磁化,达到记录二进制信息的要求。这些磁化小区形成一个信息记忆单元。磁头写入原理如图 8-11 所示。

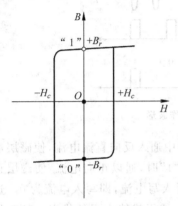

图 8-10 磁滞回线与信息记录

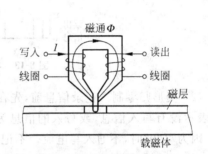

图 8-11 磁头读写原理

读出时,载磁体在磁头下面运动,由于磁头上读出线圈切割磁力线,在读线圈中感应电动势,其值为 $e=-\mu \mathrm{d}\Phi/\mathrm{d}t$,与磁通量变化速度成正比。

读出信号经过放大整形后,即可得到保存在该记忆单元中的二进制信息。小区剩磁方向不同,读出的电流方向也不同,分别表示不同的二进制代码,如图 8-12 所示。

磁头铁芯常由铍莫合金或铁氧材料制成,对磁头铁芯材料的要求是:(1)导磁系数 μ 应大,使读出信号大;(2)H_c 应小,可以提高读写频率;(3)电阻系数应大,以减小涡流损失。

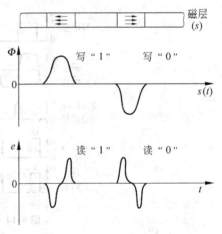

图 8-12 磁层磁化的状态以及读出原理

磁表面存储器的记录方式可分为 4 种。

1. 归零制记录方式(RZ)

写入信息时,磁头写线圈中通有一定方向的写入电流。不写入信息时,写线圈中的电流恢复到零。根据表示代码的剩磁状态又可分为两种情况:

(1) 典型归零制。用正剩磁表示信息"1",负剩磁表示信息"0"。而不写"1"也不写"0"时,不通入写电流,磁层不磁化,这种方式又叫三电平归零制。典型归零制记录方式波形如图 8-13 所示。

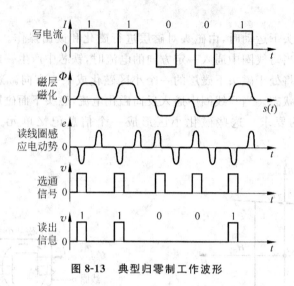

图 8-13 典型归零制工作波形

(2) 变形归零制。记录信息前,先在磁头写线圈中通入反向直流电流,使磁层反向磁化,表示没有写入信息,或写入的信息为"0"。当写"1"时,通以正向电流,使磁层正向磁化。因为写"0"时,不通入写电流。不记录时,也不通入写电流,即写入电流为 0。这种方式又叫二电平归零制,或归饱和制,具有读出信号大、抗干扰能力强的优点。其工作波形如图 8-14 所示。

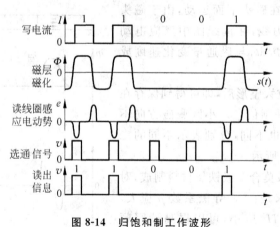

图 8-14 归饱和制工作波形

归饱和制在读出时,只有写"1"的地方产生感应电动势,写"0"的地方不产生感应电动势,因此读出信号难以实现自同步。另外,两种归零制都要求写入前对载磁体表面进行预先处理,而且读出中有多余的信息,记录密度难以提高。

2. 不归零制记录方式(NRZ)

(1) 典型不归零制方式在整个写入过程中,写入电流不等于零。写"1"时,在磁头线圈中通以正向磁化电流,写"0"时在磁头写线圈中通以反向磁化电流。

读出时,如果相邻两个记录单元记录不同的信息,由于磁场改变方向,在磁头读出线圈中产生感应电动势。如果相邻两个单元中记录相同的信息,两个记录单元的磁场方向相同,读出线圈中不产生感应电动势。读出信息可由线圈中的读出电流经过放大、反向、整形,再送入一个触发器中计数而得到。此时触发器的输出就是读出的代码(串行信息)。

典型不归零制工作波形如图 8-15 所示。

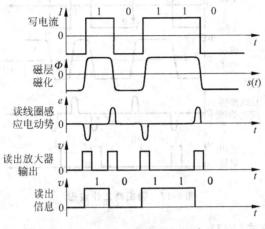

图 8-15　典型不归零制工作波形

不归零制的磁头读出信号都是有用的,没有多余信息,因此记录密度较高。但因读出信息是依靠二进制触发器计数得到的,因此当前面读出信息有一位丢失或出现干扰时,将造成后面一连串信息的错误。

(2) 变形不归零制,又叫不归零-1 制,可以解决上述问题,是通常使用的记录方式。它具有不归零制的特点:磁头写线圈中的电流在整个写入过程中不等于零。其记录特点是写"1"时要求改变写电流方向,写"0"时,写电流方向保持不变。这样,读"1"时有感应电动势产生,读"0"时不产生感应电动势。其工作波形如图 8-16 所示。

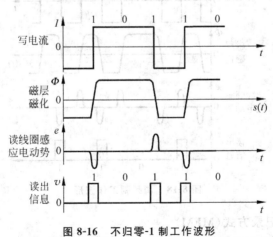

图 8-16　不归零-1 制工作波形

3. 调相制记录方式(PM)

这种方式利用写电流波相位变化表示写入的代码。在写周期中间,写"1"时,写入电流由负值变到正值,写"0"时,写入电流由正值变到负值,即利用写入电流的正跳变和负跳变分别代表"1"和"0"。其工作波形如图 8-17 所示。

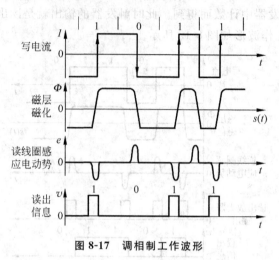

图 8-17　调相制工作波形

4. 调频制记录方式(FM)

这种方式利用每个信息周期内信号翻转的不同频率来表示代码"0"或"1"。目前通用倍频制。其写入电流变化规律是：当记录信息的周期开始时，写入电流方向改变一次，表示两个信息区的边界，写"1"时，写线圈中的电流方向在信息周期内改变一次；写"0"时，写线圈中的电流方向在信息周期内不改变。读出时，在信息周期中有感应电动势产生称为"1"，无信号产生称为"0"。其工作波形如图 8-18 所示。

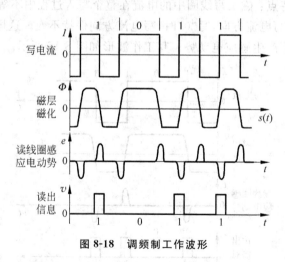

图 8-18　调频制工作波形

5. 改进调频制记录方式(MFM)

调频制记录方式有很多优点，但在每个记录单元起始处，写电流都要改变方向，为了进一步提高存储密度，MFM 规定记录单元的位周期开始时，只有连续记两个"0"时，写电流才改变方向。这样一方面保证每个记录单元都有读出信号，可以实现自同步，另一方面，没有多余的读出信号，以提高编码效率。MFM 的工作波形如图 8-19 所示。

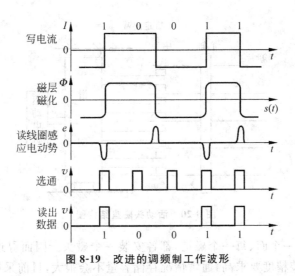

图 8-19 改进的调频制工作波形

调频制和调相制都是不归零制,但它们不是利用幅度鉴别信息,而是利用频率和相位进行鉴别,因此对信号噪音比要求低,工作比较可靠。另外,在每个信息周期开始时或周期中间都要改变写入电流方向,每个记录单元都有信息输出,可以作为读出同步脉冲,这对于进一步提高信息记录密度是有用的。

8.5.2 磁盘存储器

磁盘存储器兼有容量大和存取速度高的优点,是目前应用最多的大容量联机存储器(On-line Mass Storage)。

1. 磁盘存储器的结构

磁盘存储器是一种磁表面存储器。存储信息的载体制成盘状,称为盘片。许多盘片固定在一根转轴上,盘片围绕这根转轴转动。盘片上面安装一些写入信息和读出信息的磁头,用于实现读写信息的功能。

磁盘机主要包括:盘组、定位机构和传动系统以及读写控制电路。盘组由多个盘片组成,盘片通常由铝合金制成,直径有 14 英寸等多种,盘片厚度 1~2mm,上、下两面均匀喷镀磁性材料,用来存储信息。盘组绕轴转动,通过磁头对盘面进行读写操作。

当磁头不动时,盘片转动一周在盘片表面被磁头扫过一个环形轨迹,称为一个磁道。沿着磁道方向,单位长度内存储的二进制信息的个数,叫作位密度。沿着半径方向,单位长度中的磁道数目叫作道密度。盘片表面单位面积内记录的二进制信息的数量叫作记录密度。

磁头安装在读写臂上,如果盘片每面只安装一个磁头,在读写过程中必须移动磁头,找到指定的磁道,然后再进行读写,这种结构称为活动头结构(见图 8-20),通常由读写臂、滑架和驱动电机组成定位系统。显然,活动头磁盘结构简单,但寻道时间较长。另外,还需对每个二进制信息记录单元提供同步信号,其定位要求较高。通常在盘片中专门指定一个信息面,作为时标面,提供全部同步信号。

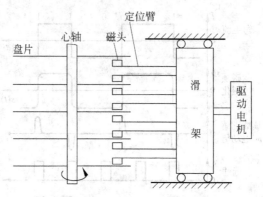

图 8-20 活动头磁盘结构图

固定头磁盘每一个面、每一个磁道,都各安装一个磁头。因而寻道时间较快,但使用磁头数目太多,安装精度要求高,通常情况存储容量不会很大,目前采用的不多。

根据盘组是否更换,磁盘又可分为固定式磁盘和可换式磁盘。显然,可换式磁盘类似更换磁带一样,可进一步扩大外存容量,大大方便用户,但对盘组安装的定位精度要求较高。

温彻斯特磁盘是移动头固定盘片的密封组合式磁盘机,存储密度高,防尘性好,可靠性高,对环境要求不高,体积也小(如 5 英寸、3.5 英寸、2.5 英寸的硬盘)是一种广为使用的硬盘。

磁盘存储器的主要技术指标有:记录密度、存储容量、寻道时间和数据传输率。

(1) 记录密度,即盘片表面单位面积上记录的二进制信息个数,用道密度和位密度表示。通常位密度约为几十位/mm。

(2) 存储容量,它是数据记录面个数与每个盘面磁道数,每个磁道记录的二进制代码个数三者的乘积。

(3) 寻址时间,包括寻道时间(定位时间)和等待时间。寻道时间指磁头从原来所在磁道位置移动到指定磁道所用的时间,通常约为几十毫秒。等待时间指在指定磁道上找到记录单元所需要的时间。由于磁道存储信息较多,为读写方便,将每个磁道又分成若干区段,称为扇区,磁盘以扇区为单位和主存交换信息,所以等待时间是指找到指定扇区所需要的时间。

(4) 数据传输率,指每秒能读出或写入的最大字节数或二进制代码的位数。

此外,自同步能力、编码效率等也是要考虑的。

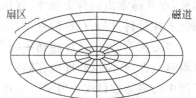

图 8-21 盘面磁道扇区示意图

例如,一个 14 英寸磁盘共有 9 片,可用信息记录面为 16 面,每面 256 道。整个盘面分成 16 个扇区,如图 8-21 所示,因此每个磁道也被分成 16 个扇区。每扇区存储 512B。盘组转速为 3600r/min。

① 存储容量 $=16\times 256\times 16\times 512B=2^{25}B=32MB$

② 如果内磁道直径为 10in,其位密度 $=\dfrac{16\times 512\times 8\,\text{位}}{10\pi\,\text{in}}\approx 2000\,\text{位}/\text{in}$。

其中 in 为英寸,1in=2.54cm,即每毫米约 80 位。

如果外磁道直径=12in,其位密度=$\frac{16\times512\times8\text{位}}{12\pi\text{in}}\approx1700$ 位/in。

③ 道密度=$\frac{256\text{道}}{(12-10)\text{in}/2}$=256 道/in。

④ 寻址时间,盘片传动一周需要时间=$\frac{60\text{s}}{3600\text{r}}\approx16.66$ms/r。

平均等待时间=$\frac{16.66\text{ms}}{2}$=8.33ms。

寻道时间一般在 30~50ms。

所以平均寻址时间=40~60ms。

⑤ 数据传输率,即磁盘存储器单位时间内读写数据的最大字节数=$\frac{16\times512\text{B}}{60\text{s}/3600\text{r}}$=$16\times512\text{B}\times60/\text{s}$=480KB/s。

2. 磁盘的记录格式

磁盘和主机交换数据是以数据块为单位进行的。存到盘片上的数据可分为固定长度数据块和可变长度数据块两种。固定长度数据块的信息位数是固定的,每个块有地址编号。如果写入磁盘的文件,一个数据块放不下时,可占用两个数据块或多个数据块。如果一个数据块只使用其中一部分,则多余部分空着或重复写最后一个代码。这种方式比较简单,但盘面利用率不高。

(1)数据块记录格式 每一个盘上都有一个检索孔或检索标志,作为盘面上各磁道开始的标记。每个数据块前面有一个地址标记,地址与数据存放区间有一定的间隙进行隔离。这种间隙是必要的,使得盘速的微小变化不致引起信息的重叠。其形式如图 8-22 所示。

图 8-22 磁盘数据块记录格式

每个数据块都是由块地址标志开始,经过间隙 G_2,后面是数据区。间隙 G_3 结束一个数据块,也叫结束间隙,它把两个数据块隔开,也可叫数据块间隙。

磁道是一个圆环,最后一个数据块与检索孔标志之间为自由间隙 G_4。其关系如图 8-23 所示。

图 8-23 磁道上数据块存放格式

地址号与数据区中都有专门的循环码校验字节,用以提高传送信息的可靠性。

(2) 数据块的编址　如果磁盘的数据面有 n 面,每面都有 T 个磁道。则 n 面中同一磁道可看成一个圆柱面。上面的信息叫圆柱面信息,圆柱面的编号与盘面上磁道的编号一致。因此共有 T 个圆柱面。

每个盘面都划分为 m 个相等的扇区。从检索孔开始依次对每个扇区进行编号。通常数据按照扇区存放。

如果每个磁盘驱动器带动一个盘组,计算机中共有 D 台磁盘驱动器。则每个扇区的地址可由四部分组成,如图 8-24 所示。

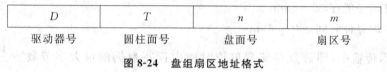

图 8-24　盘组扇区地址格式

若系统中有四个驱动器,每个驱动器带一个盘组,每个盘组有 256 个圆柱面。每个盘组中有 16 个数据面,每个盘面划分成 16 个扇区。因此表示一个扇区地址要 18 位二进制代码。其格式如图 8-25 所示。

驱动器号	圆柱面号	数据面号	扇区号
2 位	8 位	4 位	4 位
共 4 个	共 256 个	共 16 个	共 16 个

图 8-25　具有 4 个磁盘驱动器的扇区地址示意图

记录文件时,如果文件长度小于扇区长度,则剩余部分重复写最后一个代码。如果写入文件较长,在某盘面的某磁盘的最后一个扇区还写不下,则可使数据面地址加 1,把信息记录到下一个盘面的同一磁道上,并从第一个扇区开始写入信息。这样可以保持磁头定位系统不动,减少寻道时间,提高存取速度。

当一个圆柱面上的信息已经记满,还要继续存入数据时,可使圆柱面地址加 1,定位臂前进到下一相邻磁道上(即下一圆柱面上),从新圆柱面的第一个数据面的第一个扇区继续写入。

如果一个盘组所有圆柱面都已记满,则驱动器号加 1,从下一个盘组的第一个圆柱面的第一个数据面的第一个扇区开始写入。盘组圆柱面的示意图如图 8-26 所示。

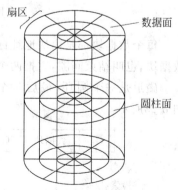

图 8-26　盘组圆柱面信息示意图

3. 磁盘存储器逻辑框图与工作原理

磁盘存储器的控制电路包括:

(1) 读写部件包括数据寄存器和读写放大器,数据寄存器存放与主存交换的代码。

(2) 磁头选择电路:由数据面地址决定选择某号磁头工作。

(3) 寻址与读写控制电路：地址计数器记录磁头当前所在圆柱面号、磁头号（数据面号）、扇区号。字节计数器存放已交换的字节个数。读写控制还包括数据格式转换及写入编码和读出译码等电路。

(4) 定位控制与驱动电路：包括比较电路和驱动电路。盘组中有一个盘面作为控制盘面，提供定位的同步信号，给出当前磁头所处位置。如果程序给定的圆柱面地址与磁头位置相符合，表示已经找到了磁道。如果不相等，驱动线路移动定位臂继续找道操作。

(5) 控制字寄存器：存放 CPU 指定磁盘的读写操作控制字包括磁盘操作码，地址码与交换数据个数。

(6) 数据交换缓冲寄存器。

(7) 时序控制线路，给出时序信号及磁盘工作状态标志等。

磁盘存储器逻辑框图如图 8-27 所示。

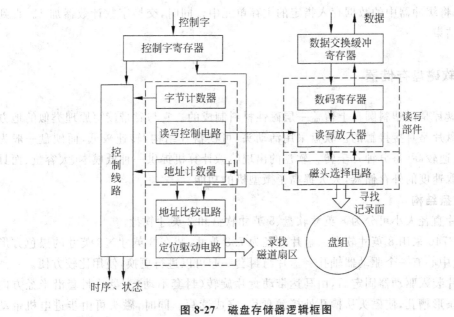

图 8-27 磁盘存储器逻辑框图

4. 磁盘存储器工作过程

磁盘的主要操作是寻址、读盘、写盘。每种操作都对应一个控制字。磁盘工作时，第一步是取控制字，第二步是执行控制字。

(1) 取控制字。CPU 使用磁盘时，先启动磁盘，磁盘向 CPU 发中断请求，主机响应后，从主存指定单元送出控制字，并给出回答信号。磁盘把控制字存入控制字寄存器，并利用回答信号启动时序线路工作。

(2) 执行控制字。控制字可分为寻址、读、写三种，分别控制执行有关操作。

① 寻址操作。利用控制字中给定的地址，寻找对应扇区。

寻盘面：将寻址控制字中的盘面地址译码，选择一个对应的磁头与读写电路接通。

寻圆柱面：将寻址控制字中的圆柱面号与磁头所在圆柱面地址（磁道号）逐位进行比较。如果指定圆柱面号大于磁头所在圆柱面地址，则定位系统带动定位臂前进，向前寻找，否则反向寻找，直到二者相等为止。

寻扇区：根据给定扇区号寻找磁盘上对应的扇区。将控制字中扇区号与磁盘上读出扇区号进行比较，比较不等，继续寻找。比较相等，寻址工作完成。

② 写盘操作。当寻址操作结束后，向 CPU 发中断请求，取回写控制字。按照写控制字给定的主存地址，再发取数请求，从主存取出一个数据字，存入磁盘数据缓冲寄存器。由磁盘驱动器的读写部件控制写盘操作，写入操作由盘组同步信号控制，同步信号的频率决定写入的位密度。每写完一个字，请求主存再送来一个字，同时交换字数计数器加 1，直到写完为止。

③ 读盘操作。当寻址操作结束后，向 CPU 发中断请求，取回读盘控制字，放入控制字寄存器。与写盘类似，读盘操作也是由控制面的同步信号控制的。磁头读出的信号经放大整形，送入数据寄存器，汇齐一个数据字后再送到数据缓冲寄存器。磁盘向 CPU 发中断请求，将缓冲器中的数据存入指定的主存单元中。同时，交换字数计数器加 1。直到读盘操作结束。

*8.5.3 软磁盘存储器

软盘盘片是由塑料圆盘上覆盖一层磁性材料制成的。它与磁带读写原理类似的地方是磁头与盘片是直接接触的。软盘采用活动头、可换盘片结构，转速较低，而硬盘一般为活动头，转速较高，每分钟几千转。软盘的出现给微计算机提供一种低成本、大容量、而具有一定存取速度的外存储器，大大提高了微型机的功能。

1. 软盘结构

按盘片直径大小可分为 8 英寸软盘、5 英寸软盘和 3 英寸软盘。

IBM 3740 采用 8 英寸软盘。盘片直径为 7.8 英寸，装在 8 英寸×8 英寸的黑色方形封套中，其中心有一个驱动器轴孔。盘片与封套一起可以进行更换，使用比较方便。

当盘片装入驱动器固定后，由马达带动盘片旋转（封套不动）。盘片封套沿半径方向有一个长条形槽孔，使磁头从槽孔处接触盘片，完成读写。同时，磁头可由步进电机带动沿半径方向在槽孔中移动，进行寻道操作。封套上还有一个小孔，叫检索孔。表示盘片上各磁盘的起始位置，如图 8-28 所示。

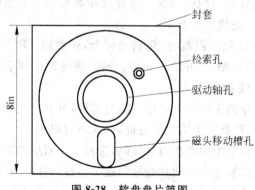

图 8-28 软盘盘片简图

第8章 外围设备

IBM 3740 盘片每面 77 道，每道 26 个扇区，每区存储 128 个字节。因此其最大容量为每盘面 77×26×128B＝253KB，最大位密度为 3200b/英寸；磁道密度为 48 道/英寸；盘片转速为 360r/min，每转一周需 166ms，每读（写）一位需 4μs；数据传输率为 250Kbps。

寻道时间较长，步进马达带动读写臂每前进一道需 6ms。磁头放到盘片上，与盘片接触稳定时间约需 20ms。寻找扇区地址等待时间 166ms。因此，最坏情况磁头由最外面第 0 道移动到第 76 道共需 6ms×77＝462ms。存取时间为三者之和，共 648ms。

软盘记录方式通常采用调频制。利用每个位信息存取周期中信息变化的不同频率来表示代码"0"和"1"。

其时钟、数据、读出信号工作波形如图 8-29 所示。

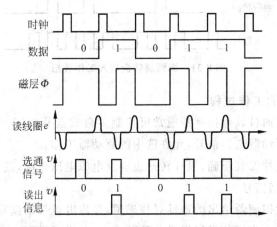

图 8-29　软盘记录方式工作波形

向盘片写入信息是采用两相信号，每个时钟脉冲要引起磁通变化。另外，写"1"时还要在两个时钟间隔内改变磁场方向。产生写入电流的电路如图 8-30 所示。

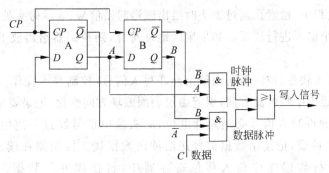

图 8-30　调频制写入信号电路

例如，写入电路的主频率为 1MHz，是写入信号频率的 4 倍。主振经过二级触发器形成的格雷码计数器，产生两相时钟信号 A、B。经过门电路与数据配合，产生时钟脉冲与数据脉冲。

时钟脉冲与数据脉冲相"或"，产生"写入数据"信号，使磁道磁化。磁头读出线圈读出的信息也包括这两部分。因此，读出时要分离时钟信号，得到存储的数据。其工作波形如图 8-31 所示。

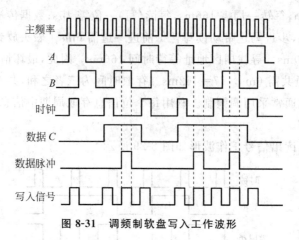

图 8-31　调频制软盘写入工作波形

2. 软盘驱动器的工作过程

一个计算机系统通过软盘控制器通常可控制多台软盘驱动器。使用软盘时，软盘控制器首先给出软盘驱动器选择信号，允许选中的驱动器工作。

软盘驱动器在盘片安装正确、盘片转速正确及电源电压正确，盘片插入驱动器盖子关好后，才给出准备就绪信号。

驱动器根据软盘控制器给出的地址寻找磁道，步进电机带动读写臂前进或后退，每次移动一道。步进脉冲由步进信号线提供。移动方向（前进或后退）由方向线控制。如果方向线为高电位表示前进，方向线为低电位表示后退。当磁头已经移到最外边的磁道时，0号磁道给出信号禁止磁头再向外移动。驱动器加电时，读写臂也自动将磁头移到 0号磁道。

软盘旋转过程中，检索孔通过磁头时给出磁道起始信号，表示磁头处在第一个扇区前边，可以对第一个扇区进行读写。如果扇区地址符合，则控制器给出放下磁头信号，使磁头与盘面接触。

要把数据写入软盘，控制器必须给出允许写入信号，控制写入操作，每个写入数据脉冲上升沿，改变磁头中写电流方向，引起磁层表面磁场方向变化，记录要写入的信息。

当读盘时，允许写入信号必须是低电位，磁头读出信号经过分离电路，把读出时钟信号送给读出时钟线，把读出数据信号送给读出数据线。控制器在读出时钟信号控制下，把读出的串行数据逐位移入移位寄存器中，转换成并行数据。其转换电路如图 8-32 所示。

3. 软盘的记录格式

IBM 3740 软盘记录格式已经成为国际通用格式。3740 软盘盘片每面 77 道，每道 26 个扇区，每区记录 128 个字节。

磁道记录格式如图 8-33 所示。

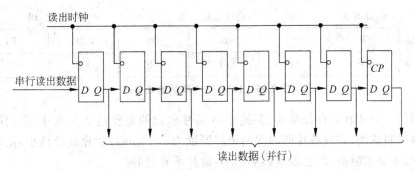

图 8-32 软盘读出转换电路

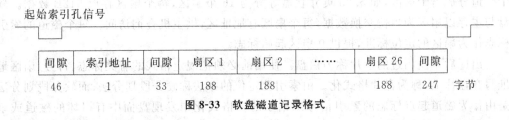

图 8-33 软盘磁道记录格式

索引信号前沿表示磁道开始,经过 46 个字节的间隙后,有一个软分段索引标记(一个字节)。其数据信息为 FC：11111100。

其后又是一个间隙,共 33 个字节,接着是 26 个扇区的数据区,每个扇区 188 个字节,其中包括 128 个数据字节。磁道上的间隙是为了补偿盘片转速误差和写入信息频率误差而设置的,间隙的内容为全"0"或全"1"。

每个扇区的信息格式如图 8-34 所示。

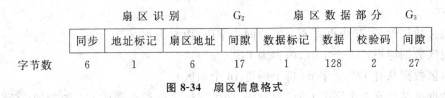

图 8-34 扇区信息格式

每个扇区分成两部分：扇区识别部分和扇区数据部分,两部分间留有固定间隙。

扇区识别部分开始有 6 个字节的同步信息,内容为全 0,还有 1 个字节作为地址识别标记,其数据信息为 FE,表明一个扇区的开始,紧接着 6 个字节的磁盘地址和扇区地址,再经过 17 个字节间隙之后为扇区数据部分。

扇区数据部分开始是 1 个字节的数据识别标记,该字节的标记信息为 FB。然后是 128 个字节的数据,写入数据时,在 128 个字节之后又设了 2 个字节的循环冗余校验码,使得这 130 个字节按某种方法形成的余数为零。

IBM 3740 中 6 个字节的扇区地址如图 8-35 所示。

8 位磁道地址与 8 位扇区地址中间用 8 位零隔开。最后两个字节是校验字节,使得 6 个字节按某种方式形成的余数为零,用以提高检查传送错误的能力。

数据	磁道地址	零	扇区地址	零	校验码	
数据	T	00	m	00	CRC	CRC
时钟	FF	FF	FF	FF	FF	FF

图 8-35　IBM 3740 扇区地址格式

常用的 5 英寸软盘直径是 5.25 英寸,3 英寸软盘的直径是 3.5 英寸,它们的基片是用聚酯薄膜制成的,软盘基片两面涂的磁层厚度为 $2\sim3\mu m$。盘片直径越小,记录密度越高,生产技术要求越高,但受温度影响越小,盘片不易变形。

每个盘面上的磁道形成若干个同心圆。最外面的叫零磁道,最里面的叫末磁道。每个磁道分成若干扇区,如 5.25 英寸软盘等分为 16 个扇区,每个扇区存放 512B 数据。软盘与主存以扇区为单位交换数据,每个扇区有地址区,供主机查询访问。每个磁道的索引标志作为扇区的定位标准,提供 0 扇区起始标志。

出厂后未使用过的盘片称为白盘。使用前必须把规定格式的有关标志、符号、扇区地址写在盘片上,称为盘片格式化。由索引孔定位的办法称硬分段划分法;而软分段划分法是由作为磁道起点标志的索引信号来指示的。格式化中发现盘面中有损坏的磁道或扇区,也将其磁道号、扇区号及长度制成表格记在 0 磁道。格式化后,未写入数据的盘片称为空盘。

IBM 5.25 英寸软盘格式和 3740 格式类似。每个扇区包括地址部分和数据部分。扇区地址标志部分,开始有 6 个字节同步字段,内容为 00。

地址标识符 1 字节内容为 FE。

扇区地址 6 个字节包括 2 个字节 CRC 校验码。

扇区地址部分与扇区数据部分之间,留有间隙 G_2 共 11 个字节,每个字节内容为 FF。

扇区数据部分,开始也有 6 个字节同步字段,内容为 00。

扇区数据标识符 1 个字节,内容为 FB。

扇区数据共有 128 个字节(每个磁道 16 个扇区)。

数据区结尾有 2 个字节 CRC 校验码,两个扇区之间留有间隙 G_3 共 27 个字节,内容为 FF。

16 个扇区结束后留有间隙 G_4 共 101 个字节,内容为 FF,表示磁道结束。

软分段方法的磁道由驱动器检索到索引信息开始,为了避免检测误差,留有一段间隙 G_1,共 16 个字节,内容为 FF,其后就是第 0 个扇区。

这种磁道格式是单密度记录方式,使用调频制 FM 方式记录数据信息。如果采用改进的调频记录方式 MFM,盘面数据记录密度可增加一倍,称为双密度记录方式。

5.25 英寸软盘片结构示意图如图 8-36 所示,写保护缺口封上时,只能读出,禁止写入。

3.5 英寸软盘片结构示意图如图 8-37 所示,当写保护区的黑色塑料片拨开透过光线时,为写保护状态,需写入时,应拨动黑色塑料片挡住透光小方口处。每个盘片有 2 面,各有 1 个磁头,2 个盘面均可作记录面,称为双面盘。

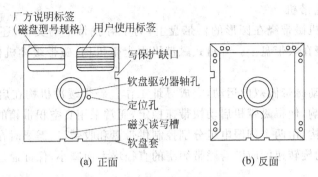

图 8-36 5.25 英寸软盘示意图

图 8-37 3.5 英寸软盘示意图

每个盘面有 80 个磁道，最外边的磁道是 00 道，最内层的磁道是 79 道。

目前多数微机都配有 3.5 英寸的软驱，使用 3.5 英寸的软盘。3.5 英寸软盘厚约为 2mm，是硬塑料封套，不易折坏。

软盘具有携带方便、价格便宜，但其存储容量较小，读写速度较慢（在驱动器内盘片转速一般为 300r/min，传输速率为 15KB/s；大容量软驱的转速要高一些），不能承担大量数据的存储。

*8.5.4 磁带存储器

磁带存储器是顺序存取设备，磁带上的数据是依次在一条带子上存放的。如果一个文件放在磁道末尾，而磁头当前处在磁带首部，则必须使磁道旋转到磁带尾部才能读出该文件，因此存取时间长，但由于存储容量大、价格低，仍旧获得使用，主要用于脱机保存文件。

磁带存储器由磁带机和磁带两部分组成。磁带有许多种，按带宽分为 1/4 英寸、1/2 英寸和 1 英寸三种。按带长分为 600 英尺、1200 英尺和 2400 英尺等。按记录密度分为 800bpi、1600bpi 和 6250pbi 等。按磁带表面记录的信息道数分为 7 道、9 道、16 道等。按磁带外形，可分为开盘式磁带和盒式磁带两种。现代计算机中常采用 1/4 英寸盒式数据流磁带和 1/2 英寸的开盘磁带机。在海量存储器中也可使用 3 英寸的宽磁带，容量可达 150MB 以上。

1. 开盘式磁带机

开盘式磁带机磁带绕在圆形的供带盘上,为了寻找带上的文件,还需一个空的收带盘,把磁带头部绕在收带盘上。开盘式磁带机由走带机构、磁带缓冲机构、带盘驱动机构及磁头等组成。

走带机构带动磁带做双向运动,完成寻址工作。磁带缓冲机构在启动磁带旋转时减小带盘的惯性影响,使得磁带机启动快带速稳定,通常采用真空积带箱的办法。

带盘驱动机构,由两个伺服电机分别控制供带盘和收带盘,需要时在两个方向以不同速度转动,带盘的旋转速度应随着磁带缠绕的直径增大而减小,保证通过磁头时的带速是不变的。

磁带机磁头读写原理与磁盘中磁头工作原理是一样的。为了多个磁道同时读写磁带上的数据,需要将多个磁头(如9道时用9个磁头)组装在一起,为了边写边读及时发现写入情况,将读写头也组装在一起,称做双缝磁头。为了减少噪音,写入前还需用清洗磁头抹掉磁带表面以前记录的数据,抹头和双缝磁头也做在一起。读写时磁头不动,磁带在磁头下运动,完成读写操作。

磁带机的结构原理如图 8-38 所示。

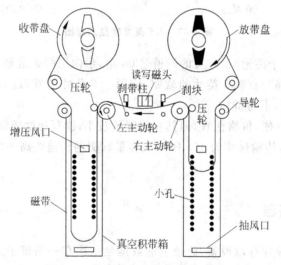

图 8-38 双压轮真空积带箱式磁带机

磁带机的磁头结构原理图如图 8-39 所示。

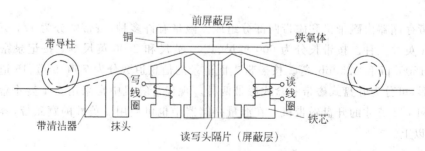

图 8-39 磁带机双缝磁头组

2. 数据流磁带机

开盘磁带机速度慢,体积大,结构复杂但磁带机的主要优点是容量大,价格便宜,可作为磁盘存储器的脱机后备存储器使用,用于保存资料、复制文件或作存盘备份。为了简化磁带机的结构,特别是启停缓冲等部件,减小体积,发展了盒式磁带机,常称为数据流磁带机。

数据流磁带机中,数据以数据块为单位连续记录在磁带上,数据块之间插入间隙,数据块间不采用快速启停方式,简化了有关机构。磁带直接用带盘电机驱动,从一个带盘绕到另一个带盘上。为了准确地寻找数据块,需要较长的加速、减速时间和运动距离,在两个数据块间不做快速启停操作。

常用的是磁带宽度为 4mm、8mm 的 DAT 盒带驱动器,其读写磁头镶嵌在一个高速旋转的鼓面上,磁带部分地绕在鼓面上做快速运动,磁带围绕在鼓面上的包角分别为 98°或 221°。由于鼓面的直径、鼓的速度、带的速度、读写头道数不同,道密度、位密度都有很大差异。下面以 4 个磁道的流式磁带为例说明其工作原理。

流式磁带数据是串行逐道记录的,但正反两个运动方向都可进行读写。记录信息时,首先从 0 磁道磁带首端 BOT 记录到磁带末端 EOT;然后从 1 磁道磁带末端 EOT 反方向记录到磁带首端;再从 2 磁道磁带首端正向记录到磁带末端;最后从 3 磁道磁带末端反向记录到磁带首端结束,如图 8-40 所示。这种记录方式又称蛇行记录方式。

图 8-40　4 磁道流式磁带蛇行串行记录方式

流式磁带读写单位是数据块,在寻找数据块时不需要快速启停,当一个数据块操作结束,块间间隙 IBG 通过磁头区时,主机向流式磁带机发出下条要执行的命令,磁带仍继续运动,进入重置命令时间。在重置命令时间内,还没有收到紧接着要执行的命令,磁带则进入再定位周期,流式磁带机完成磁带的正向减速、反向加速、反向减速以及停带功能,为下一次启动留下足够的磁带长度。

磁带再定位的过程如图 8-41 所示,当磁带磁头读写完第 N 个数据块到达 A 点时,磁带继续运动,并准备接收下一条命令。如果到达 B 点前接收到和上次同一类型的命令,磁带继续运动,读写第 N+1 块数据;如果到达 B 点时,未收到下一条命令,或收到的命令与上条类型不同,则需要进行再定位。磁带从 B 点开

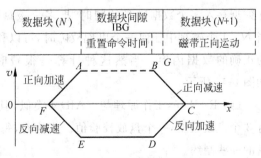

图 8-41　流式磁带再定位过程

始正向减速到零(到达磁带位置为 C 点),然后反向加速到 D 点,并稳速到 E 点,从 E 点反向减速到 F 点停下,准备下次再启动。从 A 点到 B 点为重置命令时间,B 点到 F 点为再定位时间。

此后若要执行下一数据块读写操作,首先要从停带点 F 开始正向加速,在 G 点前到达正常带速,并开始读写数据。如果流带连续读写 N 个数据块时,主机必须及时地发出有关操作命令,使磁带保持运动,避免进入流带再定位周期。

8.5.5 磁盘阵列

磁盘阵列(RAID)工作原理类似存储器中多体交叉工作原理,利用多个磁盘交叉工作,并行读写,提高磁盘存储器的存取速度和容错能力,使用磁盘阵列存储一个文件时,要把文件的内容划分为容量相等的数据块,并写入组成一个逻辑磁盘的多个物理磁盘中。利用不同数据存放策略可把 RAID 分成 6 种模式。

(1) RAID 0 模式,把连续的多个数据块交替地分别存放到不同物理磁盘的扇区中,几个磁盘交叉并行读写,不仅扩大了存储容量,主要是提高了磁盘数据存取速度。RAID 0 没有容错能力,如图 8-42 所示。

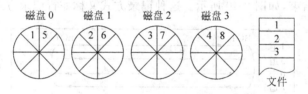

图 8-42 RAID 0 数据散放

(2) RAID 1 模式,主要是为了提高可靠性,使两个磁盘同时进行读写,互为备份,又称磁盘镜像。在工作中如果一个磁盘出现故障,可从另一磁盘读出数据,一不影响工作,不降低速度,二不丢失数据,大大提高存放数据的可靠性。缺点是两个磁盘当一个磁盘使用,容量减少一半,如图 8-43 所示。

(3) RAID 4,我们已知 RAID 0 大大提高了磁盘的存取速度,但可靠性上没有多大改进。RAID 4 在 RAID 0 的基础上,在 N 个存储数据的磁盘外再增加一个校验磁盘,把文件数据存入多个数据磁盘的同时,把多个磁盘中相应数据的奇偶校验值写入校验磁盘。当 $N+1$ 个磁盘中任何一个出现故障时,可以利用其余的 N 个磁盘的内容算出故障盘中的正确的数据内容。当然这种计算是很费时间的,但存储容量利用率比镜像法高,如图 8-44 所示。

(4) RAID 5,工作原理与 RAID 4 类似,但不再设立专门的校验盘,例如 4 个磁盘中有 3 个盘放数据,一个盘放校验值。实施时,每个磁盘轮流作校验盘,可以不受专门校验盘的一些制约。

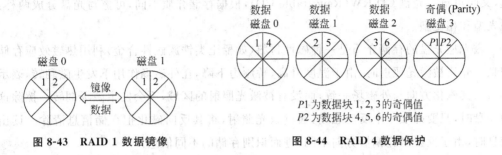

图 8-43　RAID 1 数据镜像　　　　　图 8-44　RAID 4 数据保护

8.6 光盘存储器

随着计算机应用的广泛开展，多媒体声像技术的飞速进步，人们对存储器容量的要求越来越大。光盘因其存储密度高、存储容量大、体积小、成本低、安全可靠等优点而与磁盘一起成为重要的计算机辅助存储器。

光盘属于非接触式读写，因而不易被划伤，但读出速度较慢。

光盘盘片由盘基、反射层、存储介质层、保护层等部分组成。通常盘基采用聚碳酸酯或有机玻璃材料制成。

目前光盘存储器大体分为三类：只读光盘、一次性写入光盘和可擦写光盘。

1. 只读光盘 CD-ROM

光盘内容由生产厂家在制造时写入需要的数据和程序，用户使用时只能读出，不能修改或写入。光盘表面记录信息区是一些凹坑，用有无凹坑表示存储不同信息。有凹坑处与无凹坑处对光的反射率不同，因此通过激光束照在光盘上反射光的差别，读出记录在光盘上存储的"0"、"1"信息。

生产光盘时，利用激光刻录机将需要记录的信息刻录在表面涂有光刻胶的盘片上，做成金属模盘，称为母盘，再利用注塑法或光聚合法把记录的信息复制到塑料盘上，镀上金属膜和保护膜制成光盘。现在使用的 CD-ROM 属于这一类，5 英寸的光盘单面容量是 650MB。

2. 一次性写入光盘 WORM

这种光盘表面的存储介质是一种特殊的金属薄膜，用户拿到的是一片空白盘。需要写入信息时，利用激光刻录机把激光束聚焦成微小的光点，温度很高，将光盘表面介质熔化灼蚀成凹坑，利用光道上有无凹坑，表示"0"、"1"信息。读出原理、制作方法与 CD-ROM 类似，不同的是用户只能向光盘一次性写入需要的信息，以后就再也不能修改和写入了，但光盘信息可以反复进行多次读出没有限制。

3. 可擦写光盘

其特点是用户可根据需要向光盘写入信息，并且可以擦除和修改，像磁盘一样使用光盘,又叫可重写光盘 CD-RW(Rewritable CD),根据存储介质不同,可擦写光盘分成两种:磁光型和相变型。

磁光型光盘的存储介质是一种磁性材料(如稀土类铁族磁性合金)利用热磁效应存储信息。介质被激光照射时,由于温度升高,矫顽力下降,在外磁场作用下发生磁翻转,表示存"1",其磁化方向与外磁场一致,而没有被激光照射的区域,不会发生磁场翻转。擦除这种光盘时,只要外加一个反向磁场,通过激光照射,将其反向磁化把存储信息清除。读出信息时,由于反射激光偏振方向不同,进而识别存储的不同信息。

相变型光盘利用物质的晶态和非晶态可逆向转换的相变特性,进行信息的存储和擦除。通常采用碲锗合金。写入信息前,光盘表面存储介质处于结晶态,当使用高功率窄脉宽的激光束聚集在光盘表面某一区域时,由于介质吸热熔化,变成非晶态,其他未被照射部分仍保持晶态,我们把非晶态看作"1",结晶态看作"0"以记录信息。擦除时,利用低功率宽脉冲激光照射记录介质,在加热后缓慢冷却,使其退火,恢复到原来结晶状态,达到擦除目的。利用介质晶态和非晶态对光的反射和折射率不同而区别"1"、"0"信息。

与磁盘类似,读写光盘也是按光道顺序进行的,但 CD-ROM 光盘的光道 ISO 规定为单螺旋线形,并且要求读写光盘不同光道的线速度是恒定的,以保持激光束聚焦不同区域时照射时间都是相等的。记录光道在圆周方向每转 360°出现一次索引脉冲,作为一个光道的开始,每个光道分成若干扇区(例如 17 或 31),各光道上的扇区都是等长的,其中包括若干字节,如每个扇区有 2352B,将扇区又分成同步、扇区地址、用户数据区和校验码四部分,其中数据区占 2048B。

光盘存储器由盘片,控制接口,光盘读写头与机电驱动部分组成。接口部分由主机把需要写入的数据送来,经过校验、编码、格式转换送激光器;另外,从光盘读出的数据经光电转换、译码、校验、送给主机。

光盘读写头由激光器、偏振光分离器、数据光监测器、跟踪反射镜、定位监测器、聚光透镜等组成。光头安装在小车上,可沿光盘径向移动,对不同光道上的信息进行读写。光盘由主轴电机驱动作匀速旋转,其转速有 100r/min、900r/min、1800r/min 等多个档次,使光道在光盘表面的线速度相同。写入时,经编码后的数据位若为"1",则控制激光器发出强激光束,经光束分离器,跟踪反射镜、聚焦透镜,将 90%的激光形成一个 $1\mu m$ 直径的强光点射向光盘表面,烧出一个小坑,表示记录了信息"1"。反之记录信息"0"。此外激光束分离器将 10%的激光束经过半透明的反射镜,进入定位误差监测器,进行写入激光束的聚焦控制和跟踪控制,并控制光盘主轴电机的转速。读出时,在激光器上加一个较低直流电压,使输出小功率的连续激光束,经过光头照射到盘面上,其读出反射光的一部分经相同光路,由数据光监测器接收,将光信号变成电信号,再经译码、校验作为读出数据送给主机。光盘存储器原理图如图 8-45 所示。

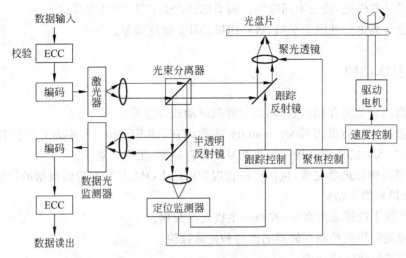

图 8-45 光盘存储器原理图

8.7 固态盘

固态盘（Solid State Disk，SSD）是移动硬盘的一种。随着半导体技术的发展，利用大规模集成电路半导体存储器作为存储介质构成与磁盘功能等效的存储设备。又称半导体盘。由于在存取过程中没有磁头寻道及主轴电机旋转等机械动作，速度快、工作可靠。但其数据读写仍以块或页为单位进行，与磁盘读写按扇区一致，其驱动程序和管理软件与磁盘功能类似，故仍称其为盘。

8.7.1 固态盘的分类及特点

1. 固态盘的分类

(1) 采用动态随机存储器（DRAM）芯片做存储介质。这种固态盘开始时作为大型计算机扩展存储器使用。但是，为了解决掉电丢失数据，还需采用后备电池和磁盘驱动器作备份。

(2) 利用快擦可编程只读存储器（Flash Memory）芯片作存储介质。构建不需要后备电源的固态盘，成为固态盘的主流。21 世纪以来得到飞速发展，广泛应用于航天、航空、通讯、交通、军事等领域。

2. 固态盘的主要特点

(1) 更可靠。如 M-System 公司的快闪固态盘（FFD）最小故障间隔时间大于 70 万工作小时，写擦次数大于 50 万次，工作温度在 $-45 \sim 85 \, \text{℃}$。

(2) 更安全，可以进行加密。

(3) 容量不断加大，速度更快。FFD 容量可达 1000GB，读写速率可达 540MB/s。

(4) 接口多样化，适于不同应用。如 IDE、SCSI、PCI、USB 等接口。
(5) 更小型化。可用于手机、数码相机、MP3 播放器等。

*8.7.2 基本结构

固态盘由非易失存储器、控制器和管理驱动软件组成。

固态盘的存储体采用 flash memory 或称闪存，即 EEPROM，不需寻道操作，读出速度较快，但写入时需先成块擦除。为非易失性存储器，工作可靠。

控制器由微处理器完成，包括存放管理程序的 ROM、RAM、传输数据的控制电路、接口电路、检错纠错电路等。主要功能是：
(1) 接收主机送来的命令，控制与主机交换数据。
(2) 按规定格式控制存储器的读写和擦除操作。
(3) 完成检错纠错功能。
(4) 决定数据文件所在的页、块位置对盘中页面进行管理。
(5) 根据 flash EPROM 要求，决定擦除电压变换。

固态盘的管理软件放在微处理器的 ROM 中保存。

*8.8 通信设备

8.8.1 调制解调器

在远程终端和计算机网络环境中，常常要用电话线作为通信介质，电话线传送数字信号效率很低且易引起信号失真。通常先把要发送的数字信号调制成音频信号，经电话线传送到目的地后，再解调制成数字信号。完成这种功能的设备叫调制解调器。

调制时，用一定频率的正弦波做载波，用数字信号控制载波参数的变化。正弦波有幅度、相位、频率三个参数，因此调制也有幅度调制、相位调制、频率调制三种基本方式。解调制相反，从已调制的正弦波中分离出原来的控制波。计算机通信中，控制波是表示二进制的数字"0"或"1"的电平信号，图 8-46 给出了二进制调幅、调频、调相的波形图。

通常把幅度调制称为幅移键控(ASK)，相位调制称相移键控(PSK)，频率调制称为频移键控(FSK)。相移键控中若以载波相位做参考点的称为二进制相移键控(BPSK)，以前一个码元相位为参考点的称差分相移键控(DPSK)。其中幅移键控最简单，性能也差，易受干扰；频移键控对干扰不敏感，但要求通信频率宽一些；相移键控抗干扰能力最强，但实现电路较复杂，通信频带要求较宽。

调制只改变信息的载体，没有改变信息的内容。我们把通信线路中携带信息的信号变化部分称为"码元"，每秒通过线路的码元数称为码元传输率，单位是波特。每秒中通过线路的二进制信息总量称为位传输率，也叫比特率，单位是 bps。为了提高比特率，降低误码率，常用一种对幅度和相位同时进行调制的方法，称为正交调制(QAM)，但设备上比

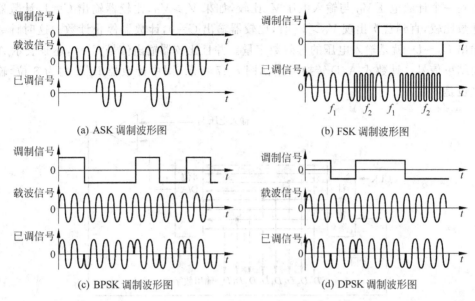

图 8-46 二进制调制波形图

较复杂。

调制解调器在通信线路上使用时必须有统一的标准,国际电报电话咨询委员会(CCITT)对 modem 制定了一系列标准,对使用与制造提出了统一的规范要求。

调制解调器有以下几种分类方法:

调制解调器按传输速度可分为低速(1200bps 以下)、中速(2400～4800bps),高速(9600bps 以上调制解调器)。还可分为串行与并行,同步与异步,公用电话网与专用线路,单工、双工、半双工等调制解调器。

8.8.2 模/数与数/模转换装置

使用计算机控制生产过程时,常常要求把被控制的实时物理量如电压、电流、压力、温度转换成数字量,送给计算机处理,这个工作是由模拟量/数字量转换器完成的。计算机处理结果还要变成模拟量才能控制生产设备,这是由数字/模拟转换器完成的。

(1) 模/数转换器(Analog-to-Digital Converter)简称 ADC,简写为 A/D。这是用来将模拟信号转换成数字信号的设备。通常利用传感器将控制对象如温度、压力、流量、位移等连续变化的物理量转化为连续变化的电压或电流,再通过模/数转换器转化成二进制数字量,输入到计算机中进行处理。

模/数转换器由采样保持,多路开关和模数转换电路组成,其性能指标有采样频率,输出精度等。采样频率指每秒从模拟量输入的连续量中采样信息的次数,输出精度指采样信息数字化后 A/D 输出的二进制数的位数。

A/D 转换电路典型的有比较式和积分式两种,比较式电路精度高较为常用。比较式A/D 转换电路内部,利用一个计数器从零逐个加 1 计数。计数器输出经过数/模转换电路得到一个计数电压 V_0 与输入电压 V_i 比较,如果 $V_i > V_0$,比较器输出 $C=1$,计数器继续计数比较,直到首次出现 $V_0 > V_i$ 时,比较器输出 $C=0$,计数器停止计数。这时计数器的输出 $D_7 \sim D_0$ 就是输入电压的等效数字量。并且比较器输出信号 $C=0$,还是表示 A/D 转换结束信号。计数式 A/D 转换电路如图 8-47 所示,图中计数器 D/A 均为 8 位,输出精度也是 8 位。

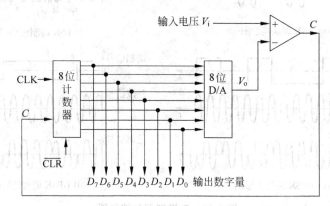

图 8-47　计数式 A/D 转换电路

(2) 数/模转换器(Digital-to-Analog Converter)简称 DAC,或 D/A。这是把数字信号转换为模拟信号的设备。数字量是由一位一位数字构成的,每位数字都有一定的权,例如 1001,最高位的数的权是 $2^3=8$,最低位的数的权是 $2^0=1$。因此,$1001=1\times 2^3+1\times 2^0=8+1=9$。为了把一个数字量变成模拟量,必须把每一位上的代码,按权转换成模拟量,再把各位模拟量相加,这样得到的总的模拟量便对应于给定的数据。

在 D/A 转换电路中,常使用 T 型网络实现数字量到模拟电流的转换,再利用运算放大器完成电流到电压的转换。例如图 8-48 为采用 T 型网络的 D/A 转换器,开关 K_3 表示高位数,位权为 2^3。在图 8-48 中,一个支路开关倒向左边,该支路的电阻就接地了,如果开关倒向右边,即可给运算放大器输入端注入与该数位权相对应的电流。

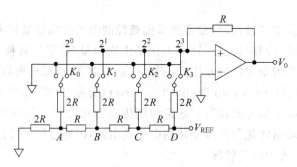

图 8-48　采用 T 型电阻网络的 D/A 转换器

在 T 型电阻网络中若开关均倒向左边,节点 A 左边为 2 个 $2R$ 的电阻并联,等效电阻为 R,依此类推,D 点的等效电阻也是 R,接在标准电压 V_{REF} 上。V_{REF} 是一个足够精确的标准电压,也叫参考电压。如果电阻阻值也是足够精确的,则其电流值也是足够精确的。

很容易算出各点电位，D 点是 V_{REF}，C 点是 $\frac{1}{2}V_{REF}$，B 点是 $\frac{1}{4}V_{REF}$，A 点是 $\frac{1}{8}V_{REF}$，各节点向运算放大器提供的输入电流分别是：D 点是 $\frac{V_{REF}}{2R}$，C 点是 $\frac{V_{REF}}{4R}$，B 点是 $\frac{V_{REF}}{8R}$，A 点是 $\frac{V_{REF}}{16R}$，令开关 K_0、K_1、K_2、K_3 分别对应输入的四位二进制 1111，则当输入数字量是 1.111 时，流入运算放大器的电流为：

$$I = \frac{V_{REF}}{2R} + \frac{V_{REF}}{4R} + \frac{V_{REF}}{8R} + \frac{V_{REF}}{16R} = \frac{V_{REF}}{2R}\left(1 + \frac{1}{2} + \frac{1}{4} + \frac{1}{8}\right) = \frac{V_{REF}}{2R}\left(1 + \frac{1}{2^1} + \frac{1}{2^2} + \frac{1}{2^3}\right)$$

括号内各项分别对应二进制数 $2^0, 2^{-1}, 2^{-2}, 2^{-3}$ 运算放大器输出电压 $V_0 = IR_0 = \frac{V_{REF}}{2R}R_0\left(\frac{1}{2^0} + \frac{1}{2^1} + \frac{1}{2^2} + \frac{1}{2^3}\right)$，因此输出电压与输入的二进制数成正比。

模/数转换输出的精度，对应其最低位数 1，D/A 转换时，将最低位数增 1，引起的增量，与其最大的输入量之比称为分辨率，即 $\frac{1}{2^4-1} = \frac{1}{15}$。显然位数越多，分辨率越高，如 8 位 D/A 转换器的分辨率是 $\frac{1}{255}$。

习题

1. 说明常用外部设备的种类和作用。
2. 说明外部设备工作的特点。异步工作是什么含义？如何与主机通信？
3. 键盘的基本结构如何？如何识别按键？如何得到按键的 ASCII 码？
4. 鼠标有什么用途？表示鼠标性能的主要技术指标是什么？
5. 说明扫描仪的组成和工作原理。
6. 说明字符显示器、图形显示器、图像显示器的异同和特点。
7. 显示器的分辨率是什么含义？提高显示器分辨率要在技术上解决什么问题？
8. 显示器的灰度级是什么含义？表示一个像素具有 256 级灰度需要多少位二进制数？
9. 彩色显示器与黑白显示器结构上主要差别在哪里？
10. 什么叫显示器刷新？为什么要刷新？显示存储器 VRAM 的内容是什么？如何决定刷新存储器的容量和存取速度？
11. 什么是字符发生器？有什么用途？
12. 说明字符显示器的工作原理。
13. 说明串行单向针式打印机的结构和工作原理。
14. 说明激光打印机工作原理。
15. 说明磁表面存储器磁头读写原理。
16. 画出磁表面存储器调相制、调频制写入电流的波形（假定写入数据为 10011）。

17. 说明磁盘存储器记录密度、存储容量、寻址时间、数据传输率的含义。

18. 一个盘组有 4 个盘片，其中有 6 个记录面，每面的内磁道直径 22cm，外磁道直径 33cm，最大位密度为 1600 位/cm，内外磁道位密度不同但储存容量都是一样的，道密度为 80 道/cm，转速为 3600r/min，求：

① 非格式化储存容量。

② 最大数据传输率。

19. 什么叫扇区？什么叫圆柱面？磁盘和主机交换数据的单位是什么？

20. 说明磁盘地址格式，寻址过程。

21. 软盘和硬盘有什么差别？

22. 说明磁盘阵列 RAID 0 模式的工作原理。

23. 为什么计算机通信中要使用调制解调器？

24. 为什么要用 A/D 转换器？说明计数式 A/D 转换电路工作原理。

25. 为什么要用 D/A 转换器？说明 T 型电阻网络 D/A 转换器原理。

第9章 输入输出系统与控制

输入输出(I/O)系统是提供主机与外部世界通信和交往的手段,输入输出设备种类繁多,性能差别悬殊,结构原理又很复杂。输入输出系统应该反映每个设备的工作状态,接收主机命令,控制设备工作,并且及时与主机进行通信。为了简化与主机的连接,便于扩充设备,要求I/O系统与主机使用统一的标准接口。

输入输出系统是相对于CPU之外的可以独立工作的子系统,外围设备进入或退出工作状态时只需CPU发出启动命令或停机命令,而不需控制其内部具体工作过程。设备在完成某种工作后才要求CPU进行输入输出数据的传送干预。CPU最少干预原则和I/O系统自治原则,使得I/O功能最大限度地从主机中分离出来,I/O系统工作与主机是异步的。

I/O系统还应根据设备的不同性质采用不同的组织方法,一类如键盘、终端、控制台打字机等面向字符的设备,是低速设备。它们以字符或字作为与主机交换信息的单位,设备方面只需设置存储一个或几个字符的缓冲寄存器,及反映设备工作状态的标志,使主机定期测试设备工作是否已经完成,而决定是否干预,取走输入的数据。另一类如磁盘磁带机等面向信息块传送的外部设备是快速设备,CPU对这类设备的请求必须及时响应和处理,把磁盘传送来的一批数据送入主存保存。I/O系统还需要设置一个计数器,记录传送字数,当计满传送一个数据块后,停止此次传送工作。

I/O设备通常使用共享总线与主机通信,使得连线整齐、扩充容易。

9.1 系统总线

9.1.1 系统总线结构

总线是主机与各个部件交换数据的通路,总线由各个设备分时共享。按总线传送的信息分类,总线中包括数据总线、地址总线和控制总线。地址总线用来传送访问主存和I/O设备的地址,对于存储器来说是单向的,只能接受源部件发来的地址信息。数据总线是双向总线,可以读出主存单元中数据,也可以把数据写入主存单元中,可以从设备中输入数据,也可向设备输出数据。控制总线是用来传送主机发出的控制命令,或设备的工作状态及应答信号。在一些小型计算机和微型计算机中采用单总线结构,典型代表是

PDP-11计算机。CPU 和主存、I/O 设备都连在一组系统总线上,使 I/O 设备与主存统一编址,可以省去 I/O 指令;所有设备与主机打交道都用统一的接口,可以简化接口设计。主要缺点是这组总线太忙,数据传送速度受到限制,另外当 I/O 设备距离太远时,总线的速度提高也是很困难的。

很多计算机把 I/O 总线与主存总线分开,这种总线结构称为双总线结构。现代计算机中常使用输入输出处理机(IOP),负责设备和 I/O 总线的管理,以减少 CPU 管理 I/O 设备的负担,同时也可提高 CPU 访问主存的带宽,单总线结构与双总线结构分别如图9-1和图9-2 所示。

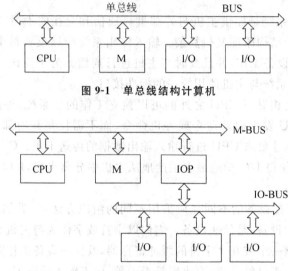

图 9-1 单总线结构计算机

图 9-2 双总线结构计算机

在高速计算机中,CPU 希望访问主存与外存时有尽可能快的带宽,因此,低速 I/O 设备与高速的磁盘等存储器分别使用不同的 I/O 总线是一种较好的方案,于是又提出了多级总线的方案。Pentium 计算机就采用了三级总线结构,即 CPU 总线、PCI 总线、ISA 总线。

CPU 总线也叫存储总线或系统总线,它具有 32 位地址线和 64 位数据线,采用 60MHz 时钟与存储器同步传送数据,总线上可接 4×128MB 的主存和二级 Cache。

PCI 总线是一组高速 I/O 设备总线,可接磁盘控制器、网络接口控制器、图形显示器控制器。PCI 总线是一组 32 位(或 64 位)的同步总线,数据线与地址分时复用,总线时钟频率 30MHz,总线带宽 132Mbps。PCI 总线通过 PCI 总线控制器与 CPU 总线连接,PCI 总线控制器负责控制协议转换、传送数据时不同速度设备的数据缓冲及电平转换等,通常把这个控制部件叫北桥。

第三级为 ISA 总线,Pentium 机使用 ISA 总线与低速 I/O 设备通信。ISA 总线通过 8 位或 16 位的设备适配器连接各种设备,ISA 总线支持 15 级中断和 7 路 DMA 方式与系统通信。ISA 总线可连接扫描仪、打印机、CD-ROM 驱动器、磁带机、调制解调器等。ISA 总线控制器与 PCI 总线相接,接受 PCI 总线控制。ISA 总线控制器习惯上叫南桥,ISA

总线时钟频率为 8MHz,总线宽度 16 位。

Pentium 三级总线结构图如图 9-3 所示。

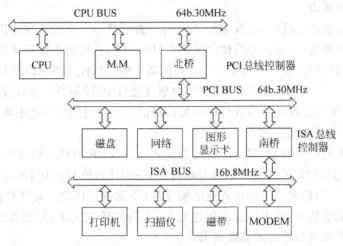

图 9-3 Pentium 三级总线原理图

9.1.2 总线控制方式

许多部件都接在一组总线上,当有多个设备同时要求使用总线时,必须有总线仲裁机构来控制总线的分配、使用和回收。根据总线控制部件的位置可分为集中控制和分布控制两种,按照总线控制的方式可分为串行连接方式、定时查询方式和独立请求方式。

1. 串行连接方式

在一般计算机中串行连接方式用的较多,连在总线上的设备串行地排成一队,按排队次序轮流使用总线。显然排在队列最前面的设备优先权最高,它一请求总线,很快就可取得总线使用权。排在队列末尾的设备优先级最低,当它要求使用总线时,还要看排在队列前面的所有设备是否申请总线,如果都不申请,它才能得到总线传送数据,这种方式又叫"雏菊花环式"(Daisychain)连接方式,属于集中控制的一种,原理如图 9-4 所示。

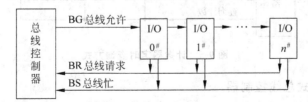

图 9-4 串行连接的总线控制方式

串行连接方式所有设备接口共用一条总线请求线 BR,当 BR＝1 时表示有一个设备或多个设备请求使用总线,总线控制器收到 BR 请求后,若总线不忙(BS＝0)则发出总线允许信号 BG,BG 串行地通过每一个 I/O 接口,如果没有发出过总线请求信号的接口收到 BG 信号,则把 BG 信号传往下一个 I/O 接口,一直传送到发出总线请求信号的 I/O 接口为止,由该接口建立总线忙标志(BS=1),同时撤销总线请求信号,开始占用总线传送数据。数据传送完毕,撤销总线忙信号(BS=0),总线允许信号随之消失,此后,总线控制器等待新的总线请求。

若一个设备请求总线时,总线正忙(BS=1),表示某一个设备正在使用总线。新的请求总线的设备必须等待,直到总线忙信号消失(BS=0),总线请求信号才被总线控制器接受,发出总线允许信号(BG=1),在串行排列的队伍中查找优先级最高的请求使用总线的设备,为之服务。这种方案选择算法简单,控制线数目少,增加设备接口容易,可靠性也较好,缺点是总线分配速度随接口数目的增加而降低。优先级的顺序也不能改变。

2. 计数器定时查询方式

接在总线上的每个设备,都可以通过总线请求信号 BR 申请使用总线,如果此时总线不忙(BS=0),总线控制器控制计数器开始计数,并用计数值与所有 I/O 接口设备号相比较,当计数值与发出请求总线的设备地址相等时,该设备接口建立总线忙信号(BS=1),同时撤销总线请求信号,并占用总线传送数据,当数据传送完毕,撤销总线忙信号(BS=0),交出总线,等待其他设备的总线请求。

当下一个设备发出请求,并且总线处于忙状态(BS=1),则该请求总线的设备必须等待,直到总线不忙时(BS=0)才开始新的查询计数,计数器工作时可以从"0"开始,也可以接着上次查询的计数值开始计数。如果每次都从"0"开始计数,各设备的优先次序与串行连接方式类似,如果从上一次查询设备的计数值开始计数,并且是循环计数,从概率论角度看每个 I/O 接口使用总线的机会完全是一样的。计数器如果可以用程序方法设置任意计数值时,则其优先权的改变将是非常方便的。

这种方式比串行连接的雏菊花环方式可靠,当串行连接方式中有一个 I/O 接口发生故障,则将影响其后面的设备的总线传送。计数器定时查询方式的工作原理如图 9-5 所示。

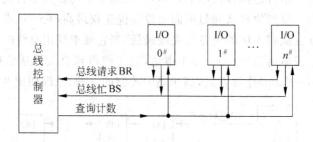

图 9-5 计数器定时查询方式

3. 独立请求式总线控制器

接在总线上的每个设备接口都可独立请求使用总线,每一个设备都有两条线连到总线控制器,一条是该设备的总线请求 BR_i;另一条是总线控制器送来的允许该设备占用总线的总线允许线 BG_i,当某个设备接口发出总线请求信号 BR_i 时,如果总线不忙(BS=0),则由总线控制器按照一定的规则决定哪个设备可以使用总线,当同意某设备 i 使用总线时,置 BG_i 为高电位,该设备即可占用总线发送接收数据,同时撤销该设备的总线请求信号 BR_i,并且建立总线忙信号(BS=1)使其他设备不能再占用总线。需要注意总线忙信号线各设备接口还是公用的,当这个设备使用总线传送完数据后撤销总线忙信号,并经过总线控制器撤销传送完数据的设备的总线允许信号 BG_i,等待其他接口的请求。

独立请求方式的优点是分配总线的速度快,另外设备的优先策略完全由总线控制器决定,缺点是控制线数目多,总线控制器比较复杂,其工作原理如图 9-6 所示。

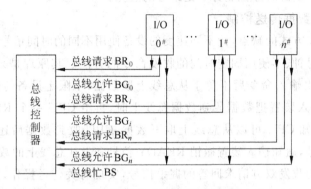

图 9-6 独立总线请求总线控制器

9.1.3 总线通信方式

如何控制在总线上传送数据?除了指明数据的传送方向是输入还是输出外,还必须提供控制数据传送的定时信号,例如规定发送方何时可以把数据放到 I/O 总线上,接收方何时可以从总线上接收数据。从传送定时角度,可以把数据传送控制方式分为两种,即同步方式和异步方式。与之对应总线也可分为同步总线和异步总线,同步总线使用统一时钟信号,控制发送方和接收方传送数据的定时控制。而异步总线收发双方依靠互相约定的应答信号实现数据传送时间控制。

1. 同步总线的数据传送控制

数据收发双方按统一的时间节拍发送和接收总线上的数据。CPU 和外围设备都利用统一的时钟生成控制信号,控制数据的发送和接收操作。

输入数据的过程如图 9-7 所示。I/O 周期从 t_0 时刻开始,CPU 把设备地址放到地址总线上,把输入操作信号放到控制总线上,接收方经过地址译码找到输入装置开始工作,t_1 时刻把数据放到数据总线上,再传给 CPU,经过一定时间,在时刻 t_2 时产生数据接收选通信号,把输入装置送来的数据接收到 CPU 的数据寄存器中,经过

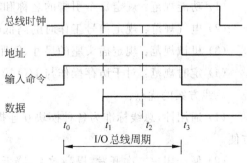

图 9-7 同步总线输入数据过程

一段恢复时间,到达 t_3 时结束 I/O 的总线传送操作,以便开始又一次输入数据的操作,各个控制信号的时序关系都是固定的。

同步总线方式的优点是简单，但简单也带来一些缺点，有时为照顾低速设备输入操作，使得 I/O 总线周期加长，降低了输入速度；其次是可靠性差，传送过程中不再考虑数据是否到达，时间一到立即发出从总线上取数据的命令；然后是灵活性差，对不同速度的设备都使用统一固定的时序控制并不是最好的选择。

2. 异步总线数据传送控制

为了克服同步方式的缺点，让不同速度的设备使用不同的时间信号控制数据传送，可采取不使用公共时钟、不使用固定时间的收发命令的方法。其原理是采用应答方式传送数据，当 CPU 发出输入命令后不急于从总线上取数据，不限定设备传送数据的时间，而是一直等待，当输入装置把数据放到数据总线上时，再给 CPU 一个 READY 信号，表示数据已准备好，通知 CPU 可以从总线上取下数据，CPU 收到数据后还要向输入装置发"数据已接收"信号，通知输入装置撤销 READY 信号和发往总线上的数据。

异步方式利用收发双方请求回答的握手信号，实现有关传送操作，工作比较可靠，灵活。工作速度也有改进，可以适应各种速度设备的传送要求，缺点是传送过程较复杂，相对于一台固定速度的设备来说，因为增加了应答时间，速度上还是受到影响。因此现在计算机中把高速设备和低速设备分成两个 I/O 总线，使用不同的时序控制信号，分别采用不同速率的同步方式传送数据，也是一种可取的方案。

9.2 微机总线

总线是计算机各部件间和外部设备间进行信息和数据交换的共享通路。采用总线连接的计算机系统内，希望接入系统的不同厂家生产的各种设备能够互连互换，要求各个厂家都遵守一种通用的总线标准开发设备。因此对每种总线标准必须有详细的说明，包括下列内容：

（1）功能规范：规定每个引脚的名称和功能，对它们的作用和协议进行说明。

（2）电气规范：规定信号工作时的高低电平、动态转换时间、负载能力。

（3）机械规范：规定插头座的尺寸、间距及定位要求。

（4）定时规范：对于访存操作与 I/O 操作，规定相应的信号时序。

总线方案的优点：

（1）通用性，总线标准为各种模块互连提供一个标准界面，为界面各方设计工作提供方便。

（2）便于用户二次开发，提高效率，降低成本。

（3）便于系统更新，为提高部件性能提供支持。

微机技术发展很快，应用非常广泛，系统总线也在不断发展，已有 8 位机、16 位机、32 位机、64 位机各种标准在使用。常见系统总线标准有 S-100、STD、PC/XT、ISA、EISA、PCI 等。主机与外部设备连接的总线还有 RS-232C、IEEE-488、SCSI、USB 等。

9.2.1 S-100 总线

S-100 总线是最早推出的标准化微机总线，最初是以 Intel 8080 CPU 为基础设计的，因为有引脚 100 条而命名，现已很少使用。

9.2.2 STD 总线

STD 总线是 1987 年推出的微机总线，用于工业控制微型机领域，最初也是为 8 位微机制定的标准，后来通过复用技术，已可传送 16 位数据。

STD 总线共有 56 个引脚，分为 5 组：

(1) 电源地，占 1~6 脚，提供±5V 电源及电池供电；
(2) 数据总线 7~14 脚，共 8 条线；
(3) 地址线 15~30 脚，共 16 条线；
(4) 控制线 31~52 脚；
(5) 辅助电源 53~56 脚，提供±12V 电源。

9.2.3 IBM PC 总线

针对 Intel 8088 规定的 PC/XT 总线是 1981 年 IBM 公司提出的，也称为 XT 总线。其中包括：8 位双向数据线，20 位地址线，6 级中断请求线，3 组 DMA 请求与响应线，4 根 I/O 和存储读写命令线，±5V，±12V 电源线和地线共 8 根，以及其他控制线、时钟等，系统时钟频率为 4.77MHz。图 9-8 为 IBM PC 总线 62 线插槽引脚信号名称。

9.2.4 ISA 总线

ISA 总线是 IBM PC/AT 机上使用的总线，它是为 80286 CPU 设计的系统总线，是 IBM 公司推出的，也称作工业标准总线。与 ISA 总线标准兼容的计算机产品很多，而 CPU 采用 80286、80386、80486 的计算机总线也多采用 ISA 标准。ISA 总线也称为 AT 总线。

ISA 系统总线包括 16 根数据线、24 根地址线、12 根中断请求线、7 组共 14 根 DMA 请求与响应信号线以及其他控制线。

ISA 总线是在原来 PC 总线(62 个引脚)基础上又增加了一个 36 线插槽实现的。新增加的插槽编号是 C 排信号，ISA 总线共有 98 个引脚。另外 CPU 可以使用比总线时钟频率更高的时钟，使 CPU 的性能得以迅速提高。ISA 还提供了 CPU 与外设连接的标准接口，给系统模块化设计提供方便。ISA 没有支持总线仲裁的逻辑电路，不支持包含多个主设备的系统，ISA 总线上数据传送必须通过 CPU 或 DMA 控制器。ISA 总线除沿用了

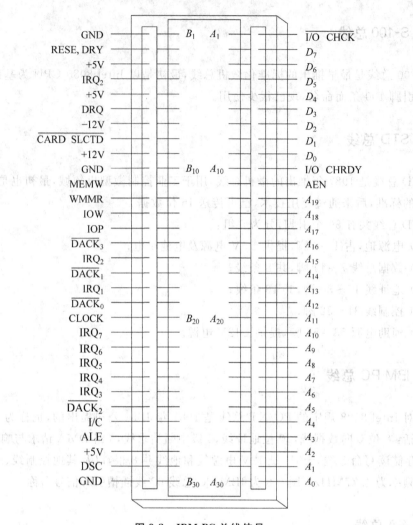

图 9-8 IBM PC 总线信号

原 62 线插槽外,新增 36 线插槽信号分配表如表 9-1 所示。

9.2.5 EISA 总线

为了支持 8086 CPU,充分发挥其性能,COMPAQ、HP 等 9 家公司在 1989 年提出了扩展的工业标准总线,即 EISA(Extended Industrial Standard Architecture)总线。

EISA 是一种 32 位总线标准,与 ISA 完全兼容。EISA 总线时钟为 8MHz,最大数据传输率可达 33MB/s。

EISA 总线包含数据总线 32 位,地址总线 32 位;考虑总线控制权从 CPU 中分离出来,支持总线上有多个主设备工作和突发方式传送数据。EISA 总线共有 196 个引脚。

表 9-1　ISA 总线新增的 36 脚信号分配表

元 件 面			焊 接 面		
引脚号	信号名	说　明	引脚号	信号名	说　明
C1	SBHE	高字节允许，双向	C1	$\overline{\text{MEM CS16}}$	存储器16位选片信号，输入
C2	A_{23}		C2	$\overline{\text{I/O CS16}}$	接口16位选片信号，输入
C3	A_{22}		C3	IRQ_{10}	
C4	A_{21}		C4	IRQ_{11}	
C5	A_{20}	高位地址，双向	C5	IRQ_{12}	中断请求，输入
C6	A_{19}		C6	IRQ_{14}	
C7	A_{18}		C7	IRQ_{15}	
C8	A_{17}		C8	$\overline{\text{DACK}}_0$	
C9	$\overline{\text{SMEMR}}$	存储器读，双向	C9	DRQ_0	
C10	$\overline{\text{SMEMW}}$	存储器写，双向	C10	$\overline{\text{DACK}}_5$	DAM请求与响应信号，
C11	D_8		C11	DRQ_5	前者输入，后者输出
C12	D_9		C12	$\overline{\text{DACK}}_6$	
C13	D_{10}		C13	DRQ_6	
C14	D_{11}	数据总线高8位，双向	C14	$\overline{\text{DACK}}_7$	
C15	D_{12}		C15	DRQ_7	
C16	D_{13}		C16	+5V	正5伏电源
C17	D_{14}		C17	MASTER	主控，输入
C18	D_{15}		C18	GND	地信号

9.2.6　RS-232C 总线

美国电子工业协会 EIA 1969 年制定的 RS-232C 标准与 CCITT 推荐标准 V24 一致，用于实现 CPU 与一台外设相连。RS-232C 支持利用电话线进行远程通信，通常用调制解调器，把数字信号转换成模拟信号在电话网络中传送，接收端用调制解调器把模拟信号转换成数字信号再送给数字装置。近距离通信直接采用 RS-232C 标准连接，不需使用调制解调器。

RS-232C 是一种串行总线，实现 CPU 与低速设备和远距离设备通信。

RS-232C 有 25 个引脚，分成两列，一列 13 个引脚，另一列 12 个引脚，其中 TXD 表示发送数据线，用于输出；RXD 表示接收数据线，用于输入。

RTS 表示请求发送信号，用于输出，当 RTS=1 时，表示数据终端(RS-232C 插座处)要向其他设备发送数据；CTS 是对 RTS 的回答信号，是输入信号，当 CTS=1 时表示其他设备准备好接收数据，通知终端允许终端发送数据。

DTR 表示数据终端准备好，是输出信号。DTR=1 表示数据终端请求接收数据，请发送设备发送数据给终端。

DSR 是数据装置(设备)准备好信号，用于输入。DSR 是对终端发出的 DTR 请求的回答信号，表示发送设备准备向终端发送数据。

四个信号分为二对应答信号，RTS表示要输出数据，DTR表示要输入数据。

RS-232C上信号电平具有较宽范围，可用$+3\sim+25V$间之任意电压表示逻辑"0"，用$-3\sim-25V$间之任意电压表示逻辑"1"。实际应用中电平常用$\pm12V$，$\pm15V$表示，因此与主机电路连接时还需电平转换电路，把RS-232C上的高低电平转换为TTL或MOS电路电平(TTL电源电压为$+5V$)。

当CPU使用RS-232C接口A与设备通信时，设备也使用RS-232C接口B与CPU交往，两个RS-232C插头座之间的连接方法是不同的，如A接口的发送数据线T_XD(输出)应与B接口的接收数据引脚R_XD(输入)相连，同理接口B的发送数据引脚T_XD应与A接口的接收数据引脚R_XD相连。A接口与B接口间的握手应答信号，连接也要特别注意，RS-232C各引脚信号，分配如图9-9所示。

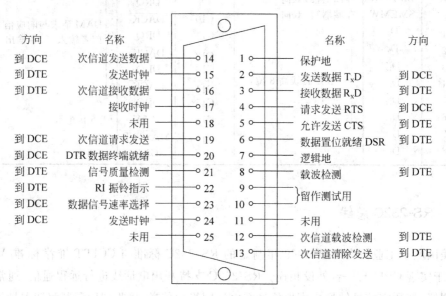

图9-9 RS-232C引脚分配图

9.2.7 IEEE-488总线

IEEE-488总线是一种8位并行的I/O总线，使用24线插头座连接，采用负逻辑工作，即用低电位(小于$+0.8V$)表示信号"1"，用高电位(大于$+2V$)表示信号"0"。488总线最多可连14台设备。

总线上设备有三种工作方式：①从总线上接收数据。②向总线上发送数据。③作为总线控制设备，可指定某个设备接收或发送数据，占用总线。

IEEE-488总线各引脚信号可分为三类：数据线、联络信号线和控制信号线，各引脚的信号如表9-2所示，插脚排列如图9-10所示。

表 9-2 IEEE-488 总线信号分配表

引脚	信号名称	说明	引脚	信号名称	说明
1	D_1		13	D_5	
2	D_2		14	D_6	
3	D_3		15	D_7	
4	D_4		16	D_8	
5	EOI	结束标志	17	REN	远程控制
6	DAV	数据有效	18	GND	
7	NRFD	数据未就绪	19	GND	
8	NDAC	数据未接收完毕	20	GND	
9	IFC	接口清零	21	GND	
10	SRQ	服务请求	22	GND	
11	ATN	数据字节说明	23	GND	
12	GND		24	GND	

其中 $D_0 \sim D_7$ 为双向数据线，用于传输数据、设备地址和控制命令。三个异步传送联络信号：DAV＝低电位，表示发送器发送的数据有效。NRFD＝1 表示总线上的接收器未准备好；NDAC＝1 表示总线上接收器还没有接收完数据。五个传输控制线，ATN＝低电位表示数据总线上传的是数据，ATN＝0 表示数据线上传的是地址和命令；EOI＝1 表示数据传送结束；SRQ＝1 表示设备对总线有服务请求，SRQ＝0 表示没有设备请求服务；REN 为远程

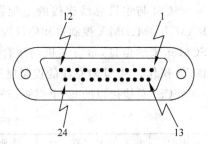

图 9-10 IEEE-488 总线插脚排列图

控制信号，REN＝低电位系统处于远程控制状态，本地面板开关不起作用；IFC 为清除接口信号，IFC＝低电位，IEEE-488 总线停止工作，发送器停止发送，接收器停止接收；GND 为信号地线。IEEE-488 总线信号分配表如表 9-2 所示。

9.2.8 IDE 磁盘接口

磁盘驱动器除完成磁盘读写放大外，还负责数据分离、串行并行数据格式转换。这种主机与磁盘驱动器传送数据时使用的接口称为 IDE 磁盘接口。

IDE 磁盘接口用 40 个引脚的电缆与主机板相连，通信软件放在主板上的 BIOS ROM 中。磁盘电源线另用电缆提供。IDE 接口用 16 根数据线，3 根地址线与 2 根片选线配合进行寻址，使用 DMA 方式直接与主存交换数据。IDE 接口中还设有中断请求信号线等。

*9.2.9 SCSI 总线

小型计算机系统接口(Small Computer System Interface)，简称 SCSI，是一种系统级

的输入输出总线接口。从 1986 年开始,有关组织提出了一系列的 SCSI 标准。

SCSI-I 定义了一种最高传输率为 5Mbps、8b 宽的共享总线接口,最多可接 8 个设备,具有速度快、灵活性好,并具有多设备并行操作等特点,可用于磁盘、磁带、光盘等设备与主机通信,主机通过 SCSI 适配器与 SCSI 总线相连。

SCSI 总线分异步、同步两种数据传送方式,信号线为 50 芯的扁平电缆,也可使用双绞线。信号传输有差分方式和单端方式两种,使用单端方式时,SCSI 传输线中有一半是地线,保证信号的良好屏蔽。单端传输方式中包括 9 条数据线(有 1 位检验线),9 条接口控制和状态线。控制信号中 BSY=1 时,表示 SCSI 设备在忙状态,SEL 信号用于设备选择信号,REQ 为从设备请求信号,ACK 为主设备回答信号,RST 表示复位,ATN 是提醒从设备注意信号,表示主设备有信息要发给从设备,I/O 信号表示数据传送方向,I/O=1 时表示输入。

SCSI 采用单端方式时,连线长度小于 6m。在对称的差分方式工作时,一部分地线改成对称的差分信号线,以提高信号线抗干扰能力。差分输出方式下连线长度可达 25m。

SCSI 与主机总线连接的适配器称为 SCSI 主设备,其中包括微处理器、数据缓存 RAM、ROM、DMA 控制器和协议控制器。微处理器的功能是负责解释主机送来的命令、SCSI 送来的信息,负责主机与缓存、缓存与 SCSI 总线之间的数据传送控制,并且控制 DMA 操作。SCSI 对总线的控制通过协议控制器实现。

SCSI 总线接口的 50 个引脚信号表示如表 9-3 所示。

表 9-3 SCSI 总线信号分配表

引脚	信号名称	引脚	信号名称	引脚	信号名称
1	GND	18	DB-P①	35	GND
2	DB-1	19	GND	36	BUSY
3	GND	20	GND	37	GND
4	DB-2	21	GND	38	ACK
5	GND	22	GND	39	GND
6	DB-3	23	GND	40	RST
7	GND	24	GND	41	GND
8	DB-4	25	OPEN	42	MSG
9	GND	26	TERMPWR	43	GND
10	DB-5	27	GND	44	SEL
11	GND	28	GND	45	GND
12	DB-6	29	GND	46	C/$\overline{D}$
13	GND	30	GND	47	GND
14	DB-7	31	GND	48	REQ
15	GND	32	ATN	49	GND
16	DB-8	33	GND	50	I/O
17	GND	34	GND		

① DB-P:1 根奇偶校验信号线。

9.2.10 PCI 总线

PCI(Peripheral Compenent Intelconect)总线,即外围设备互连总线,它本身是一种高速 I/O 同步总线,可支持与多种 CPU 连接,不受处理器型号的限制,为 CPU 与高速外围设备提供快速数据传输通道,进行总线间数据传输管理,常用于连接磁盘、视频和图像设备。总线时钟频率 33MHz,总线宽度 32 位,通过可选的 32 位数据/地址转接线,把数据总线宽度扩充为 64 位。1992 年 Intel 公布的 PCI 2.0 版本,总线带宽为 33×64/8＝264Mbps。1995 年 PCI 2.1 版本总线时钟为 64MHz 时,其最大带宽达 528Mbps。1999 年底 PCI-X 采用更快的 133MHz 时钟频率,使 64 位总线带宽超过 1Gbps,可满足大容量高速度硬盘传送视频图像数据的要求。

PCI 总线是一种高速同步总线,支持突发模式(Burst)成批传送数据,通过 PCI 总线控制器(也叫 PCI 桥、北桥)与系统存储总线相连。PCI 控制器内设有两组缓冲区,一组为连接 CPU 和主存使用的系统总线缓冲区,用于暂时存放 CPU 发送的数据或 PCI 送往 CPU 的数据。另一组为连接高速设备使用的 PCI 总线缓冲区,用于暂时存放由 CPI 设备读出和发送的数据。系统存储总线和 PCI 总线的工作速度不同,用 PCI 控制器(北桥)将两个独立的总线连接起来,与存储器总线异步工作的 PCI 总线(同步 I/O 总线)又叫局部总线。PCI 桥安装在系统存储总线上。

PCI 总线还兼容低速 I/O 总线,如 ISA、EISA 等,挂在 ISA 总线上的各种中低速设备,如打印机、IDE 磁盘等通过 ISA 总线控制器连接 PCI 总线。ISA 总线控制器又叫南桥。

PCI 总线扩充性好,支持多层总线方式工作,各级总线以设计时决定的速度全速工作,各得其所。PCI 总线支持即插即用的自动配置功能,为用户提供很大方便。PCI 总线引脚数目,32 位总线宽度时是 124 个;64 位总线宽度时是 188 个,电源电压分为 5V 和 3.3V 两种。PCI 总线结构及多层总线连接示意图如图 9-11 所示。

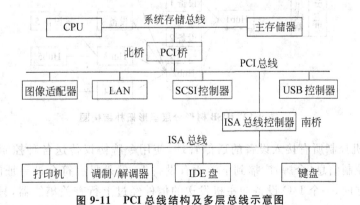

图 9-11　PCI 总线结构及多层总线示意图

9.2.11 串行总线(USB)

1994年11月,Intel和IBM、DEC、Microsoft、NEC等七家公司共同制定了USB协议规范。USB是Universal Serial Bus的缩写。USB是通过树形分层星形拓扑可把多达127个设备连接到计算机的用户系统中,通过协议共享USB通信带宽。USB 1.1支持1.5Mbps(低速)和12Mbps(全速)二种带宽,可满足键盘、鼠标等低速设备和打印机、扫描仪等中速设备的需求。USB 2.0版本的通信带宽已提升到480Mbps,可以满足硬盘、视频等高速设备的传输要求。USB总线使用方便、扩展容易、兼容性好、速度快、功耗低、价格便宜,受到大家欢迎。USB支持即插即用,允许计算机工作时进行USB的连接和插拔,并自动进行配置,使用非常方便。

1. 总线拓扑：树形集线器结构

设备与USB主机的连接是由一个分层的树形结构实现的,每一分层又可按星形结构进行扩充。USB主机在树的根部,USB集线器分布在树的各级中间结点上,外部设备连接在各集线器插口上。

每一个USB总线只能有一个根节点和一个主机,安装在计算机主机上,是系统的核心,负责管理与外围设备的通信服务和带宽分配。根节点包括USB主控制器和根集线器HUB,USB主控器实现USB电缆上差分信号(D+,D-)与数据信号的转换,提供数据收发器和数据缓冲区中各种数据的收发和存储机制,管理各端点数据的存储及交换,USB主控器还提供与PCI总线的连接接口,建立与CPU的通信渠道。

根集线器提供下行端口,连接外部设备或下一级集线器。典型的计算机配有二个USB插口,可以直接接入两台外部设备,也可插入下级集线器、提供多个空的USB插口,最多可扩展到7级,形成一个树形结构,显然不同分支有不同级数,并且每一级的星形结构上集线器的插口数目也是不均匀的。其拓扑结构如图9-12所示。

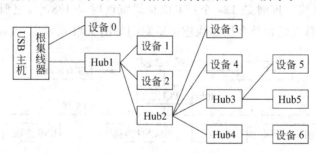

图9-12 USB树形分层星形拓扑结构图

USB主机控制所有接入设备的通信管理,使用令牌协议传送各种控制信息和数据。主机发出的控制信息(令牌)广播到下游所有设备上,但是只有符合被寻址的设备才能接收它。另一方面,一个I/O设备向主机发送的信件经过上行有关集线器,只能被USB主机接收。因此,USB允许其主机与I/O设备通信,但不允许一个USB系统内这些设备之间通信。USB主机控制器安装在PCI总线上,通过PCI总线主控器从主存中获取描述

USB 传送的数据结构,控制 USB 总线上数据的传送。

2. 即插即用

计算机在正常工作时,用户可以通过集线器(Hub)任意插入(或拔下)一个 USB 设备,系统将自动检测到这个设备,并下载有关设备驱动程序,进行自动配置,无须人工停机介入。每一种 USB 设备生产商必须通过 USB 开发者论坛得到专门的 ID 编号,关于设备的功能属性信息是通过存储在设备中的 USB 描述符来体现的。包括设备描述符、配置描述符、接口描述符、端点描述符等。集线器提供端点(端口 Port),将设备连到 USB 总线上。

设备描述符:一个 USB 设备只有一个设备描述符,记载设备的类型,使用的 USB 版本,设备标识 ID、厂商出厂编号以及端点 0 的最大包的大小。

配置描述符:记载数据传送方向和方式,支持接口的数量、供电模式及电流大小。

接口描述符:接口是由若干端点组成、用来实现特定的 USB 数据传输功能。用于规定接口的类型、接口唯一的地址编号,可以用的端点数目。

端点描述符:描述接口使用的非 0 端点的属性,包括输入输出方向,端点编号和端点容量即包的大小。端点是一些数据缓冲区。

当 USB 设备第一次连接到主机上时,USB 主机通过 USB 电缆中数据线上电平的变化检查 USB 设备的接入和撤出。要接收主机枚举和配置,目的就是让主机知道该设备有什么功能,是哪一类的 USB 设备、需要占用多少 USB 资源、使用哪些传输方式以及传输数据多少等。办法就是读取 USB 存储设备中的设备描述符等信息,正确地配置参数,加载设备驱动程序。USB 电缆采用四线结构:1 线为电源,红色;4 线,表示地,黑色;差分数据线有 2 根,2 线为 D^-,白色;3 线为 D^+,绿色。全速(12Mbps)电缆使用带屏蔽的双绞线,低速(1.5Mbps)电缆为不需用屏蔽双绞线。

3. 通信机制

在 USB 星形拓扑结构中,以 USB 主机为核心,建立 USB 主机与 USB 设备之间的通信,通过 USB HUB 节点把二者连接起来。USB 通信协议,以传送差分串行信号的双绞线为载体传送二进制代码;使用令牌规程,查寻需要通信的设备地址,只有响应主机查寻的设备才能与主机建立通信路径。数据包作为 USB 最基本的数据单元,其一连串二进制信息,可以分成许多域,表示通信中的基本特性。

以包为基础,USB 构建了四种传输类型,即控制传输、中断传输、批量传输和同步传输,实现各种类型数据的传送。

控制传输是非常重要的传输类型,用来传送控制信息,是 USB 枚举阶段最主要的数据交换方式。当 USB 设备初次连上主机时,通过控制传输读取设备描述符,设备地址,交换信息。

中断传输,用于键盘、鼠标等人机交互设备的数据传输。USB 主机以周期方式对设备进行定期轮询,当设备有数据发送时,且当主机对它轮询时,才会发出一次中断传输。与 I/O 系统中硬件中断概念不同。

批量传输,用于大容量数据传输,如硬盘、光盘、数码相机等。其传输特点是没有固定的传输速率,不占固定的传输带宽,当 USB 总线空闲时才占用总线进行批量传输。高速设备一次传送 512B。

同步传输,多用于音频视频等需要恒定传输速率的数据传输场合,传输实时数据流。如音箱、显示器、摄像头等,对数据传输的准确性要求不那么严格。但USB总线优先保证同步传输的带宽要求,必要时可中止批量传输。高速设备数据包大小为1024B。应该注意为了保证控制传送通常要保留10%~20%总线带宽。

包是USB数据传输中最基本的单元,通常分为令牌包、数据包、应答包。

令牌包根据标识域PID不同,细分为输入包(读)、输出包(写)、设置包和帧起始包四种。前三种令牌包的格式相同,包括同步域、标识域、设备地址、端点编号及CRC校验码。读写令牌包用于寻址一个设备,发起一个读写数据的传输操作。令牌包的设备地址为7位,最多可支持$2^7=128$个设备,零地址为主机枚举配置的设备默认地址。

数据包包括同步域、标识域、数据区和校验域。数据区的长度是0~1023B,是USB应传送的有效数据。校验域是对数据区的CRC 16校验码。

应答包,用于报告数据传输情况。包括同步域和标识域。标识域不同可分为三种类型:

确认包ACK,表示传送正确,没有错误。

无效包NAU,表示设备无法读写数据,忙。

错误包STALL,放弃本次传送。

通常传输数据需要使用令牌包、数据包、应答包。同步传输只要求优先保证占用带宽、不对发送错误数据进行重发,不设应答包。

总之,USB是一种性能优良、使用方便、扩展容易、结构简单、价格便宜的通用串行总线,受到大家欢迎。

几种微机总线性能比较如表9-4所示。

表9-4 总线性能表

名称	IBM PC (PC-XT)	ISA (PC-AT)	EISA	STD	VESA (VL-BUS)	PCI
适用机型	8086个人计算机	80286、80386、80486系列个人计算机	IBM系列80386、80486、80586计算机	Z-80、V20、V40、IBM PC系列机	I486、PC-AT兼容个人计算机	P5个人机、PowerPC、Alpha工作站
最大传输率	4Mbps	16Mbps	33Mbps	2Mbps	266Mbps	133Mbps,1Gbps
总线宽度	8位	16位	32位	8位	32位	32位/64位
总线工作频率	4MHz	8MHz	8.33MHz	2MHz	66MHz	0~33MHz 133MHz
同步方式			同步			同步
仲裁方式	集中	集中	集中	集中	集中	集中
逻辑时序	边缘敏感	边缘敏感		边缘敏感	电平敏感	边缘敏感
地址宽度	20	24	32	20		32/64
负载能力	8	8	6	无限制	6	3

续表

名称	IBM PC (PC-XT)	ISA (PC-AT)	EISA	STD	VESA (VL-BUS)	PCI
信号线数			143		90	49
64位扩展	不可	不可	无规定	不可	可	可
自动配置	无	无		无		可
并发工作					可	可
猝发方式						可
引脚使用	非多路复用	非多路复用	非多路复用	非多路复用	非多路复用	多路复用

9.3 基本 I/O 接口组成和工作原理

接口是主机和设备通信的桥梁，对接口的主要要求是标准化，整机厂家与外设厂家都要遵守标准约定，使各种各样的外部设备通过标准接口可以连接到各种各样的主机上。

接口的主要功能如下：

（1）控制。接口接收主机发来的指令，控制外设工作，如启动外设、传送数据、关闭外设等。

（2）数据缓存。主机与外设间传送的数据在接口中要缓冲一下，暂时存放在数据缓冲寄存器中，以解决主机与外设速度差异带来的矛盾。

（3）反映设备工作状态。接口监视设备工作情况，记录设备工作状态，以备主机检测设备工作情况，发出不同控制指令。

（4）中断逻辑。现代计算机大多采用中断方式与设备并行工作，设备工作完成后，可请求主机中断主程序为设备服务，服务完毕后再返回主程序继续运行。

为了实现设备与主机通信，基本 I/O 接口应包括：设备选择电路、数据缓冲寄存器、设备控制与状态触发器、中断请求与屏蔽电路，在串行通信接口中还应该包括串行并行数据的转换电路等。

9.3.1 设备选择电路

CPU 与外围设备交换数据，首先给出设备地址，也叫设备码，从多个外围设备中选中一个 CPU 指定的设备工作，设备码通过地址线传送给设备接口，也可通过复用数据线传送设备码，每个设备接口必须及时检查 CPU 是否要求与它传送数据，最简单的设备选择电路是一个译码器。

每个设备有专门的设备编号，主机与设备通信时，首先指定设备编号，经过地址总线传送给设备接口，接口经过设备选择电路译码产生指定设备的选择信号，其工作原理如

图 9-13 所示。当 $SEL_A=1$ 时，选择 A 设备工作；当 $SEL_B=1$ 时，则选择 B 设备工作。未被选中的设备，其选择控制电位为低电位。

接口中也可使用微型开关表示设备接口地址，如 A'_3, A'_2, A'_1, A'_0，根据设备地址码将对应微型开关拨到"1"或"0"端，当地址总线上送来的地址码与开关表示的地址码相同时，与门输出 SEL 为高电位，工作原理如图 9-14 所示。

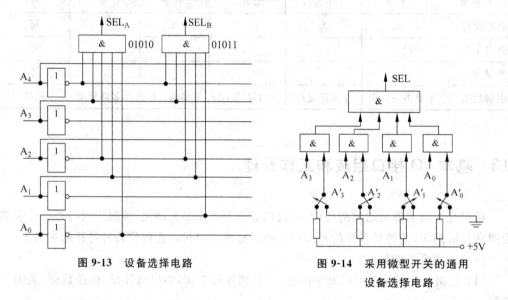

图 9-13 设备选择电路

图 9-14 采用微型开关的通用设备选择电路

这种方案的好处是这种接口板也可以用在其他设备接口中，不同设备接口板的区别是把微型开关的地址拨成设备对应的设备码。

9.3.2 数据缓冲寄存器

计算机输出时寄存器存放 CPU 送来的数据，输入时寄存器存放设备送给 CPU 的数据，它是 CPU 与外部设备间数据缓冲装置。

寄存器长度为一个字节或一个字，寄存器的数目取决于设备的工作速度与 CPU 配合情况，寄存器数目多，与 CPU 交换数据时缓冲空间大一些。

数据缓冲寄存器要有三态控制，以便接到 I/O 总线上。

9.3.3 设备工作状态

当外部设备与 CPU 交往时，CPU 需要知道每个设备的工作状态，以便发出各种命令控制设备工作。设备的状态通常使用若干个触发器来表示，例如，设置 BUSY 触发器表示设备是否正在工作，$BUSY=1$ 时表示设备处于忙状态；$BUSY=0$ 表示设备没有工作，不忙。$BUSY=0$ 时又有两种情况：一种是设备处于空闲状态，一种是交给设备的任务，设备已经完成。为了区分两种情况又设置一个 DONE 触发器表示交给设备的工作是否完成，当 $DONE=1$ 时表示工作已经完成，现在没工作；当 $DONE=0$ 时表示工作没有完

成或设备处于空闲状态。两个触发器有 4 种组合,这里只使用其中 3 种:

(1) BUSY=0,DONE=0 表示设备没有工作,也没有刚做完什么工作,即空闲状态。

(2) BUSY=1,DONE=0 表示设备正在工作即忙状态。

(3) BUSY=0,DONE=1 表示设备工作已经完成,目前不忙,即完成状态。特别强调把完成状态和空闲状态区别开来。

9.3.4 传输中断的请求与屏蔽

当设备以中断方式工作时,每个设备的接口中还需设置中断请求触发器与中断屏蔽触发器,中断屏蔽触发器的作用是用来改变 CPU 响应中请求的优先次序。设备进行输入输出等数据传送工作时应使中断请求触发器为"1",设备请求得到 CPU 响应后,才能传输数据。设置屏蔽触发器后,如果设备被屏蔽(屏蔽触发器=1)则即使设备工作已经完成,CPU 也不能响应设备请求。设备工作完成,且设备未被屏蔽,该设备接口屏蔽触发器为"0",CPU 才会响应设备请求。

为了 CPU 方便地设置和测试这些标志触发器,在很多机器中把标志触发器编成一个字或几个字,叫作"状态字"或"命令字",并且像数据寄存器一样赋予地址,像传送数据那样发送命令字,测试状态字。

计算机把所有接口中的屏蔽触发器按一定顺序排起来组成一个屏蔽字,计算机依靠置屏蔽字命令,送入新的屏蔽状态,从而改变了每个设备的传输数据的优先次序。设备请求 CPU 传送数据的工作是以打断 CPU 现行程序的方式实现的,称为传输中断或 I/O 中断,其接口工作原理如图 9-15 所示。

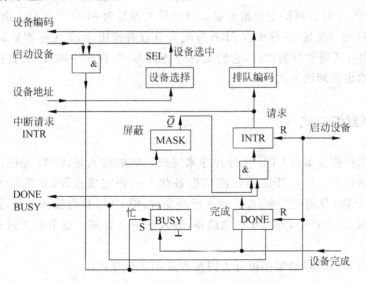

图 9-15 传输中断接口原理图

传输工作过程如下:

(1) 主机使用指令与设备通信,首先送设备码,经过接口中设备选择电路译码选择设备,若选中本接口,给出选中信号 SEL。

(2) 主机送来启动设备工作命令,与设备选中信号 SEL 配合启动本设备工作。

(3) 启动命令清除中断请求和完成触发器,使中断请求触发器 INTR=0,完成触发器 DONE=0,并置"1"忙触发器,BUSY=1。

(4) 设备工作完成,送来完成信号,使 BUSY=0,DONE=1。

(5) 当中断屏蔽触发器 MASK=0 未被屏蔽时,且 DONE=1 工作完成时,置"1"中断请求触发器 INTR,请求 CPU 取走数据。

(6) 中断请求信号 INTR 经过排队编码电路给出请求传送数据的本设备编码,等待主机为本设备服务。

9.4 输入输出控制方式

主机与 I/O 设备交换信息时,首先应该对设备寄存器进行编址。主机按照设备编码与设备寄存器交往。I/O 寄存器编址通常有两种方案。

(1) I/O 设备寄存器单独编址,并设置专门的 I/O 指令。在 I/O 指令中,操作码指出输入或输出操作的性质,地址码给出设备编号,通常设备的控制电路中包括数据寄存器、状态寄存器和控制寄存器等,这些寄存器都有专门的地址编码。

(2) I/O 设备的各个寄存器与主存储器单元统一编址。这样主机对每个设备的输入输出操作,就像读写主存单元一样。具有这种 I/O 方式的机器,其指令系统中不再设置专门的 I/O 指令,对主存单元的所有操作,也可对 I/O 设备施行,其缺点是主存容量要减少。例如 PDP-11 计算机的主存地址是 16 位,最大容量为 64KB。实际上由于 PDP-11 采用 I/O 与主存统一编址,主存最高 8KB 分配 I/O 设备使用,因此主存容量最大为 56KB。

I/O 控制方式通常分为四种,它们是程序查询方式、程序中断方式、直接存储器访问方式和输入输出处理机方式。

9.4.1 程序查询方式

输入输出操作全部由 CPU 执行程序来完成。例如输入时,CPU 先执行一条启动输入设备工作的指令,其后 CPU 不断测试设备状态是否完成操作,如果输入操作尚未完成,CPU 执行等待及测试指令,如果输入已经完成,则 CPU 执行输入指令,把设备数据寄存器的内容取入 CPU 中,并再次启动设备,输入下一个数据。整个输入过程是在程序控制下完成的。

我们知道 I/O 传送数据还可分为同步方式和异步方式:

(1) 同步方式,当 I/O 设备的操作时间是固定不变时,CPU 不需要测试设备状态,按规定时间直接访问设备即可,这种方式称为同步方式。对于一些可随时接收或发送的设备,例如指示灯或平板数码显示器等,可采用同步方式,因为这种类型的设备总是处于完成状态。

(2) 异步方式,又叫查询方式,在许多情况下,设备工作与主机是不同步的,例如机电式的打印机与主机的速度相差几千倍以上,CPU 执行 I/O 操作时,必须要求设备是准备好的,即输入时数据已由设备送往设备的数据寄存器,输出时上次处理机送到设备数据寄存器的数据已由设备取走输出完毕。输入输出前,CPU 必须查询设备所处状态,设备准备好了,CPU 才执行传送,设备未准备好,CPU 就继续等待。

设备是否准备好,由设备状态寄存器中某一位来表示,这一位通常用 READY 表示,主机可用读状态寄存器,判断 READY 位以查看设备操作进行情况。

查询方式输入情况的流程如图 9-16 所示。

查询方式输出时,CPU 必须知道输出设备是否空闲,若设备正在工作,处于忙碌状态,其状态位 BUSY=1,CPU 继续等待,直到设备的输出操作完成,BUSY=0,CPU 得知输出设备空闲时,才送入下一个数据。当 CPU 把数据送到数据寄存器后,同时置状态位 BUSY=1,表示输出设备忙碌,告诉 CPU 不要再送入新的数据,输出流程图如图 9-17 所示。

图 9-16 查询方式输入流程图

图 9-17 查询方式输出流程图

程序驱动方式,亦称为状态驱动方式,其优点是控制简单,缺点是输入输出过程中,CPU 一直处于等待状态,浪费 CPU 很多时间。例如,光电输入机每秒钟输入 500 排孔,每排孔需要 2ms,而某机 CPU 执行一条指令(如 ADD 加法)只要 $2\mu s$。因此,输入一排孔的时间本来可做 1000 条加法指令,现在却白白地浪费在等待中了。

解决这个问题的办法有两种:

(1) 研制新型的快速 I/O 设备;

(2) 改进传输控制方式,例如采用中断方式等。

9.4.2 程序中断方式

我们的目标是使主机与外围设备并行工作,使多台外围设备也可并行工作。

采取的具体办法是:CPU 启动设备后,不再等待设备工作完成,而是继续执行原来的主程序(此时主机与外设并行工作),外设操作完成后,再向 CPU 发出请求,申请主机为自己服务,这种请求是随机产生的,是程序中事先无法安排的。此时,主机应该停止执行主程序,保存主程序停止时的指令地址,转来为设备服务,服务完毕,再自动返回主程序停止时断点,继续执行原程序,这个过程称为中断。

提出传送请求、打断原来的程序是容易的,但需注意保存现场有关信息,以便服务完毕能正确、自动地恢复原来被打断的程序,这包括恢复原来寄存器内容、恢复断点、恢复CPU状态字等。保存和恢复现场等工作,以及为设备服务都是通过程序实现的,因此这种方式又叫程序中断方式。中断过程示意图如图9-18所示。

主机与设备并行工作原理图如图9-19所示。

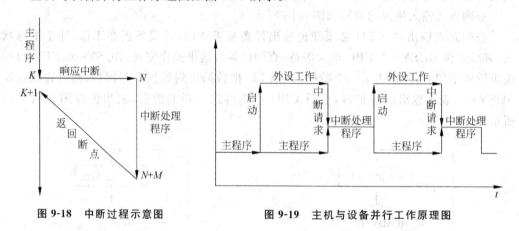

图 9-18 中断过程示意图   图 9-19 主机与设备并行工作原理图

9.4.3 直接存储器访问方式

1. 必要性

中断方式利用程序保存和恢复现场,再加上执行中断服务程序,占用主机时间过多,而高速设备如磁盘、磁带等读出两个数据之间隔是很短的,如使用中断控制方式,不但CPU的工作效率很低,而且可能丢失数据。因此提出一种新的I/O控制方式——直接存储器访问方式(Direct Memory Access),简称DMA方式,使得设备与存储器直接交换数据,不再经过CPU,不破坏CPU现场,也就不需保护现场和恢复现场,DMA控制器代行CPU部分职能,大大加速了数据传输过程,减少了CPU管理I/O的负担,提高了高速设备传送数据的可靠性。

2. 两类DMA控制器

设备采用DMA方式传送数据时,必须在硬件上设置DMA控制器,当CPU交出总线控制权后,由DMA控制器控制总线完成主存的读写操作,实现I/O与主存间直接传送数据。按DMA控制对象可分为两类:一种是专用DMA,这种方式速度高,其结构如图9-20所示;另一种是通用DMA,此时DMA控制器由几台设备共用,提高了设备利用率,但数据传输速度上受到一定影响,其结构框图如图9-21所示。

3. DMA方式传送数据原理

主机响应设备的DMA请求后,交出总线控制权,由DMA控制器代替CPU控制主存读写操作。DMA控制器主要包括交换数据的主存单元地址寄存器、设备地址寄存器、

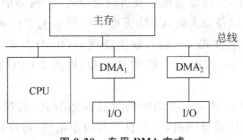

图 9-20　专用 DMA 方式

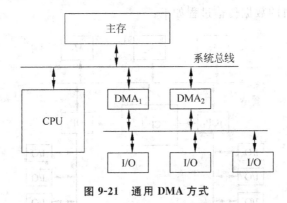

图 9-21　通用 DMA 方式

交换数据的缓冲寄存器、交换数据的字数计数器、控制和状态寄存器等。

DMA 工作过程：

(1) 传送前，CPU 利用指令预置 DMA 控制器中的设备地址，并启动设备；预置主存单元起始地址，指定与设备交换数据的主存单元；预置交换数据的字数，DMA 方式传送数据为成批传送，需预先指定交换数据的个数；预置读写控制方式。

(2) CPU 执行主程序，与设备并行工作。

(3) 输入设备操作完成时设备已准备好数据，则向 CPU 发 DMA 请求。

(4) CPU 响应 DMA 请求，交出总线控制权，转入 DMA 周期。DMA 发出主存单元地址及读写控制命令，与主存交换数据。DMA 控制器与主存每交换一个数据字，其主存地址寄存器加 1，交换字数寄存器减 1。

(5) DMA 控制器占据一个总线周期，交换一个数据后交出总线控制权，并检查交换字数计数器的内容是否为"0"，如果不为 0，继续由设备取得数据（输入时）。当 DMA 控制器取得数据后，再次向 CPU 发出 DMA 请求。这种交换方式又叫周期窃取方式。

(6) 如果 DMA 控制器中交换字数计数器的内容为"0"时，表明这次数据传输的任务已经完成，DMA 向 CPU 发中断请求，进行结束传输的处理工作，如校验、清除设备等。

*9.4.4　输入输出处理机方式

1. 必要性

DMA 方式简化了 CPU 对传送数据过程的控制，提高了传输速度，但 CPU 仍然要对

DMA 控制器进行初始化,发出设备地址及启动命令等,传输完毕进行传输检验及结束传输的处理工作。当 I/O 设备很多时,CPU 管理 I/O 设备的工作负担仍然非常繁重,因此提出了一种新的 I/O 控制方式——输入输出处理机(IOP)方式,IOP 几乎把全部的 I/O 管理工作都接管过来。进一步减轻了 CPU 的负担,提高了 CPU 的工作效率。

2. IOP 方式举例

典型的 IOP 方式如 IBM 370 系统中的数据通道方式,其逻辑框图如图 9-22 所示。IBM 370 的 IOP 也称为通道处理机,它有自己的指令系统,可以执行通道程序,控制输入输出操作,实现 CPU 与 IOP 并行工作,IOP 与其他 IOP 并行工作,同一通道内各设备并行工作。通道处理机的数据传输过程如下:

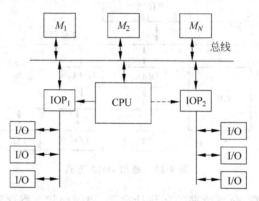

图 9-22 IBM 370 的 IOP 方式

(1) 用户要求进行 I/O 操作时,系统进入管理状态,CPU 组织相应的通道程序,并启动设备,然后返回主程序。

(2) IOP 执行通道程序控制完成输入输出操作,与 CPU 并行工作。IOP 的具体操作包括:

① 按 CPU 送来的 I/O 指令与设备联系;
② IOP 执行由主存取来的通道程序,执行通道指令,向设备发出各种操作命令;
③ 给出主存储器单元地址,提供数据缓存,按给定的字数控制数据传送;
④ 从设备取得状态信息,形成并保存通道的状态供 CPU 查询;
⑤ 向 CPU 发出结束传送的中断请求。

(3) IOP 完成传送后,向 CPU 请求中断,CPU 响应后再次进入管理状态,进行登录和结束处理,处理完毕再返回用户程序,至此,I/O 操作全部结束。

IBM 370 通道有三种类型:

(1) 选择通道又称高速通道,可以连接多种高速设备,但是某一时间只能选择一个设备独占通道传输数据。

(2) 数组多路通道,同时可连接多个子通道,每个子通道可连接多个外部设备,一段时间内交替运行多个设备的通道程序,支持多个设备同时工作,数据传送单位是数据块。

(3) 字节多路通道,用于连接大量的低速设备,如键盘、打印机等,由于传送一个字节的时间是毫秒级的,而通道执行通道指令收发一个字节的时间是几百个纳秒,因此通道在传送两个字节之间有很多时间是空闲的,可以用来为其他设备服务。字节多路通道可连接多个子通道,每个子通道又可连接多个外部设备,各个设备可同时交替传送数据,每次以一个字节为单位进行传送。

9.5 中断系统

在状态驱动的程序控制方式中,CPU 和 I/O 交换数据时,CPU 大部分时间都花在等待设备是否准备就绪上。具体地说 CPU 一直在执行一个测试设备状态的程序。

因为 I/O 的速度很慢,CPU 为了等待 I/O 完成工作浪费大量时间,效率很低。如果多台外围设备都需要与 CPU 通信,各个外围设备只能串行排队一个一个地与 CPU 交往,其速度就更慢了。

采用程序中断方式可以解决低速外围设备与高速 CPU 间之矛盾,可以解决多台外围设备同时申请与 CPU 通信的矛盾,以及机器故障、实时处理等临时突然发生事件提出的处理要求。这些事件,在程序中什么时候什么地方出现,事先是无法预知的。CPU 暂时停止正在执行的程序,响应突然发生的事件请求,转去为突发事件服务,服务完毕又自动返回原程序这个过程叫中断,中断处理过程是用程序实现的,又叫程序中断。

引起中断的事件或发出中断请求的来源称为中断源,CPU 停止执行现行程序,转去处理中断请求称为中断响应。

CPU 工作时有时不允许响应中断,称为禁止中断。多数情况,CPU 执行程序时是允许响应中断的。为了做到这一点 CPU 中专门设置了一个"中断允许"触发器,当"中断允许"触发器为"1"时,CPU 可以响应中断;当"中断允许"触发器为"0"时,禁止 CPU 响应中断。计算机可以通过指令使中断允许触发器置"0"或置"1",开中断指令把"中断允许"触发器置"1",关中断指令把"中断允许"触发器置"0",后者禁止 CPU 响应中断。

9.5.1 为什么要设置中断

中断技术是计算机系统中非常重要的内容,目前各种类型的计算机都采用这种技术。

1. 解决快速 CPU 与慢速 I/O 之间速度上的矛盾,实现 CPU 与外部设备并行工作

CPU 进行 I/O 操作时,首先通过指令启动 I/O 设备开始工作,然后不等待 I/O 完成,仍继续执行程序,此时 I/O 设备与 CPU 是并行工作的。当设备准备就绪之后,向 CPU 发出中断申请。如果 CPU 允许中断,则暂时停止执行现行程序,转去执行设备要求的操作,如输入输出工作(也称中断服务)。待输入输出工作完成之后,又返回去执行原来程序。这样省去了 CPU 为等待设备就绪花费的大量时间,大大地提高了 CPU 的利用率。

2. 解决多台设备间并行工作问题

采用中断技术后,不但 CPU 与 I/O 设备并行工作,并且 I/O 设备与其他设备也可并行工作。CPU 在不同时刻可启动多台设备并行工作,CPU 不等待设备完成仍继续执原程序,直到某个设备完成时才终止主程序的执行为设备服务,短暂的服务结束后又转回去处理主程序,图9-23是多台设备并行工作示意图。

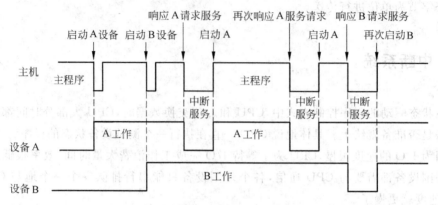

图 9-23 多台设备并行工作原理图

例如 CPU 启动 A 设备工作后,CPU 自己处理主程序,A 设备开始工作,过若干时候 CPU 又启动 B 设备工作,CPU 继续处理主程序,这时 CPU 与设备 A、设备 B 三个部件是同时工作的,各自独立运行。当某个设备工作完成时,向 CPU 请求服务,CPU 中断主程序,转去执行中断程序,为设备服务,服务完毕,CPU 又返回主程序,同时第二次启动设备工作。CPU 在执行主程序过程中,随时准备响应各个设备的中断服务请求。

3. 解决实时处理问题

计算机用于实时控制时,生产过程中随时都会出现各种异常情况,必须及时处理,如容器中压力大小,反应过程温度高低,不但直接影响产品质量,特殊情况还会发生安全事故,采用中断方式,可及时处理生产过程中产生的各种问题。

4. 处理计算机运行中机器故障

计算机是一个复杂电子系统,且拥有许多机电的、电磁的、光电的等外部设备,这许多部件都可能出现故障,必须及时处理。例如电网跳闸时,计算机断电,电源电压迅速下降,利用检测到的掉电信号,在直流供电停电前几个毫秒时间里,把处理机现场保留起来,等电网恢复之后,处理机又可接着停电前的断点,继续做下去,避免断点前的运算前功尽弃。

5. 监督程序运行,处理程序运行中各种问题

例如算术运算发生溢出,访问主存地址越界,操作码非法等,可通过中断,转入相应处理程序,记录错误情况通知用户。在联机调试程序中,利用中断对程序进行跟踪,如指令地址符合跟踪、操作码跟踪、断点跟踪等,遇到这类中断申请,处理机应该挂起现行程序,等待用户进一步的调试命令。

6. 实现网络环境及多机系统中各个计算机间的通信

在网络中,各台计算机是独立运行的,各台机器间又要互相通讯,而通信是随机的,需要采用中断方式工作。

7. 提供人机联系手段

CPU 在运行过程中,用户想暂时打断程序运行,查看有关状态,或输入某些参数,必须经过中断系统,否则将破坏正在运行的程序。

9.5.2 CPU 响应中断的条件

CPU 不是任何情况下都能响应中断申请的。在一定条件下,才可以暂时停止现行程序,转去处理中断请求要求做的工作。

1. 中断源请求中断

计算机可以响应什么样的中断请求,必须是在研制计算机时已经决定了的。根据设计要求为每个中断源设置一个中断请求触发器,该中断源请求中断服务时,必须将自己对应的中断请求触发器置位,并且一直保持到 CPU 响应这个中断请求后才能清零。

CPU 为了管理各个中断源,把所有中断源的中断请求触发器组成一个中断字,每个中断源(或每类中断源)在中断字中占据一位。CPU 可以方便地检测每一中断源是否请求中断,保存全部中断源的情况。

2. CPU 允许中断

在 CPU 中设置一个中断允许触发器,当 CPU 允许响应中断时,就把"中断允许"触发器置位。在一些特殊情况,CPU 禁止响应中断请求,可把"中断允许"触发器清零即可。

通过开中断指令和关中断指令可以置位或清除中断允许触发器。

3. 申请中断的中断源未被屏蔽

对应每个中断源专门设置了一个中断屏蔽触发器,目的是为了增加对申请中断的设备的控制。在某些情况下,一个设备申请中断,CPU 允许中断,但我们也可以不让 CPU 响应该设备的中断请求,办法是将该中断源对应的"中断屏蔽"触发器置位,因此 CPU 响应中断的第三个条件是其对应的中断屏蔽触发器为零。

计算机为了管理各个中断屏蔽触发器,把所有的中断屏蔽触发器组成一个中断屏蔽寄存器,每个中断源对应其中一位。有了中断屏蔽寄存器,程序员可以很容易地禁止某些中断源申请中断,而只允许当前需要处理的中断源向 CPU 发出中断申请。中断屏蔽寄存器的内容叫中断屏蔽字。中断屏蔽字决定当前环境下中断源能够请求中断的情况,或者说不允许哪些设备请求中断。中断屏蔽字也是处理机现场的一个内容。

4. 必须完成当前机器指令

在主程序与中断程序切换时,切换的界面定在一条指令做完,如果一条指令做了一半或执行中间停下来,这时现场是很难保存的、也很难恢复。又因一条指令执行的时间很短,再急迫的任务,也不至于因为几个微秒的指令周期时间而耽误。因此为了程序切换方便,为了保存运算现场和恢复运算现场方便,规定响应中断的时间在当前指令做完。

5. 申请中断的中断源是当时最高级别

因为中断源有很多,CPU 按照各个中断源轻重缓急制定排队的次序,快速的、紧急的事件优先级最高,低速的、不紧要的中断源级别较低。当多个中断源同时申请中断时,先按事先规定的排队次序在排队器中进行排队,谁的级别高谁可先向 CPU 申请中断。

另外,相对于程序中断请求,数据通道的传送请求和 DMA 的传送请求级别更高一些,只有当没有更高级别的传送请求时,才能响应中断请求。根据中断响应条件,响应中断的过程如图 9-24 所示。

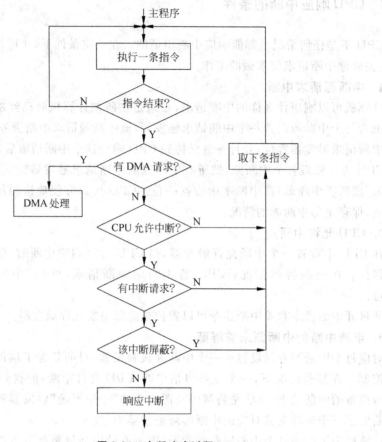

图 9-24 中断响应过程

中断请求任何时候都可以提出,但中断响应只能在一条指令做完以后才能开始。因此当每条指令执行完都要进行这种判断,这个过程是用硬件实现的,能很快知道是响应中断还是取下一条指令。若用软件判断是否响应中断,则用户程序变得非常麻烦,用户也难以接受了。

9.5.3 中断周期

CPU 响应中断后进入中断周期。中断周期是一个硬件周期,就像取指令周期、取数周期一样,需要时插入这个周期,不需要时(CPU 没有响应中断)就不进入这个周期。在中断周期中完成转入中断处理程序时必须完成的最急迫的工作,通常是如下三件事。

1. 关中断

在转入中断处理程序时首先应该把转入中断处理前 CPU 的现场保存起来,以便中断处理完毕返回原断点继续执行。但由于在中断处理过程中允许更高级的中断,打断正在处理的中断程序,为了保留一个完整现场,因此要执行关中断的操作,使在保存现场过程中,不允许响应任何中断。

2. 保存断点

断点就是原程序中止时现行指令的地址,也就是程序计数器 PC 的内容。断点是最重要的现场,通常一条指令做完,PC 的内容加 1 来给出下一条指令的地址,因此保留的断点就是中断服务处理完毕时应该返回主程序的指令的地址。

3. 转入中断处理程序总入口

不同的中断源要求中断服务的内容不同,但有许多工作是相同的,如中断时保留现场的工作,中断服务完毕后恢复现场的工作。编制一个中断处理程序,完成共同的工作,再根据中断源编码不同转入不同的中断服务。因此,中断周期第三件事应该是转入中断处理程序的总入口,开始执行保存现场的工作。

中断周期执行的内容相当于一条指令的内容,但该指令在程序中又不出现,所以有时称为中断隐指令。

9.5.4 优先排队器及编码电路

CPU 要处理几十个中断源的请求,为了及时准确地处理这些中断,必须按轻重缓急对中断源进行分级排队。

多个中断源同时申请中断必须按照事先规定的策略,响应其中一个级别较高的中断请求。执行该中断服务后,按照次序响应第二个中断请求,依此类推。这种解决谁先谁后的裁决电路称为优先排队器。有多种中断源排队方案。

1. 软件方案

软件方案用程序实现中断源排队。中断源是指提出中断申请的来源。通常包括:电源中断、故障中断、I/O 中断、分时中断等。对于不同的中断请求,其中断服务程序是不同的。多种设备同时申请中断时,必须决定中断服务的优先顺序,排队程序是用指令依次测试每个设备有无中断请求,按照询问次序,先问到的设备优先级最高,其原理图如图 9-25 所示。

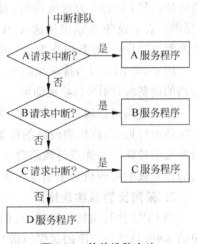

图 9-25 软件排队方法

2. 链式排队器方案

串行链式排队电路又称雏菊花环排队器,如图 8-26 所示。

当 A、B、C 三个设备同时申请中断,其中断请求触发器 $INTR_A$、$INTR_B$、$INTR_C$ 都为 1,中断优先级高的设备排在链的最前边,即首先为设备 A,其次为设备 B、C。CPU 是否为 A 服务,还看 A 是不是申请中断。当 A 申请中断时,$\overline{INTR_A}=0$,使门 2 输出为高电位,表示 A 设备排上队。若 A 不申请中断 $\overline{INTR_A}=1$,门 2 输出为低电位,门 3 输出高电位,表示设备 B 排上了队,但设备 B 申请中断时才为 B 服务。图 9-26 上部为中断设备地

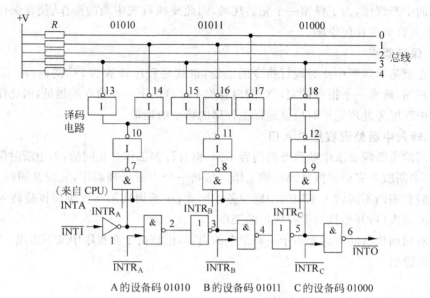

图 9-26 中断排队器与设备码形成电路

址形成电路,CPU 响应中断请求,发取中断码命令 INTA 时,排队电路中被选中的设备把设备编码送到数据总线上,以便 CPU 识别设备的不同请求转入不同的中断服务程序。

当 A 设备请求中断,门 7 输出为低电位,门 13、14 输出低电位,总线上的电位平时为高电位,当门 13、14 为低电位时,总线第 1 位、第 3 位为低电位,总线上的输出为 10101(反码),表示设备 A 请求传送,CPU 得到请求总线设备 A 的编码后,即转入为 A 服务的中断服务程序去,设备码作为中断服务程序入口地址的一部分。

图 9-26 中 $\overline{\text{INTI}}$ 为排队线路入口,$\overline{\text{INTO}}$ 为排队线路出口,当 A 设备为所有中断级别最高的设备时,则 $\overline{\text{INTI}}$ 接地即可。

排队电路可以级联。级联时,将级别较低的设备构成排队器,其排队器的入口接到本排队器出口地方;将级别较高的设备连成排队器,其排队器出口接到本排队器的入口。串行连接的排队电路优点是线路简单,缺点是设备较多时,应考虑延迟及同步,同时接在最后的设备被响应的机会很小等问题。

3. 采用比较器实现排队

当 CPU 执行用户程序时,我们也给它规定一个优先级,比如最低级,其他中断源提出请求时,与现行程序的优先级进行比较,如果级别比现行程序优先级高,通过比较器给出请求中断的信号,并给出请求中断的中断源编码。

Intel 公司开发了一个产品 Intel 8214 可以完成这一任务,请求中断设备的优先级与现行程序的优先级比较,产生优先级最高的设备的中断码,送给 CPU,其原理图如图 9-27 所示。

8214 包括中断源的锁存器、排队电路及编码器、现行程序优先级寄存器、比较器、中断请求触发器、中断向量地址形成电路和一些级联控制电路等。

8214 有 8 个中断请求输入端,分别为 $\overline{R_0}$,$\overline{R_1}$,…,$\overline{R_7}$,低电平有效。$\overline{R_0}$ 优先级最低,$\overline{R_7}$

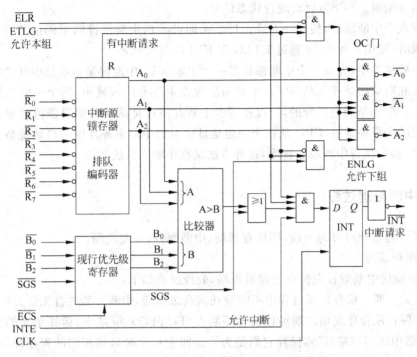

图 9-27　8214 中断比较器与排队编码电路

优先级最高,每个中断优先级用 3 位二进制编码表示。当设备请求中断时,从 8 个中断请求端之一输入;当多个设备同时请求中断时从各自对应的输入端独立输入,中断请求锁存器将寄存各个设备的中断请求,并且在硬件排队电路支持下,给出当时级别最高的请求中断的优先级编码 $A_0A_1A_2$。R 表示有中断请求。现行程序的中断优先级 $B_0B_1B_2$ 3 位二进制数保存在现行优先级寄存器中,$A_0A_1A_2$ 与 $B_0B_1B_2$ 都送入比较器,如果 A>B 则比较器输出高电位,在时钟 CLK 到来时把中断请求触发器 INT 置位,经反向器输出 $\overline{INT}$ 送给 CPU,与此同时优先级排队编码电路输出的 $A_0A_1A_2$ 经 OC 门送给 CPU,输出为其反码 $\overline{A_0}\ \overline{A_1}\ \overline{A_2}$,当 CPU 响应中断时,这 3 位二进制编码作为中断服务程序入口地址一部分。

若 A≤B 比较器输出为低电位,中断请求触发器 INT=0,不向 CPU 请求中断,CPU 仍继续执行原程序。$\overline{SGS}$ 是状态组选择信号,在执行本组中断源的中断程序时 $\overline{SGS}=1$,否则 $\overline{SGS}=0$。$\overline{ECS}$ 是现行优先级装入信号。

当 CPU 正在执行主程序,没有为中断服务时,现行主程序的优先级为 000,此时若产生中断请求设备的优先级也为 000,则比较器没有输出。为向 CPU 产生中断请求信号设置 SGS 输入端,用 SGS 表示本组中断请求代替比较器输出信号 A>B 起作用,经过或门,置位 INT 触发器,向 CPU 发中断请求信号。

图 9-27 中 INTE 表示 CPU 允许中断的信号,时钟信号 CLK 是打入中断请求触发器 INT 的时钟脉冲。

ETLG 与 ENLG 是用于 8214 的级联信号,ETLG 表示允许这个级别组,即允许本片 8214 工作,ENLG 表示允许下一级别组工作的控制信号,$\overline{ELR}$ 允许本级别组读出中断排队的中断源编码。$\overline{ECS}$为启动现行状态信号。

当有 8 个中断源时,使用一片 Intel 8214 即可实现中断源排队编码的工作,当有 16 个中断源时,使用二片 8214 通过 ETLG 和 ENLG 联接起来。

在一些机器中,为每一个中断源设置一个中断向量,中断向量包括该中断的服务程序入口地址和对应的处理机状态字。中断向量放在主存专门区域中,每个中断源的中断向量所占主存单元是固定不变的,当设备请求中断并通过排队器和编码器得到最高优先级的中断源的向量地址后,CPU 从这个向量地址中取出中断服务程序入口地址装入 PC,从而使 CPU 转向执行中断服务程序,这种方法又称中断向量法。

9.5.5 中断处理过程

中断处理过程可分为三段,即保存现场、中断服务、恢复现场。

1. 保存现场

CPU 响应中断后首先保存处理器现场,处理过程如下:

(1) 关中断。保存现场过程中不响应任何高级中断,中断开始时首先要关中断。

(2) 保存原程序现场。现场包括程序断点(PC 内容)、屏蔽字、运算结果的标志寄存器、运算器中通用寄存器等,保存它们是为了返回主程序时得到相同的程序环境,以便主程序能够正确无误地接着执行。

(3) 中断源识别。同时请求中断服务的中断源可能有多个,通过中断排队电路或中断排队程序,识别出优先级最高的请求中断的中断源编号。

(4) 转向该中断请求的中断服务程序的入口,服务入口地址是以中断源编码为基础构成的,每一个中断源有一个中断服务程序。

(5) 开中断。现场保存完毕执行中断服务程序时,允许响应高级中断。用指令置位中断允许触发器,称为开中断。

2. 中断服务

不同的中断源,中断服务的内容是不同的,中断源是事先规定的,中断服务程序的内容也是事先编好的。用户不能随意增加中断源的种类。

中断源是在设计机器时决定的,通常包括:

(1) 外部设备引起的 I/O 中断。

(2) 运算错误中断,如溢出、除数为零、校验错等。

(3) 主存错误中断,如地址越界、页面失效、校验错等。

(4) 控制器产生的中断,如非法指令、非法操作码、用户程序执行特权指令、堆栈溢出、分时系统时间片到时等。

(5) 实时控制产生的中断。

(6) 实时钟中断。

(7) 由访管指令或陷阱指令产生的软件中断,这是程序中事先安排的。

3. 恢复现场,返回原程序

中断服务完毕,本次中断任务已经完成,但还必须返回原程序断点,继续原来程序的执行。

（1）关中断。在恢复现场过程中不允许再响应中断，需使用指令复位中断允许触发器。

（2）恢复现场。把原来保存的处理机现场信息都恢复成中断前的状态，包括屏蔽字、标志寄存器、通用寄存器等。

（3）开中断。允许响应新的中断请求。

（4）恢复断点。返回断点处，继续执行原程序。

中断处理过程如图 9-28 所示。

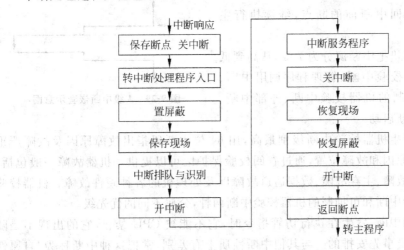

图 9-28　中断处理过程

9.5.6　中断级及中断嵌套

一个 CPU 往往要处理几十个、上百个中断源的请求，为了能及时准确地处理好这些中断请求，必须对中断源按轻重缓急进行分级，把同一类的中断源分在同一级别中。

例如 PDP-11 计算机把所有中断源分为 0～7 级共 8 个级别，其中 0 级最低，7 级最高，高级中断源可以打断低级中断源的中断服务程序。每一个中断级内又分许多子级，各子级之间的关系用串行连接方式排队，靠近主机的中断源首先得到响应。在同一中断级内，一个中断源不能打断另一个中断源的中断服务程序。

同时请求中断服务的各级中断中，只允许高优先级中断打断正在执行的低优先级中断服务程序，与它同级的或比它级别低的中断请求不能打断正在执行的中断服务程序，只有当该服务程序执行完，且返回到原程序后，才能响应这些中断请求。中断屏蔽的作用是通过给不同中断源设置不同的屏蔽，而改变其原来决定的优先级顺序。

多重中断指 CPU 在处理某一中断服务程序过程中，又产生了新的级别更高的中断请求，并且打断正在执行的级别较低中断服务程序，转去处理高级中断服务程序，等到高级中断服务程序处理完毕，再转回到低级中断服务，这个过程叫中断嵌套。图 9-29 给出了一个 4 级中断嵌套的例子，其中 4 级中断级别最高，1 级中断级别最低。

图 9-29 中②、③级中断同时请求中断，因③级中断级别高于②级，先处理③级中断。处理过程中产生①级低级中断，主机不予理睬，等处理完③级中断，处理②级中断，处理完②级最后再处理①级中断。①级中断处理完毕产生②级中断，即为②级中断服务，在为②级中断服务过程中产生高于②级的④级中断，则主机暂时停止②级的中断服务，转去处理④级中断，等④级中断处理完毕，接着继续处理②级中断，②级中断处理结束后，自动返回中断前的断点，继续执行主程序。

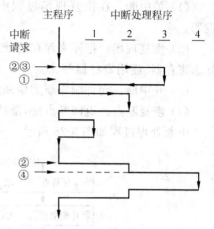

图 9-29　4 级中断嵌套示意图

IBM 370 计算机把中断源分为 7 级，从高到低分别是，紧急机器校验中断、管理程序调用中断、程序性错误、可抑制的机器校验中断、外部中断、输入输出中断、重新启动。

因机器故障产生机器校验中断级别最高，用 64 位中断码指出故障原因及故障严重性，更详细的中断原因和故障位置，通过查阅校验保护区可以提供。机器故障一般包括，电源故障、运算器故障、主存故障、数据通道故障以及处理机的各种硬件故障。机器校验中断分为紧急校验中断和可抑制的机器校验中断两种，分属不同的优先级。

管理程序调用中断，发生在执行访管指令时，它不能被 CPU 禁止，它的出现不是随机的，而是由程序员事先安排的。与其他中断性质上有差别，常把这种中断称为"自愿性中断"。

程序错误中断包括指令操作码非法、数据格式错、主存地址越界和算术运算溢出等。

外部中断来自处理机外部，有定时器中断、控制台开关中断以及其他处理机发来的中断请求等。

输入输出中断是 CPU 与 I/O 设备交换数据的工具，重新启动中断是为操作员启动一个程序设置的，CPU 不禁止这种中断。

IBM 370 计算机中，每级中断还可分为 16 个子级。

在微机中通常把中断分为可屏蔽中断与不可屏蔽中断两类，不可屏蔽中断一旦出现，CPU 立即响应。这种中断用于十分紧急的事件，如电源掉电等。

一般机器中，把机器故障中断放在最高级，如处理机硬件故障，会使机器根本无法正常工作，必须及时处理。程序中断放在第二级。因为程序性错误（运算溢出、地址越界等）可能出现在中断服务程序中间，如果低于 I/O 中断那么执行 I/O 中断服务程序时，程序性错误中断不能及时响应，不仅影响 I/O 传输服务，还会造成程序性错误堆积，以致无法处理。

外部中断优先级高于 I/O 中断，因为外部中断涉及多机通信，人为干预机器的操作等。而 I/O 中断只来自外部设备交换数据的请求，属于局部性问题，当外设速度较高时可采用直接存储器访问（DMA）方式或输入输出处理机（IOP）方式交换数据。

9.6 DMA 控制方式

程序中断系统在一定程度上解决了 CPU 与外设、外设与外设并行工作问题,但每传送一个数据,CPU 都要响应一次中断,进入一次中断服务程序,服务前要保存 CPU 现场,服务后要恢复 CPU 现场都要花费不少时间,在外设较多时,中断服务要耗费大量 CPU 时间。

另外,对高速外设,如磁盘、磁带等外存储器,若采用程序中断方式传送数据,由于中断服务时间太长而可能丢失数据,因此要求采用一种新型的更高速的数据传送方式,这种方式就是直接存储器访问方式,即 DMA 方式。

9.6.1 DMA 基本概念

执行中断服务程序时,必须使用 CPU,这将改变 CPU 运行主程序时通用寄存器、标志寄存器、屏蔽寄存器、程序计数器的内容,为了在中断服务完毕能够返回主程序继续执行,必须在中断服务程序执行前,保存所有有用的 CPU 现场内容,中断服务程序完成后,还必须恢复 CPU 的有关寄存器的内容。CPU 现场内容通常保存在主存中,都是通过读写主存实现的,通常要花费几十条指令。

为了缩短中断服务时间,最好的办法是不要保存现场,也不用恢复现场,这是不可能的。只要执行程序就要使用 CPU,就不能回避这个问题,但如果传送数据不使用 CPU,不执行程序,就可不破坏现场,也不必恢复现场了,这就是我们考虑问题的出发点。

DMA 方式的关键是另外构造一个控制器,代替 CPU 管理外设与主存间的数据交换,这个控制器就是 DMA 控制器。

DMA 方式传送数据,仍使用原来的系统总线,但系统总线的控制权不在 CPU,而是属于 DMA 控制器,由 DMA 控制器发出读写主存的命令,给出主存单元的地址和读写信号,由 DMA 控制器控制外设的输入输出工作。因此在 DMA 控制下可以完成外设与存储器间数据的直接交换,不经过 CPU,不破坏 CPU 中的内容,因此不需要保存 CPU 现场和恢复 CPU 现场的麻烦手续。

DMA 方式通常都是按数据块传送,传送过程可分为三个阶段:

(1) 传送前预处理阶段:CPU 执行 I/O 指令测试有关设备状态,向 DMA 控制器的设备地址寄存器送入设备号,并启动设备。同时向 DMA 中主存地址寄存器送入数据块放入主存的首地址,并向 DMA 中字数计数器中送入交换的数据个数。CPU 预置完毕,可处理其他工作。

(2) 数据传送阶段:设备准备好数据,向 DMA 控制器发送数据传送的 DMA 请求,DMA 控制器向 CPU 发送总线请求,CPU 同意 DMA 请求后,放弃总线控制权,由 DMA 控制器控制外设与主存交换数据。每传送一个数据,主存地址寄存器加 1,字数计数器减 1,直到数据块传送完毕,结束 DMA 传送。

（3）传送后处理：数据块传送完毕，DMA 交出系统总线控制权，CPU 恢复总线控制权。DMA 向 CPU 发中断请求，CPU 响应中断后，结束 DMA 传送处理，包括对送入的数据进行校验，决定是否继续做下一数据块传送，或是停止 DMA 工作。

8.6.2 DMA 的工作方式

DMA 控制器启动后独立地完成 CPU 交给的工作，DMA 控制总线传送数据通常有三种工作方式。

1. CPU 暂停访问主存方式

主机响应 DMA 请求后，让出系统总线，直到数据块传送完毕，DMA 才把总线控制权交回 CPU。这种方式的优点是控制简单，适合高速设备数据传送，缺点是 CPU 不能访问主存。为了提高传输速度，可在 I/O 设备接口中设置一个小容量存储器，让外设与小容量存储器交换数据，然后由小容量存储器与主存交换数据。

2. 周期窃取方式

DMA 向 CPU 每申请交换一个数据，就要占用 CPU 一个总线周期，CPU 每次响应 DMA 请求就放弃控制总线一个周期，在这个总线周期（又叫 CPU 周期）中，由 DMA 控制器控制总线完成外设与主存单元间交换一个数据。

也可以把 DMA 控制总线交换一个数据的总线周期称为 DMA 周期。每当条件具备时，DMA 控制器向 CPU 发出 DMA 请求，在一个 CPU 周期结束后，CPU 响应 DMA 请求放弃总线，转入 DMA 周期，完成一个数据传送工作。DMA 周期结束后，总线仍归 CPU 管理，继续执行原来的指令操作。

周期窃取方式又叫周期挪用方式，因为它不影响 CPU 工作，被广泛采用。

3. DMA 与 CPU 交替使用总线访问存储器

CPU 和 DMA 按照事先规定的时间间隔轮流访问存储器，这样就不需要 DMA 申请总线、使用总线、释放总线这些手续，双方分时使用总线互不影响。但实际上 CPU 访存时间加长了，因为不管有没有 DMA 传送，CPU 都需空出那一段时间供 DMA 使用。

9.6.3 DMA 控制器的组成

根据 DMA 控制的工作原理，DMA 控制器应该包括：设备地址寄存器、主存地址寄存器、交换字数计数器、数据缓冲寄存器，以及控制字、状态字寄存器，还有 DMA 控制逻辑及中断逻辑。

设备地址寄存器（ADR）用于存放外存的寻址信息。

主存地址寄存器（MAR）其初始值为交换数据的起始地址。DMA 传送前，由 CPU 预置，在 DMA 传送期间每交换一个字，其地址自动加 1，而变成下一次传送数据时的主存地址。字数计数器 WC，用来统计传送的字数，DMA 传送前由 CPU 用指令预置，存放将要传送的总字数。DMA 工作时，每传送一个字，字数计数器减 1，当 WC 的内容为 0 时，表示一个数据块的数据已经传送完毕。数据缓冲寄存器 DBR 存放外设与主存间要交

第 9 章 输入输出系统与控制

换的数据。控制字与状态字寄存器 CSR 存放 CPU 送来的命令字及设备状态字。每个寄存器都有自己的地址,CPU 可对这些寄存器进行读写操作。

除此之外,DMA 控制器还包括 DMA 控制逻辑、设备选择电路、DMA 排队电路和 DMA 请求电路等。中断控制逻辑用于向 CPU 申请 DMA 结束处理。

当设备准备好一个数据后向 DMA 控制器发出 DMA 请求信号,将 DMA 请求触发器置位,然后 DMA 控制逻辑向 CPU 发总线请求信号 HOLD,请求 CPU 让出总线控制权。CPU 响应总线请求,给出回答信号 HLDA,把总线控制权交给 DMA 控制器,并把 DMA 请求触发器复位,为交换下一个数据做好准备。控制逻辑还负责发出修改主存地址寄存器和字数计数器的信号,负责发出读写主存和读写 I/O 控制命令。

DMA 控制器逻辑框图如图 9-30 所示。

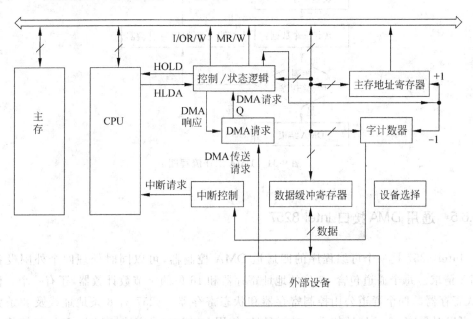

图 9-30 DMA 控制器组成

9.6.4 DMA 数据传送过程

当 DMA 控制器中主存起始地址、交换字数以及读写控制命令预置好后,开始启动设备工作,当外围设备准备好发送数据(输入)或接收数据(输出)时,向 DMA 控制器发传送请求信号,DMA 控制器向 CPU 发总线请求 HOLD 信号,CPU 在一个机器周期工作结束后,响应 HOLD 总线请求,放弃与总线的连接,交出总线控制权给 DMA,发出总线响应信号为 HLDA,并将 DMA 请求触发器复位。

DMA 控制器接管总线后,向主存发出访问单元的地址和读写命令。输入时,将数据缓冲寄存器的数据送给数据总线,在一个机器周期内完成一次数据的写入工作,同时控制主存地址寄存器加 1,给出下一个主存写入数据的地址,如果字数计数器存放交换字数的补码,则用加1表示传送了一个数据,如此重复直到字数计数器的内容为"0",给出本次数据块传送结束信号。DMA中的中断控制向CPU发中断信号,请CPU执行DMA传送结束工作,如测试数据传送过程中是否发生过错误,是不是还要用DMA方式继续传送下一批数据等,DMA工作流程图如图9-31所示。

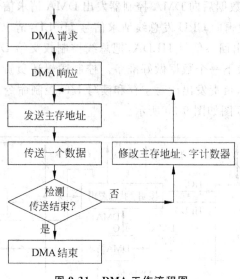

图 9-31 DMA 工作流程图

*9.6.5 通用 DMA 接口 Intel 8257

Intel 8257是一个可编程序的四通道DMA控制器,可以同时处理四个外围设备的DMA请求。每个通道包含16位的地址寄存器和16位的字节数计数器,还有一个8位的模式寄存器。四个通道公用控制寄存器和状态寄存器。8257有8条地址线及8条数据线,可以对具有16位地址的主存进行寻址,使用DMA方式直接访问主存时,能够传送一组多达16 384个字节的数据,而不需要CPU干预。

1. Intel 8257 的功能

当设备申请DMA方式工作时,通过DMA控制器8257向CPU发DMA请求信号HOLD,要求CPU挂起正在执行的程序,CPU响应这个请求,发出回答信号HLDA,交出总线控制权,这时8257可以完成以下功能:

(1) 获得系统总线控制权。

(2) 按照4个通道优先权的顺序,回答外设请求。

(3) 把低8位主存地址送到系统的地址总线 $A_0 \sim A_7$ 上,把高8位主存地址通过数据总线送往外部的8位锁存器(8212)中,8212再把这8位地址送到地址总线 $A_8 \sim A_{15}$ 上。

(4) 产生I/O读写控制信号,使外设接收或发送一个数据字节,直接与主存中指定地址单元交换。

(5) 相应通道的主存地址寄存器自动加1,字节计数器自动减1。

（6）判断数据块交换是否结束,当字节计数器等于 0 时,表示传送完成,停止传送。

（7）外设撤销 DMA 请求,结束 DMA 传送,8257 交出总线控制权。

2. Intel 8257 组成框图

DMA 控制器 8257 组成框图如图 9-32 所示。

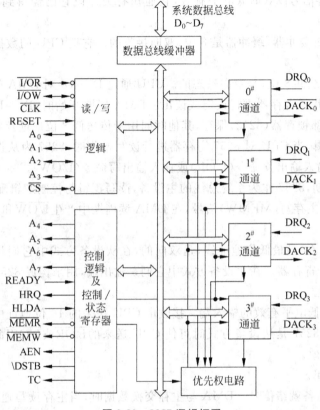

图 9-32　8257 逻辑框图

（1）DMA 通道,8257 有 4 个独立的 DMA 通道,每个 DMA 通道有 2 个 16 位的寄存器。

① 地址寄存器,存放被访问的主存地址,地址共有 16 位。

② 字节计数器,存放与主存交换的字节数 N。实际上存放的数值是 $N-1$。当字节计数器等于零时,表示成组传送结束。字节计数器共 14 位,说明成组交换数据时,最多可达 $2^{14}=16\,384$ 个字节。

③ DMA 操作类型。字节计数器最高两位(第 14、15 位)用来指定 DMA 的操作性质,如读、写、校验等,在整个 DMA 周期中这两位保持不变。

15 位	14 位	操作类型
0	0	DMA 校验
0	1	DMA 写
1	0	DMA 读
1	1	非法

④ 每个通道可接收一个设备的 DMA 请求 DRQ_n，如果响应其请求，给出一个 DMA 回答 $\overline{DACK}_n$，其中 n 为 $0\sim3$。

DMA 请求由外设异步独立输入，成组传送时，请求线的高电平一直保持到最后一个 DMA 周期的完成。

DMA 的回答信号 $\overline{DACK}$ 低电平有效，它通知有关外设它已经得到 CPU 总线，可以进行 DMA 传送。

（2）数据总线缓冲器，缓冲器是 8 位、双向接收的。它把 CPU 的数据总线与 8257 内部总线连接起来。

8257 数据总线共 8 位，是双向三态的。CPU 通过 $D_0\sim D_7$ 对 DMA 的地址寄存器、字节计数器、控制/状态寄存器进行设定或读出。DMA 周期开始时，$D_0\sim D_7$ 用来传送主存高 8 位地址到外部锁存器（8212）保存，其他时间用于传送低 8 位地址及状态信息或数据。

（3）读写逻辑，当 CPU 对 8257 寄存器进行读写操作时，8257 为从设备、读写逻辑接收 CPU 发来的输入输出读命令（$\overline{I/OR}$）或输入输出写命令（$\overline{I/OW}$）。

在 DMA 周期，8257 作为系统总线的主设备，读写逻辑与控制逻辑配合在 DMA 写周期中产生 $\overline{I/OR}$ 和主存写（$\overline{MEMW}$）信号，在 DMA 读周期中产生 $\overline{I/OW}$ 和主存读（$\overline{MEMR}$）信号。

地址线 $A_0\sim A_3$ 是最低位地址线，是双向的，在从设备方式中它们是输入端，用于指定 8257 中的一个寄存器。在主设备方式中它们是输出端，用来构成 8257 发出的 16 位主存地址的最低 4 位。

片选端 $\overline{CS}$ 是低电平有效的输入端。接收由 CPU 送来的 16 位地址中的高 12 位产生的片选信号。当 8257 是从设备方式时可使 CPU 送来的 $\overline{I/OR}$ 或 $\overline{I/OW}$ 命令有效，主设备方式时 $\overline{CS}$ 自动失效。

（4）控制逻辑。

READY　准备就绪信号。DMA 与主存交换数据时，当主存读写速度较慢，DMA 必须等待，直到主存读写操作完成，给出准备就绪信号，READY 高电位，才能执行其他操作。

HRQ　总线保持请求信号，是 DMA 控制器送给 CPU 的 DMA 请求信号，用来申请总线控制权。当计算机系统中仅用一片 8257 时 HRQ 可接到 CPU 的器件 HOLD 端。

HLDA　总线保持回答信号，当 CPU 响应 DMA 请求，让出总线控制权时，送给 8257 的回答信号，表示 8257 获得了总线控制权。

$\overline{MEMR}$　主存读信号，是低电平有效的三态输出线，用于从指定的主存单元读出数据。

$\overline{MEMW}$　主存写信号，是低电平有效的三态输出线，用来向指定的主存单元写入数据。

ADSTB　地址选通信号，该输出信号用于把通道主存地址高 8 位地址码通过数据总线送到 8257 外部的地址锁存器 8212 中保存。

AEN　地址允许线。允许 8212 保存的高 8 位地址输出，与 8257 输出的低 8 位地址共同构成 16 位的访存地址，同时使 CPU 送出地址总线的锁存器浮空。

TC 计数结束信号,当 TC 为高电平时,表示外设当前执行的是 DMA 最后一个交换周期,选中的通道在该周期结束时自动浮空。

(5) 控制方式寄存器(8 位)包括四个通道的 DMA 允许位及四种可选操作。CPU 通过程序对 DMA 内地址寄存器、字节计数器进行初始化之后,先用 RESET 信号清除控制方式寄存器,禁止任何通道操作,再对控制方式寄存器置位。

控制方式寄存器的格式如图 9-33 所示。

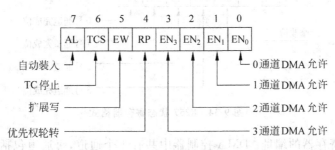

图 9-33　8257 控制方式寄存器格式

0~3 位分别表示 4 个通道的 DMA 允许位。

第 4 位为优先权轮转位,置"1"表示各通道的优先权循环轮转,每一个 DMA 周期结束后,各通道的优先权同时改变,刚得到服务的通道优先权变为最低,防止任何通道独占 DMA。

若优先权轮转位为 0,则各通道的优先权是固定不变的。通常按通道序号,0 通道优先权最高,3 通道优先权最低。

第 5 位为扩展写位,置"1"使 $\overline{MEMW}$ 和 $\overline{I/OW}$ 两个信号加宽,使它们提前发出,适应快速 I/O READY 回答信号较早到来的要求。

当 I/O 和存储器速度较慢时,设备送来"没有准备好"的信号(READY=0)、8257 在其内部时序中插入几个等待周期,等待 READY 信号到来,用这种方法使 DMA 适应各种速度的 I/O 和主存的要求。

第 6 位 TC 位,若 TC=1,则在字节计数器完成时,使该通道的 DMA 允许位=0,禁止该通道再申请 DMA。

第 7 位为自动装入位。自动装入方式时允许 2 号通道执行数据块重复操作,而不需要软件在两个数据块间进行干预,2 号通道寄存器为传送第一个数据进行初始化。3 号通道寄存器存放 2 号通道要传送的第 2 个数据块所需的参数(主存起始地址、字数等)。当 2 号通道执行完第一个数据块的 DMA 传送后,在修正周期中,把存放在 3 号通道寄存器中的参数自动装入 2 号通道寄存器,这样就可以利用一个单通道程序实现数据块重复操作。自动装位置位时,TC 位对第二通道没有影响。

第 0~3 位为 0~3 通道的 DMA 允许位,当第 0 位为 1 时,即允许 0 号通道申请 DMA 操作,当第 0 位为 0 时,不允许 0 号通道工作,同理可知其他 3 个通道的 DMA 允许位的作用。

(6) 状态寄存器(8 位),其中 0~3 位给出对应通道 DMA 操作进行情况,当第 0 位为

1时,表示0号通道字节计数器已计满,传送完成。其他3位作用是类似的,也可称之为通道完成位,这些位的状态一直保持到读状态寄存器,或对8257进行清除时为止。第4位为修改位,在自动装入方式中,8257每进入一次"修改"周期,都要把该位置位,在修改周期完成时,清除修改触发器。状态寄存器格式如图9-34所示。

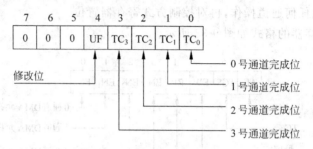

图9-34　8257状态寄存器格式

（7）8257寄存器的编址。DMA控制器中共有4个通道,每通道包括2个16位的寄存器:地址寄存器及字节计数器。4个通道共用一个控制/状态寄存器。16位寄存器的读写过程都是通过数据总线 $D_0 \sim D_7$ 进行的。因此16位数据要分成高字节传送和低字节传送,为了区分高低字节,专门设立一个前/后触发器(F/L)。当F/L=0时,表示低字节;当F/L=1时,表示高字节。其编址格式如图9-35所示。

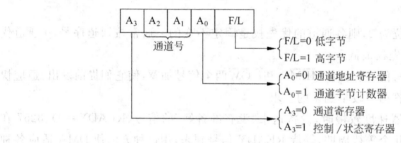

图9-35　8257寄存器编址

9.7　通用并行接口

9.7.1　分类

计算机传输数据时将一个字或一个字节的各位二进制数用多根数据线同时进行传送,称为并行通信。实现并行通信的接口,称为并行接口。

并行接口可分为输入接口和输出接口,也有既可作为输入接口又可作为输出接口的双向接口。并行接口也可分为硬连线接口和可编程序接口。硬连线接口的功能和工作方式是固定的,或者是只能通过改变硬连线的方法才能改变。可编程序接口的功能和工作方式可以通过程序设置加以改变,使用非常灵活。

硬连线接口分为如下三种：

1. 简单并行接口

简单并行接口有时也称为无条件传送接口，外部设备在数据交换前已准备就绪，不需要联络信号。如用于各种数字显示器中的输出接口等。

2. 条件传送接口

实际应用中，多数外设与 CPU 交换的数据是一组连续的数据，只有前一个数据发送或接收完成之后才能传送下一个数据。因此接口中必须使用联络信号，表明设备的工作状态，如设备已"准备好"，或是没有准备好。传送数据前，CPU 必须检测外设是否已经具备数据传送条件，若不具备，CPU 必须等待，直到外设做好传送数据的准备。

这种接口称为条件传送接口，或叫程序查询接口，其工作特点是通过通信联络的应答信号进行通信，属于异步通信性质。

3. 中断传送接口

设备使用中断方式与 CPU 交换数据，使 CPU 与设备同时工作，设备传输数据的条件准备好后才向 CPU 请求数据传送，大大提高了 CPU 的工作效率。中断传送接口的工作原理在 9.2 节和 9.4 节中已经作过介绍。

9.7.2 基本的并行接口电路

Intel 8212 是一个通用的 8 位 I/O 接口，作为外设与 CPU 间交换数据的并行接口使用，具有电路简单，使用方便的特点。

Intel 8212 具有 8 位数据的锁存功能和三态输出的缓冲功能，并能向 CPU 发出中断请求信号。Intel 8212 逻辑原理如图 9-36 所示。

Intel 8212 的工作原理如下：

数据锁存器由 8 位 D 型触发器构成，数据锁存信号由 WR 控制。

输出缓冲器由 8 个三态门组成，输出功能由信号 EN 控制，EN=1 时，数据寄存器中的 8 位数据并行输出；EN=0 时，三态门关闭，输出端呈高阻态。

MD 为工作方式选择：

MD=0，为输入方式，作为输入接口使用。当输入设备数据准备好时，送来 READY 信号，连接到 STB 端，产生写入寄存器命令 WR。将 8 位数据同时由数据输入端 $DI_0 \sim DI_7$ 写入 8 位寄存器中。此时 $DI_0 \sim DI_7$ 接在输入设备的数据线上。

同时选择本设备接口工作的片选信号 $\overline{DS_1}DS_2=1$，使三态门输出控制信号 EN=1，将 8 位数据寄存器的内容通过三态门并行送到 $DO_0 \sim DO_7$ 的数据输出线上，$DO_0 \sim DO_7$ 与 CPU 相连，实现数据的输入要求。

工作方式选择 MD=1 为输出方式。

Intel 8212 的数据输入端与 CPU 数据总线相连。输出端 $DO_0 \sim DO_7$ 与输出设备相连。

在选择本设备接口工作的片选信号和输出指令控制下 $\overline{DS_1}DS_2=1$，若工作方式选择 MD=1，产生打入 Intel 8212 数据寄存器的命令 WR，将 CPU 送来的数据寄存到 8 位数

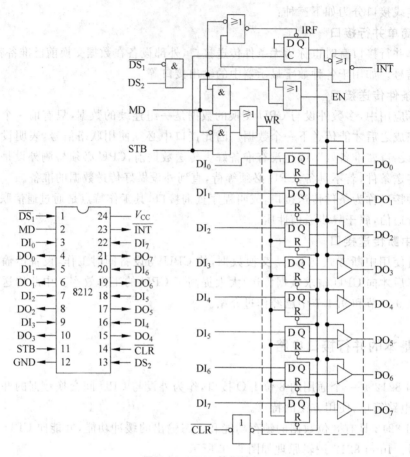

图 9-36 8212 并行接口

据寄存器中。

与此同时还产生三态的控制命令 EN=1,使数据寄存器的内容直接送到与 $DO_0 \sim DO_7$ 相连接的输出设备数据线上,完成输出工作。

Intel 8212 也可工作在中断方式下。

在输入数据时 MD=0,输入数据准备好,设备送来 READY 信号。连在选通端 STB 上,产生 WR 信号,把输入的数据锁存在数据寄存器中,另外 STB 信号将中断请求触发器 IR 置"0",其 Q 端输出低电平,向 CPU 发出中断请求信号 $\overline{INT}$,通知 CPU 取走数据。此时,因为片选信号 $\overline{DS_1}DS_2=1$ 产生的三态门使能信号 EN=1,寄存器的数据已经出现在 $DO_0 \sim DO_7$ 上,故 CPU 可随时取出数据。

产生中断请求信号 $\overline{INT}$ 的方法,还可以通过片选信号 $\overline{DS_1}DS_2=1$ 产生。

*9.7.3 可编程序并行接口

Intel 8255 是一个具有三个 8 位并行输入输出端口的芯片,可利用编程方法,分别指定某一个端口的输入输出工作方式。有三种输入输出工作方式分别称为方式 0、方式 1、方式 2,有三种数据传送方式,分别是无条件传送方式、查询传送方式和中断传送方式,可利用编程方法指定,使用非常灵活。

1. Intel 8255A 接口的组成

可编程并行接口 Intel 8255A 的内部结构如图 9-37 所示。

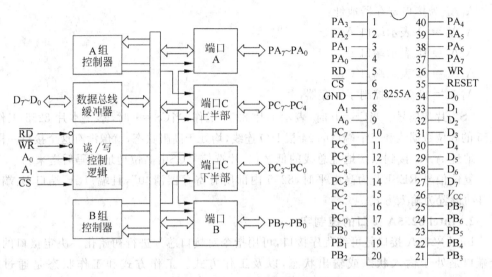

图 9-37 Intel 8255A 内部结构及引脚图

Intel 8255 接口内部分为四部分:数据总线缓冲寄存器、读写控制逻辑、A 组控制器和 B 组控制器,以及三个输入输出端口 A、B、C。

(1) 端口 A、B、C

Intel 8255 包括三个 8 位并行输入输出端口,分别用来与外部设备连接,实现外部设备与 CPU 间数据交换。端口 A 包括一个 8 位数据输入锁存器,一个 8 位数据输出锁存器/缓冲器,对应于逻辑图上的 $PA_0 \sim PA_7$,为双向并行接口。端口 B 包括一个 8 位数据输入缓冲器,一个 8 位数据输出锁存器,也是双向并行接口,但作为输入接口时,端口 B 没有数据锁存功能,对应的端口为 $PB_0 \sim PB_7$。端口 C 包括一个 8 位的数据输入缓冲器,一个 8 位数据输出锁存器/缓冲器。端口 C 还可分为两个四位端口使用,分别定义为输入端口和输出端口,还可以定义为控制状态端口,配合端口 A,端口 B 工作。对应的端口为 $PC_0 \sim PC_7$。

(2) A 组控制和 B 组控制

三个 8 位的端口可分为两组:端口 A 和端口 C 高 4 位($PC_7 \sim PC_4$)组成 A 组,由 A 组控制部件控制。端口 B 和端口 C 低 4 位($PC_3 \sim PC_0$)构成 B 组,由 B 组控制部件控制。两个控制部件中各自的控制单元分别接收来自 CPU 从数据总线送来的控制字,用来决定各端口的工作方式和工作状态。

(3) 数据总线缓冲器

数据总线缓冲器是 CPU 数据总线与 8255 内部总线之间的缓冲部件,是 8 位三态双向缓冲器,主机与 8255 的端口交换数据,传送控制字和状态信息都是通过数据总线缓冲器进行的。

(4) 读写控制逻辑和端口地址

读写控制逻辑用于控制数据传送方向：$\overline{RD}=0$ 表示输入，从端口读出数据送给 CPU；$\overline{WR}=0$ 表示输出，把 CPU 送来的数据送给端口的数据输出锁存器。

A_1A_0 为接口寄存器地址：

$A_1A_0=00$ 表示端口 A；

$A_1A_0=01$ 表示端口 B；

$A_1A_0=10$ 表示端口 C；

$A_1A_0=11$ 表示控制字寄存器。

$\overline{CS}$ 为片选信号。当 $\overline{CS}=0$ 时，表示本片 8255 工作；当 $\overline{CS}=1$ 时，禁止本片 8255 工作，8255 的 8 位数据线和三个端口的 24 根 I/O 连线，均处于高阻状态，就像没有这个接口一样。

地址 A_1A_0 接到系统地址总线的低 2 位，片选信号 $\overline{CS}$ 由高位地址译码后送来。

复位信号 RESET 为高电平时，8255 内部所有寄存器清"0"，且端口 A、端口 B、端口 C 自动设置为输入方式。

2. Intel 8255A 接口的控制字

Intel 8255A 接口是可编程序接口，可用指令对接口芯片进行初始化。决定接口的各个端口是处于输入状态或输出状态，以及工作方式。工作方式和工作状态是通过向 Intel 8255 控制口写入控制字决定的。

Intel 8255A 有两个控制字：工作方式控制字和端口 C 置位复位控制字。

(1) 工作方式控制字

工作方式控制字用来决定端口 A、端口 B、端口 C 的数据传送方向和工作方式，共有 8 位二进制数，其中最高位 $D_7=1$，表示该控制字是工作方式控制字。其他 7 位数据说明如下：

$D_6D_5D_4$ 三位决定端口 A 的三种工作方式：

$D_6D_5=00$ 表示端口 A 处于方式 0；

$D_6D_5=01$ 表示端口 A 处于方式 1；

$D_6D_5=1\times$ 表示端口 A 处于方式 2；

$D_4=0$ 表示端口 A 为输出端口；

$D_4=1$ 表示端口 A 为输入端口。

显然端口 A 有 6 种工作组合，如：$D_6D_5D_4=000$，表示端口 A 处于方式 0 的输出状态；$D_6D_5D_4=001$，表示端口 A 处于方式 0 的输入状态；依此类推。

D_2D_1 决定端口 B 的工作方式和工作状态：

$D_2=0$ 表示端口 B 处于方式 0；

$D_2=1$ 表示端口 B 处于方式 1；

$D_1=0$ 表示端口 B 为输出端口；

$D_1=1$ 表示端口 B 为输入端口。

显然端口 B 共有四种组合：

$D_2D_1=00$ 表示端口 B 在方式 0 的输出状态；

$D_2D_1=01$ 表示端口 B 在方式 0 的输入状态；

$D_2D_1=10$ 表示端口 B 在方式 1 的输出状态；

$D_2D_1=11$ 表示端口 B 在方式 1 的输入状态。

D_0D_3 决定端口 C 的工作状态：

$D_0=0$ 表示端口 C 下半部 $PC_3 \sim PC_0$ 处于输出状态；

$D_0=1$ 表示端口 C 下半部 $PC_3 \sim PC_0$ 处于输入状态；

$D_3=0$ 表示端口 C 上半部 $PC_4 \sim PC_7$ 处于输出状态；

$D_3=1$ 表示端口 C 上半部 $PC_4 \sim PC_7$ 处于输入状态。

(2) 端口 C 的置位/复位控制字

其特征是 $D_7=0$，用来实现对端口 C 中每 1 位置 1、置 0 的功能。$D_3D_2D_1$ 用来指定对端口 C 中的 8 位二进制数的哪一位置位复位，D_0 用来决定把指定置位/复位，$D_0=1$ 置位，$D_0=0$ 复位。

例如　　$D_3D_2D_1$　　　D_0

　　　　 0 0 0　　　　　 0　　　　　把 PC_0 置"0"

　　　　 0 0 0　　　　　 1　　　　　把 PC_0 置"1"

　　　　 0 0 1　　　　　 0　　　　　把 PC_1 置"0"

　　　　 0 0 1　　　　　 1　　　　　把 PC_1 置"1"

依此类推。

3. Intel 8255A 的 3 种工作方式

(1) 方式 0

方式 0 也称为基本输入输出工作方式，在这种方式下，端口 A 和端口 B 以及两个 4 位的端口 C 形成 4 个独立的端口，任何一个端口都可以作为输入口，也可以作为输出口，各端口间没有必然联系。显然 4 个端口可以有 16 种不同组合，适用于多种场合。

传送数据的方法，一般采用无条件传送方式或查询传送方式。

如果用端口 A 作为输入口，采集一组开关的状态，用端口 B 作为输出口，把开关状态通过指示灯显示出来。端口 A、端口 B 均可工作在方式 0，采用无条件传送方式。此时端口 C 不用，电路连接图如图 9-38 所示。

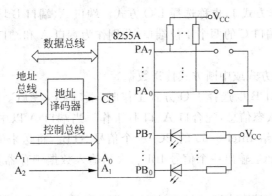

图 9-38　Intel 8255 方式 0，A 口开关输入，B 口输出给指示灯

如果用端口 A 作为输入口,并行读入 8 位数据;端口 B 作为输出口,并行输出 8 位数据给打印机打出读入的数据。端口 A、端口 B 都采用查询方法在方式 0 下工作。其连线如图 9-39 所示。

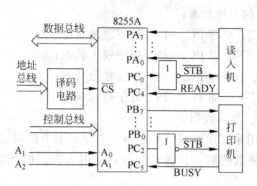

图 9-39　Intel 8255 方式 0,A 口开关输入,B 口输出给打印机

此时可使用端口 C 作为联络控制信号:端口 C 低 4 位 $PC_0 \sim PC_3$ 作为输出口使用,输出控制命令,控制外设工作;端口 C 高 4 位 $PC_4 \sim PC_7$ 作为输入口使用,读出设备状态信息。

配合端口 A 输入设备在查询方式工作,使用 PC_0 输出控制命令 STB 启动读入机工作。使用 PC_4 读入设备工作状态 READY,每启动一次设备,等待 READY=1 时取入一个 8 位数据。

配合端口 B 打印机在查询方式工作,使用 PC_2 输出控制命令 STB,启动打印机工作,使用 PC_5 测试打印工作是否完成,BUSY 表示打印机正在工作,不能再送新的数据。其工作过程:CPU 先通过 8255 端口 PC_5 查询打印机是否忙碌,BUSY=1,表示忙碌;BUSY=0 表示不忙,如果打印机不忙,通过端口 B 输出一个 8 位数据给打印机,通过 PC_2 启动打印工作。

端口 A、端口 B、端口 C 的工作方式和 I/O 工作状态是由工作方式控制字决定的,向外设发出启动设备等控制信号是由端口 C 的置位、复位控制字决定的。

(2) 方式 1

Intel 8255A 工作方式 1,也称选择 I/O 方式。端口 A、端口 B 均可作为输入端口,也可作为输出端口,但端口 C 的两个 4 位端口,分别作为端口 A 和端口 B 输出控制信号、输入状态信号使用。

一般用程序查询方式或中断方式传送数据。

例如端口 A、端口 B 以选择 I/O 方式工作时,端口 $PC_0 \sim PC_3$ 和 $PC_4 \sim PC_7$ 的每一位,分别表示控制和状态信息,配合口 A、口 B 工作。当端口 A 以中断方式输入数据,输入设备工作完成,送给 Intel 8255 的 PC_4 一个信号 STB_A,将送来的数据打入端口 A 输入锁存器;同时通过 PC_5 输出一个信号 IBF_A,表示输入数据锁存器数据满,数据准备好,通知 CPU 取走数据。

$INTR_A$ 是端口 A 请求中断信号,当输入数据送到端口 A 输入锁存器,并且该设备未被屏蔽时,Intel 8255 向 CPU 发输入中断请求信号 $INTR_A$。中断屏蔽位 INTE 触发器由

PC_6 置位/复位，Intel 8255 规定：INTE＝1 时允许中断，INTE＝0 时禁止中断。

例如：端口 B 作为并行输出端口，在方式 1 下工作，并采用中断方式传送数据。

当 CPU 把要输出的数据通过数据总线送到 Intel 8255 端口 B 输出锁存器时，使 $\overline{OBF}=0$，表示输出缓冲器满，通过 PC_1 通知输出设备取数据，同时启动设备工作。外设取走数据，发出回答信号 ACK＝0（即 PC_2 引脚），并且使 $\overline{OBF}=1$，表示输出缓冲器空，可作为 CPU 查询设备状态的输出信号。

INTR 中断请求信号，当 $\overline{OBF}=0$，输出缓冲器空，中断未屏蔽时，INTE＝1，向 CPU 发输出中断请求信号，请求 CPU 再送来一个数据。

(3) 方式 2

方式 2 支持双向工作，既可接收数据，又可发送数据。可采用程序查询方式或中断方式传送数据。只有端口 A 可工作于双向传送方式。此时端口中 $PC_3 \sim PC_7$ 有 5 位配合端口 A 提供双向传输控制。

当端口 A 输入数据时，设备通过 $\overline{STB_A}$ 输入数据到端口 A 输入锁存器，通过 IBF_A 表示输入缓冲器满，通知 CPU，表示输入数据准备好，通过 $INTR_A$ 向 CPU 请求中断取走数据。

当端口 A 又作为输出端口使用时，端口 A 输出缓冲器收到数据，向设备发 $\overline{OBF_A}$ 表示输出缓冲器满，通知设备取走数据。输出设备取走数据发出 $\overline{ACK_A}$ 表示输出缓冲器空，通过 $\overline{INTA}$ 向 CPU 发中断请求，再送来一个数据。

双向通信使用端口 A 传输数据，通信联络信号由端口 C 提供，端口 B 仍可独立地进行方式 0、方式 1 的数据传送工作。

9.8 串行通信与通用串行接口

串行通信主要用于远程通信和低速外部设备数据传输，例如显示器、电传打字机以及一些低速打印机与主机间数据的传送。

串行通信连线最少，特别是在距离较远、字长较长时，优点更为突出。缺点是速度慢，若并行传送一个字的时间是 T，一个字的字长是 M 位，则串行传送时间至少要 MT。

计算机内的数据字各位间是以并行方式存放的，计算机以串行方式和设备交换数据时，必须通过移位寄存器，把并行数据变成串行数据一位一位发送出去，或者把传输线上送来的串行数据通过移位寄存器转换成并行数据送给计算机。

数据在传输线上的传递速率是以每秒钟传送的二进制位数来度量。通常称为波特率 (Band Rate)。国际上规定了标准的波特率系列。常用的是 100 波特、300 波特、600 波特、1200 波特、1800 波特、2400 波特、4800 波特、9600 波特和 19 200 波特。

在进行串行通信时，根据传送的波特率确定发送时钟和接收时钟的频率。传送数据时传送一位的时间由发送端用发送时钟决定，接收时频率与发送时钟一致。两种时钟频率可以是位传输率的 1 倍、16 倍、32 倍或 64 倍。这个倍数称波特率因子。

9.8.1 串行通信方式

串行通信有两种方式：同步通信方式和异步通信方式。

1. 异步通信方式

计算机中串行传送数据,通常以一个字符为一帧,一帧由三个部分组成：起始位,表示一帧开始,一般为1位；数据位,为被传送的有用数据,可为一个字节,一个字或一个数据块；停止位,跟在最后一个数据位后面,表示一帧结束,一般为1位,1位半或2位。

串行传送的数据格式如图 9-40 所示。

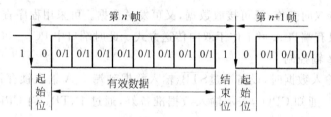

图 9-40 异步串行通信数据格式

图 9-40 中每帧 10 位,起始位为"0",其前沿下降边表示一帧传送开始。数据部分为 8 位,正好表示一个字节,结束位有 1 位,为"1"。有时数据位后结束位前还可加校验位。

两帧数据之间没有空闲位,结束位之后是另一帧数据的起始位。

如果两帧数据不是连续传送,则在前一帧数据结束位之后,下一帧数据起始位之前,插入若干个空闲位,空闲位为"1"。空闲位之后是起始位,表示新一帧数据开始。

例如,每一帧为 10 位二进制数,某设备数据传送速率为每秒 120 字节,其波特率为：$B=10\times120=1200$ 位/s＝1200 波特。波特率的倒数是传输一个二进制位所需的时间, $T_b=1/1200=0.833\text{ms/b}$。应当指出波特率与有效数据传送速率不同,有效传送速率 $B_f=8\times120=960\text{bps}$。

2. 同步通信方式

在异步传送中,每一帧都要用起始位、结束位做标志,占用了许多时间,为了提高有效传送速率,可去掉这些标志,把异步通信改为同步通信。同步传送以数据块为单位,开始时由同步字符做标志,以二字节的 CRC 校验码表示一块数据传送结束。同步通信速度较快,可达 56K 波特。但要求接收与发送时钟同步。计算机近距离通信,一般直接连线,如显示器与主机之连线。远距离通信常借用电话线,还需使用调制解调器。

*9.8.2 可编程序串行接口

Intel 8251 是广泛使用的可编程序串行接口,可以工作在同步方式也可工作在异步方式。可以串行发送数据,也可串行接收数据。

1. Intel 8251 内部结构及工作原理

8251 包括数据总线缓冲器、收发器、读写控制电路和调制解调器控制电路,其内部结构如图 9-41 所示。

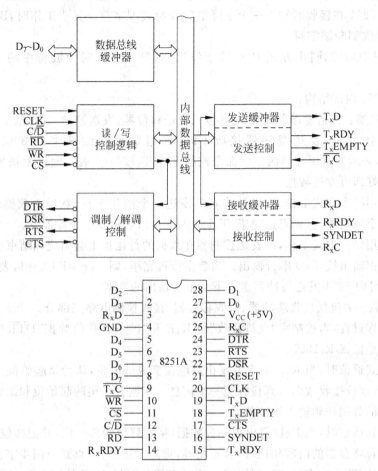

图 9-41 Intel 8251 内部结构及引脚图

Intel 8251 有关引脚及联络信号介绍如下：

T_XD：数据发送端，经 T_XD 输出串行数据送往外设。

T_XRDY：发送器准备好，$T_XRDY=1$ 表示发送缓冲器空，请 CPU 发送数据。$T_XRDY=0$，表示发送缓冲器满。

T_XEMPTY：发送移位寄存器空闲，$T_XEMPTY=0$ 表示发送移位器满；$T_XEMPTY=1$，发送移位器空，CPU 可向发送缓冲器送数据，若 CPU 来不及送来数据，则发送线上输出同步字符，以填充传送间隙。

$\overline{T_XC}$：发送时钟信号。

R_XD：数据接收端，接收外设送来的串行数据。

R_XRDY：接收缓冲器准备好，$R_XRDY=1$，表示接收缓冲器装满数据，通知 CPU 取数，$R_XRDY=0$ 表示接收缓冲器空。

SYNDET/BRKDET：双功能检测信号。同步工作时，SYNDET=1，表示 8251 检测到同步字符，接收控制电路开始接收数据。工作在内同步时 SYNDET 为输出信号，当

8251 检测到同步字符时，SYNDET 变为高电平；外同步为输入信号，当 SYNDET 送入一个正跳变时 8251 在接收时钟下一个下降沿时开始装配字符。异步工作时，BRKDET＝1 表示 $R_X D$ 接收到断缺字符。

$R_X C$：接收时钟，同步方式 $R_X C$ 等于波特率；异步方式时为波特率的 1 倍、16 倍、64 倍。

Intel 8251 内部结构：

(1) 发送器：包括发送器缓冲器(8 位)、发送移位器、发送控制三部分。

发送工作过程，发送缓冲器接收 CPU 经过数据总线送来的 8 位数据，并使 $T_X RDY＝0$，表示发送缓冲器满。当命令控制字中 $T_X EN＝1$ 表示允许发送器发送，若输出设备准备好即可发送数据。

如果采用同步方式工作，发送器将自动发送一个同步字符，然后由数据输出线 $T_X D$ 串行输出一个数据块，直到发送完毕，$T_X EMPTY＝1$，表示发送缓冲器空。

如果采用异步方式工作，由发送控制器在数据的首尾加上起始位和结束位，经过移位寄存器从数据输出线 TxD 串行输出。当数据传送完毕，则 $T_X EMPTY＝1$，表示发送缓冲器空，CPU 可向 8251 发送缓冲器送入下一个要输出的数据。

(2) 接收器：包括接收缓冲器、接收移位器、接收控制电路三部分。

接收工作过程，当控制字"允许接收"位 $R_X E$ 和"准备好接收数据"$\overline{DTR}$ 有效时，接收控制电路开始监视 $R_X D$ 线。

异步方式通信时，当 $R_X D$ 线上发现由高电位变成低电位，认为是起始位到来，在接收时钟控制下，逐位接收数据直到接收完一帧信息。在删去头尾的起始位和结束位，把已经转换为并行的数据送到输入缓冲器。

同步方式通信时，当 $R_X D$ 每出现一位数据，接收移位器移一位，并把移位寄存器的内容与同步字符寄存器的内容相比较，若不相等，重复上述过程，直到与同步字符相等，然后使同步 SYNDET＝1，表示已达到同步。这时在接收时钟 $R_X C$ 的同步下开始接收数据，$R_X D$ 上的数据送入移位寄存器，按规定的位数，将它组装成并行数据，送到接收缓冲器中。

当数据送到接收缓冲器后，Intel 8251 向 CPU 发出"接收准备就绪"$R_X RDY$ 信号，通知 CPU 取数。

(3) 数据总线缓冲器是一个双向三态 8 位数据缓冲器，是 Intel 8251 与 CPU 交换数据的缓冲器，把 Intel 8251 内部数据总线与 CPU 的数据总线低 8 位相连。其主要功能有：

① 接收来自 CPU 的数据及控制字，传送到输出缓冲器或控制字寄存器。
② 把数据输入缓冲器的内容传给 CPU 数据总线。
③ 从状态寄存器中读出状态字，检测 Intel 8251 的状态。

(4) 读写控制电路，用来接收 CPU 送来的各种控制信号，控制 Intel 8251 串口工作。

① RESET：Intel 8251 复位信号。当 RESET＝1 时，Intel 8251 各寄存器处于复位状态(清零)，收发线路处于空闲状态。
② $\overline{CS}$：片选信号，选择本 Intel 8251 接口工作。

第9章 输入输出系统与控制

③ C/$\overline{\text{D}}$：控制/数据信号。根据 C/$\overline{\text{D}}$ 信号鉴别数据总线上信息是控制字符还是数据。当 C/$\overline{\text{D}}$=1，数据总线上的信息是命令、状态等控制字；当 C/$\overline{\text{D}}$=0，数据总线上的信息是与 CPU 交换的数据。

④ $\overline{\text{RD}}$、$\overline{\text{WR}}$：读写控制命令。执行输入指令时 $\overline{\text{RD}}$ 有效，输入缓冲器中的数据由 Intel 8251 流向 CPU；执行输出指令时 $\overline{\text{WR}}$ 有效，CPU 总线上数据流向输出缓冲器。

(5) 调制解调器有关控制信号。

在近距离串行通信时，Intel 8251 提供了与外设的联络信号。在远距离通信时，Intel 8251 提供了与调制解调器的联络信号。

$\overline{\text{DTR}}$：数据终端 Intel 8251 准备好接收数据，输出信号低电平有效。表示 Intel 8251 作为接收方准备好接收数据，请求设备发送数据。可用程序方法设置控制字，执行指令使 $\overline{\text{DTR}}$ 线输出低电平。

$\overline{\text{DSR}}$：数据装置准备好，输入信息低电平有效。它是设备对 Intel 8251 $\overline{\text{DTR}}$ 的回答信号，表示发送方准备好发送数据。可通过指令读入状态字检测。

$\overline{\text{RTS}}$：发送方 Intel 8251 请求发送，Intel 8251 输出信息低电平有效。通过程序设置控制字，执行指令，使 $\overline{\text{RTS}}$ 为低电平。

$\overline{\text{CTS}}$：清除发送信号，输入信息低电平有效。它是外部设备对 Intel 8251 的 $\overline{\text{RTS}}$ 的回答信号。表示外设作为接收方做好准备接收数据。

发送方与接收方是相对的与数据传送方向而言的。当 $\overline{\text{DTR}}$、$\overline{\text{DSR}}$ 作为一对握手信号使用时。Intel 8251A 为接收方，外部设备为发送方。主动发出传送请求的是 Intel 8251，$\overline{\text{DTR}}$ 的信号含义是接收方准备好接收数据，通知发送方可以发送数据。发送方(外设)准备好要发送数据，回答信号是 $\overline{\text{DSR}}$。

当 $\overline{\text{RTS}}$ 与 $\overline{\text{CTS}}$ 作为一对握手信号使用时，Intel 8251 为发送方，外设为接收方。因为主动发出传送请求信号的是 Intel 8251，$\overline{\text{RTS}}$ 为 Intel 8251 请求向对方发送数据，外设发回答信号 $\overline{\text{CTS}}$，表示接收方做好准备接收数据。

2. Intel 8251A 控制字

为了决定 Intel 8251A 接口的工作方式、操作内容并反映其工作状态，必须对 Intel 8251A 的控制、命令、状态三种控制字进行初始化。

(1) 工作方式控制字

决定 Intel 8251 传送数据时采用同步方式还是异步方式。异步方式工作时，还要决定传送数据的位数，结束位的位数，传送速率等。同步方式工作时，还需要决定是内同步还是外同步，是一个同步字符，还是两个同步字符。

工作方式控制字各位定义如图 9-42 所示。

B_2B_1 除决定同步方式、异步方式外，还决定异步方式数据传送速率。例如 B_2B_1=11，表示异步方式传递，时钟频率是收/发波特率的 64 倍。

(2) 操作命令控制字

为了使 Intel 8251 接口处于发送数据或是接收数据状态，通知外设准备接收数据还是发送数据，是否允许接收，是否允许发送，都是通过 CPU 执行指令向 Intel 8251 发出操作命令控制字实现的，如图 9-43 所示。

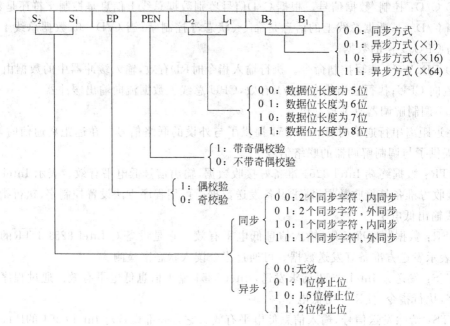

图 9-42 Intel 8251A 工作方式控制字

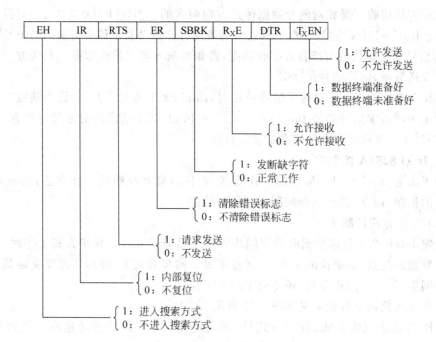

图 9-43 Intel 8251A 操作命令控制字

$T_XEN=1$，允许 T_XD 线向外设串行发送数据。

$R_XE=1$，允许 R_XD 线接收外设串行送来的数据。

RTS=1，表示 Intel 8251 作为发送数据方，准备好发送，使输出线 $\overline{RTS}$ 有效，也叫请

第 9 章 输入输出系统与控制

求发送信号。

DTR=1,表示 Intel 8251 作为接收方准备好接收,使输出线 $\overline{DTR}$ 有效,也叫请求接收信号。

SBRK:是发送断缺字符号。当 SBRK=1,$T_X D$ 线上一直发送 0 信号,输出连续的空号;当 SBRK=0,表示正常工作。

ER 位:清除出错标志,在状态字中有反映数据传送状况的错误标志,ER 为 1 可清除状态寄存器中出错指示位。

EH 位:跟踪方式位,若接收数据时采用同步方式,此时要监视 $R_X D$ 上同步字符何时到来,必须使 EH=1,使接收器进入搜索同步字符的状态。当接收到同步字符后,确定其后接收的数据数是真正有效的数据,然后再把接收到的一位位数据传送到移位寄存器。

IR:内部复位信息,IR=1,迫使 Intel 8251 复位,重新回到 Intel 8251A 初始化过程。

(3) 状态控制字

CPU 为了检测 Intel 8251A 传送数据所处的状态,可通过输入指令读取 Intel 8251 状态控制字。状态字存放在状态字寄存器,CPU 只能读取,不能写入。状态字各位含义如图 9-44 所示。

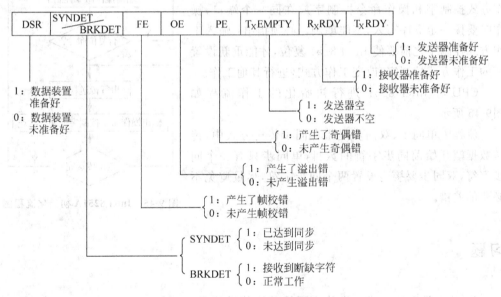

图 9-44 Intel 8251A 状态控制字

$T_X RDY$:发送器准备好标志,$T_X RDY=1$ 表示当前发送缓冲器空(CPU 可再送来新内容)。该状态与 Intel 8251A 输出引线 $T_X RDY$ 意义不同,Intel 8251A 输出引脚 $T_X RDY$ 表示发送缓冲器空,同时当控制字 $T_X EN=1$ 允许发送,并且外设准备好接收数据时(外设送来 $\overline{CTS}=0$,表示接收装备好),允许 CPU 送来新数据。

$R_X RDY$:接收器准备好的标志,表示接收缓冲器已装有数据,CPU 可取出数据。与 Intel 8251A 输出线 $R_X RDY$ 含义一致,$R_X RDY=1$,表示接收缓冲器满,可供 CPU 检测查询,也可以作为 Intel 8251A 的中断请求信号,请求 CPU 输入数据。

T_XEMPTY:表示发送移位寄存器空。T_XEMPTY＝1 表示发送移位器空,CPU 可向 Intel 8251A 发送缓冲器写入数据。在同步传送方式时,若 CPU 来不及送来新数据时,发送器向 T_XD 上插入同步字符,填充传送间隙。

　　FE　表示奇偶校验出错;
　　OE　表示溢出出错;
　　PE　表示帧校验错。
CPU 可检测出错误状况,采取措施。Intel 8251 的操作命令控制字可以清除这三个出错标志位。

DSR:数据装置准备好,是对 $\overline{DTR}$ 接收方请求发送的回答信号,表示发送方可以发送。

3. 控制字初始化

使用 Intel 8251A 串行接口传送数据前,必须对 Intel 8251 进行初始化,决定收发双方通信方式和操作过程。Intel 8251 三个控制字没有特征位区别,并且工作方式控制字和操作命令控制字放在同一个端口,操作时要按一定顺序写入,不能颠倒。必须指出:输入工作方式控制字之前要使 Intel 8251 复位,才能重新设置新的工作方式控制字,改变工作方式,进行其他工作。

CPU 对 Intel 8251 进行初始化的工作流程如图 9-45 所示。

流程中单同步、双同步是指在同步传送方式中,传送数据帧开始前同步字符的数目,单同步只有一个同步字符,双同步要接连设置两个同步字符,尽量避免不必要的差错。

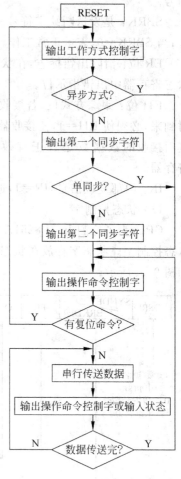

图 9-45　Intel 8251A 初始化流程图

习题

1. 什么是系统总线? 为什么要用总线传送信息? 说明总线的分类和特点。
2. 什么是同步总线? 有什么特点?
3. 什么是异步总线? 有什么特点?
4. 微机总线标准中需要规定什么内容? 为什么要采用标准总线?
5. 什么是 ISA 总线? 什么是 EISA 总线,各有什么优点?
6. 说明 PCI 总线工作的特点。
7. 说明 RS-232C 串行接口中四个应答信号的作用。

(1)RTS (2)CTS (3)DTR (4)DSR
8. 说明外设总线 SCSI 的特点和用途。
9. 什么叫接口？接口有什么功能？其基本组成包括哪些部件？
10. 什么叫中断？为什么要设置中断？
11. 主机在什么条件下响应中断？
12. 什么叫中断隐指令？中断周期是什么含义？中断周期完成什么工作？
13. 什么叫中断允许？什么叫中断屏蔽？为什么要设置中断允许和中断屏蔽？
14. 如何表示设备工作状态？完成状态和空闲状态如何表示？
15. CPU 与外设以程序查询方式传送数据的原理是什么？
16. 说明中断处理过程。
17. 为什么要设置存储器直接访问方式传送数据？说明 DMA 工作原理。
18. 说明串行中断排队电路的工作原理。
19. 什么叫中断优先级？什么叫中断嵌套？说明中断嵌套工作原理。
20. 说明基本并行接口的工作原理。
21. 说明通用可编程序并行接口 Intel 8255A 的工作特点。
22. 说明异步串行通信的特点及传送一个字符时的通信格式。
23. 说明通用可编程序串行接口 Intel 8251 的工作特点。
24. 说明同步串行通信的工作特点。

第 10 章 计算机发展展望

计算机是 20 世纪人类的伟大创造,70 年来计算技术在世界范围内以空前的速度发展的事实,雄辩地说明计算技术的重要性和生命力。应用是计算机技术发展的巨大动力,迫切的需求驱使人们花费巨大的人力、物力去发展新技术。人类进入信息时代,IT 技术成为未来社会的技术支柱,计算机技术也必将以更快的步伐进入一个新时代。

高性能计算机主要用于天文、气象、核工程、卫星导航、石油等科学技术应用领域。例如天气预报,如果要提高预报地域的精确度,当计算网格的密度提高 1 倍,计算量就会提高 16 倍。北京的天气预报原来是十几公里的网格,要精确到 1 公里,对计算量的需求是很大的。

又如矿产资源调查,实际上属于一种数据密集型的信息处理,仅华北地区的信息处理就可归结为一个 600 万结点的矩阵计算,没有高性能计算机是不能处理的。

未来计算机将满足人们不断提出的更高更新的要求。人们将建造速度更快的巨型机;建造四通八达的高速计算机网络,世界各地的软硬件计算机资源将为人类共享;建造功能超人的智能计算机,代替人们进行特定领域的智力活动;计算机要走进千家万户,帮助人们工作安排日常生活,为人类提供更加优越的生活环境。

10.1 计算机发展史上的重大事件

计算是人类的一种思维活动,计算工具随着生产的发展与科学技术的进步而更新。历史上我们的祖先做出过杰出的贡献,近代西方科学技术进步很快,对现代科学技术的产物——电子计算机的产生和发展做出了辉煌业绩。

1. 世界上第一台电子计算机

现代电子计算机的出现,公认是 1946 年 2 月 14 日美国宾夕法尼亚大学研制成功的 ENIAC,这是一台电子管计算机。时值第二次世界大战,为了提高火炮的命中率,需要精确计算炮弹飞行曲线。美国国防部把研制更加先进的计算工具这项任务交给了宾州大学摩尔电工学院。在毛屈莱(J. Mauchly)和埃克特(J. Ecket)的领导下,经过四年努力,研制成功一个庞然大物。ENIAC 共使用 18 000 千只电子管,耗电 150kW,占地 150m^2,总重 30 吨。ENIAC 采用 10 位十进制数表示被运算的数据,每秒可进行 5 000 次加法。比继电器式的机器速度提高 1000 倍。ENIAC 最大的不便是需要人们先在排题板上利用接线来安排计算步骤。

ENIAC 研制组的冯·诺依曼总结作过的工作,1945 年写成了"电子计算机逻辑结构初探"的报告,提出构造电子计算机的基本理论:计算机由五大部件组成,以运算器为中心;采用二进制数表示数据;提出存储程序的概念,程序由指令组成,指令用二进制数据表示,按计算步骤顺序存放在存储器中;存储器采用一维线性编址,计算机按地址访问每一个单元。冯·诺依曼的设计思想奠定了现代计算机结构的基础,称为冯·诺依曼结构。1946 年,他按照这一观念领导研制了 EDVAC 计算机,于 1951 年完成。

英国剑桥大学威尔克斯(M. Welkes)同时按照冯·诺依曼的概念设计的 EDSAC 计算机,1949 年投入运行。EDSAC 含有 3000 只电子管。

2. 世界上第一个大型的系列化计算机

计算机技术发展很快,应用领域不断扩展,不同厂家、不同型号的机器层出不穷,如何保证用户发展的需求以及已经使用的软件利益,这一矛盾摆在大家面前。1964 年 4 月 IBM 公司首先推出了系列化机器 IBM System 360,不同档次、不同字长、不同规模的计算机,只要有相同的指令系统,按照这种功能编的程序及软件,都可通用,即各档机器是软件兼容的。同一软件不加修改即可运行于相同指令系统的各档机器,获得相同的结果,差别只是运行时间不同。系列机较好地解决了软件要求运行环境稳定和硬件、器件技术迅速发展且新型机器不断涌现的矛盾,达到软件兼容的目的。

系列机不应限制机器性能和规模的发展,要能更好地适应不断扩大的应用领域需求,允许高档机器性能的扩充,但其前提是保证低档机器上的软件可在高档机器上运行,通常称为向下兼容。

不同厂家生产的具有相同指令系统的机器或具有相同系统结构的机器称为兼容机。它的思想与系列机的思想是一致的。IBM 360 系列机是最早最成功的系列机。IBM 360 先后推出 6 个系列,44 种机型都是向下兼容的。

3. 世界上第一片微处理器

集成电路的出现是现代技术的一场革命。世界上第一个把计算机的运算器控制器集成在一个半导体芯片上的公司是 Intel 公司。

Intel 公司是 1968 年成立,它的发起人是集成电路发明人诺依斯及摩尔等人。1969 年他们接受日本 Biscom 公司订货,研制 12 种计算器用集成电路。由于德特·霍夫创造性的工作,1971 年开发出第一台 4 位微处理器 Intel 4004。一片可代替多片,大大减少了计算器的体积,提高了速度,降低了造价,提高了可靠性。Intel 4004 每片集成 2300 个晶体管执行 46 种指令,采用 $10\mu m$ 工艺,研制经费 6 万美元。后来,Intel 公司看到这一新兴事物的发展前景,又花 6 万美元从 Biscom 公司买回了 Intel 4004 微处理器设计所有权。

Intel 公司是世界上最大的集成电路开发商,以后又开发出了 Pentium(奔腾)、Xeon(至强)、Core 2 Duo(酷睿)等系列 CPU 芯片。

4. 个人计算机新纪元

世界上生产最多的计算机是个人计算机,首推 IBM PC 及其兼容计算机。个人计算机能够推广普及的原因是其体积小、用处多、工作可靠、价格低廉、使用方便。大家买得起、用得起。其最根本的原因是微电子技术、超大规模集成电路技术飞速发展。根据摩尔定律，集成电路芯片上集成的晶体管的数目每 18～24 个月要翻一翻，价格要降低一半。至今 30 年来仍未打破。

Intel 公司 1978 年研制成功 16 位微处理器 Intel 8086，主频 5～10MHz，片上集成 29 000 个晶体管，地址 20 位，主存 1MB，性能指标完全可满足一般工作需要。为了降低成本，1979 年 Intel 又推出一个版本 Intel 8088，片内 16 位功能不变，只把外部数据线由 16 根变成 8 根，可以减少芯片面积，提高成品率，速度上略受影响，但价格可以降低。1980 年 IBM PC 的诞生开辟个人计算机的新时代，1981 年 IBM 正式决定使用 Intel 8088 作为个人计算机的 CPU，机器型号是 IBM PC/XT。为了满足科研工作需要，Intel 专门开发了一个浮点选件 Intel 8087，加快浮点指令运算速度。

IBM PC/XT，一炮打响，兼容厂家风起云涌，集成电路开发商也开发类似功能的电路，销售价格进一步降低。后来高性能 CPU 不断涌现 Intel 80386、80486、奔腾、至强、酷睿，一个系列上一个新台阶。采用最新技术如超标量、越线程、超级流水线、Cache、多核技术，把个人计算机、微型计算机推向新的高峰。

据统计 2007 年个人计算机年产 1.5 亿台，改变了 VLSI 的研发性质和方向。

5. 计算机网络

1967 年美国国防部出于国家安全原因设立国防高级研究计划局 DARPA，资助网络研究。

计算机网络把位于不同地方的多台独立计算机，通过软、硬件设备相互连接起来，实现资源共享和信息交换，由于程序和数据在网络中不同的计算机中拥有副本，因此某个副本损坏不会妨碍用户任务的完成，部分计算机的故障也不至于导致整个系统的瘫痪。所以计算机网络也提高了用户使用计算机的可靠性。1969 年美国西海岸加州大学、斯坦福大学等 4 所大学建成了小规模分组交换网 ARPANET。1972 年发展到具有 34 个接口的报文处理机网络，使用的计算机是 DEC 的 PDP-11 小型计算机。通信线路是无线、卫星及专用线。1983 年，又开发了用于网际互联的 TCP/IP 协议，使其变成连接不同网络的世界上最大的互联网 Internet。

计算机网络技术是计算机技术与通信技术相结合的产物，随着计算机技术与网络技术的进步，将进一步推动计算机网络的发展。计算机网络已广泛应用于国防、经济、卫生、教育、文化各个领域；在军事装备、航天飞行、制造技术、医疗卫生、交通邮电、商务金融及办公自动化各部门，随着社会信息化的发展，人们对计算机网络的要求越来越高，最终将改变人们的生活方式和工作方式。

6. 超大规模集成电路 VLSI 奔腾向前

超大规模集成电路是现代技术革命的重要推动者，促进计算机技术不断迈向新的高度，推动人类快速进入信息社会。

1993 年，Intel 公司推出 Pentium（奔腾）微处理器，每个片上集成 310 万个晶体管，连线采用 0.6μm 工艺，主频 60MHz。

2000 年又推出 Pentium Ⅳ 微处理器（有时叫 P4），片上集成度已达到 4200 万晶体管，主频 1.3GHz。

2001 年 Intel 公布至强系列微处理器 Intel Xeon，采用 130nm 工艺（0.13μm）和

NetBurst 结构，片上 cache 512KB。

2005 年推出双核至强，片上二组缓存 2MB×2，主频 2.3GHz，以后又推出 32 位、64 位 Xeon DP、MP，采用 RDRAM，片上 L_2 cache 2MB×2，L_3 cache 1MB～4MB。

2006 年 Intel 开始使用 Core 结构 CPU，中文译名"酷睿"。目的是提高频率、增加 cache 容量、增加 CPU 数目、降低功耗。

第一代酷睿是 conroe，目的是取代 P4，采用 core duo 结构，65nm 工艺，65W 功耗，L_2 cache 4MB×2，主频 2.4GHz，耗电降低 30%，根据中文发音，其名字戏称"扣肉"。

2006 年 6 月发布 dual core xeon 5100。双核，65nm 工艺，L_2 cache 4MB，片上集成 2.9 亿个晶体管，主频 3GHz，功耗 31W，又叫 wood crest。

2006 年 11 月 Intel 发布 core 2 duo Xeon 5300，采取把二枚 Xeon 5100 合并封装在一个硅片中，组成一个 4 核微处理器，L_2 cache 4MB×2，主频 2.4GHz，功耗 80W，内部代号 clover town。

2008 年 1 月公布 45nm4 核 CPU。×5482 片上包括 12MB cache，功耗 150W，主频 3.2GHz。

按照摩尔定律的预测，VLSI 技术将继续向前。

7. 世界上最快的计算机

2008 年 11 月，第 31 届世界超级计算机 TOP 500 强公布了评测结果。世界上最快的计算机是安装在美国能源部 Los Alamos 实验室 IBM 研制的"走鹃"计算机（Road Runner），运算速度每秒 1026 万亿次，采用 AMD opteron 4 核处理器 6948 个和 IBM cell 处理器 12 960 个（共 116 640 个处理单元）组成。排在第 2 位的是"美洲豹"，采用 AMD 的皓龙微处理器 4.5 万个，运算速度每秒 1000 万亿次。我国研制的曙光 5000A 排在第 10 位，运算速度是每秒 230 万亿次。也使用 AMD 的 Opteron 4 核微处理器 共 7680 个。

据统计在 TOP 500 强的前 10 名中有 7 台使用 AMD 公司的 Opteron 4 核处理器。在 TOP 500 强的前 50 名中，采用 AMD 公司的 Opteron 有 19 台；采用 Intel 公司至强（Intel Xeon）微处理器的有 10 台；采用 Intel 公司安腾（Itanium）有 4 台。

根据以上统计，在高端的微处理器中，AMD 公司略胜一筹。从下列产品发布中可见 AMD 的技术实力。

2003 年 4 月 AMD 首先发布 64 位 Opteron 皓龙微处理器，采用 90nm 工艺，片上二级 cache2MB。支持×86 结构。

2005 年 5 月，AMD 推出真双核皓龙处理器 Opteron 2000，主频 2GHz，片上一级 cache 64KB×2，二级 cache 2MB×2，耗电 95W。

2007 年 9 月，AMD 发布巴塞罗那真 4 核皓龙处理器，64nm 工艺，主频 2.3GHz，片上集成三级高速缓存，L_1 cache 64KB×2，L_2 cache 512MB×2，L_3 cache 2MB。

2008 年 12 月，AMD 最新发布了命名为"上海"的 4 核皓龙处理器，采用 45nm 工艺，片上集成 7.05 亿个晶体管，主频 2.7GHz。

在第 31 届超级计算机 TOP 500 强的计算机中，有 75% 采用 Intel 系列 CPU，在数量上 Intel 仍占较大优势。

在高速计算机及并行处理的领域内，高性能的微处理器无疑是最重要的因素，除此之外,算法、软件、应用及计算机的系统结构设计也都是非常重要的,需要进行综合设计。

近年来中国超级计算机崭露头角。2013—2015年连续6届世界超级计算机500强评测中,中国天河二号连获冠军称号。浮点运算速度达3.39亿亿次/秒。使用Intel公司XEON E5处理器芯片。

2016年6月20日,第47届世界超级计算机500强评测中,中国"神威·太湖之光"计算机遥遥领先,首夺冠军。浮点运算速度9.3亿亿次/秒,采用国产处理器芯片研制成功,更值得庆贺。

10.2 中国计算机事业发展中重大事件

1946年2月世界上第一台电子数字计算机ENIAC在美国宾夕法尼亚大学诞生,这是一个里程碑,但当时并未被人认识。IBM公司奠基人T.J.沃森曾经认为整个科学界有8~10台大型计算机就足够了,只有很少人会使用这种机器。1952年,美国总统选举使用计算机计票,并很快做出当选总统预报轰动世界。许多公司着手制造计算机,装机台数急剧增长。

在如此背景下,1952年,以夏培肃为首的计算机科研组在清华大学诞生。新中国刚刚成立,百废待兴,加上西方国家的封锁,举步维艰,因受朝鲜战争的影响,使中国领导人认识到科学技术的巨大作用,在周恩来总理的领导下制定了《1956—1967年科学技术发展远景规划》,把建立计算机技术列为紧急措施。1956年8月中国科学院成立计算技术研究所。同年3月教育部批准清华大学成立计算机专业并在全国招生。1956年8月30日人民日报头版发表消息,标题是"培养国家急需的高级科学技术人才",刊登了新华社8月29日的消息,报道说:"电子计算机专业今年将在清华大学一到四年级全面开设"。

1958年8月1日,在前苏联帮助下,我国第一台电子计算机103机在北京诞生。这台由中国科学院计算所负责研制的,北京有线电厂生产的计算机开创了中国计算机的先河。主机采用电子管,存储器采用磁鼓,平均每秒做50次运算。

1959年10月1日,平均每秒运算1万次,字长39位的大型通用数字计算机在中国科学院计算所面世。机器是仿照苏联科学院的БЭСМ计算机生产的,这台机器称为104机,采用铍镍合金作为记忆单元的介质。当时中国机器的技术水平低于美苏,与英日相当。

1959年清华大学开始设计研制911计算机。作为学校科研任务的三大高地,投入了巨大的人力、物力。经历了3年全国困难时期,1964年4月正式投入运行。该机在电力系统潮流分布、核物理学、光学镜头计算中发挥了很好的作用,911机有20个机柜,占地150m^2,平均运算速度每秒1万次,采用国产电子管和磁芯作为主要元件。

1964年后国内许多单位,在晶体管计算机方面做了很多工作。

如华北计算所1965年12月完成的108乙机,到80年代初共生产160台,在国民经济各部门、农业、气象、科研多个领域特别在飞机、舰艇、火箭、卫星等国防领域及战备方面发挥了重要作用。哈军工的441B机、科学院计算所的109机和清华大学的112机,也都在有关领域发挥了很大作用。

1973年后,我国在集成电路计算机方面做了许多工作,由清华大学开发的与NOVA兼容的130系列计算机前后研制了13种机型,成为当时国内小型机的主流。由华北计算所牵头开发的与PDP计算机兼容的180系列计算机共研制5个机型,与IBM 360机兼容的200系列计算机4个机型,当时在面对西方国家技术封锁的年代中发挥了很好的作用。

20世纪70年代后期,北京有线电厂与北京大学等单位研制的150机,华东计算所研制的655机先后投入运行,字长48位,运算速度每秒100万次,是当时国内计算机水平的代表。

20世纪80年代初期我国推行改革开放的路线,计算产业得到空前发展,国民经济信息化建设和在各行各业中推广计算机应用成绩斐然。

1985年由电子部六所、北京有线电厂、中国计算机服务公司共同开发的与IBM PC/XT机兼容的长城0520计算机,产量超过一万台,是中国微机产业化的重要标志。

1983年国防科技大学研制的银河机,速度达每秒1亿次计算。1992年的银河Ⅱ型速度达每秒10亿次,1997年银河Ⅲ型速度达每秒130亿次,填补了国内自主开发的巨型机的空白。

1999年9月具有世界水平的大规模并行计算机系统神威Ⅰ号研制成功,其最高运算速度达每秒3840亿次浮点运算,是我国在巨型计算机领域中取得的重要成果。2003年2月金怡镰院士因此获得国家科学技术贡献的最高荣誉。

联想集团是一家大型企业,1993年生产出我国第一台386电脑,1998年5月第100万台电脑走下生产线。2005年完成对IBM个人电脑事业部收购,成为全球个人电脑市场领先者。

2002年8月,国内第一台万亿次超级计算机——联想深腾1800诞生,2004年6月,科学院计算所与曙光开发的国内首台面向数据密集应用的11万亿次数据处理超级服务器——曙光4000A通过专家组验收。2008年曙光5000A名列世界计算机TOP 500强第10名,运算速度每秒230万亿次。高性能计算机迎来了自己的新天地。

2010年11月,中国国防科大研制的天河一号获得36届世界超级计算机TOP 500强的第一名,浮点运算速度达2570亿亿次/秒。2015年11月国防科大研制的天河二号连续六届获得世界超级计算机500强的冠军,使用美国Intel公司至强XEON E5处理器芯片,采用Cluster结构,浮点速度达3.39亿亿次/秒。为了扼制中国发展,2015年4月美国政府限制高档CPU芯片出口。

2016年6月20日,中国并行计算机中心研制的神威·太湖之光计算机获得47届世界超级计算机500强冠军,速度达9.3亿亿次/秒,遥遥领先,处理器采用中国自主芯片申威26010共40 960个,为国家争光争气。

在应用驱动的方针指导下,计算机在科学计算、工程设计、生产控制、国民经济信息化、电子商务、人工智能、航天军工等各方面应用中取得巨大发展,为我国计算机的发展带入明媚的春天。

*10.3 并行处理技术进展

高性能计算机是一个国家技术发展水平的重要标志,发达国家都投入了巨大的人力、物力。

计算机系统结构的重点在于发展各种并行处理技术。

指令级并行处理机如超标量处理机、超流水线处理机,都取得了巨大的进展。

多发射处理机,一个时钟周期内可以发出多条指令,同时执行多条指令,使指令速度成倍提高。

10.3.1 超标量处理机

超标量处理机(Supercalar Computer)一个时钟周期可同时完成多条指令。受到各国,各大计算机公司重视,已经研制的产品如 Intel 的 i860、i960、Pentium;Motorola 的 MC88110、IBM 的 Power6000;Sun 的 Super SPARC 等。典型的结构如 MC88110,它有 10 个功能操作部件,其中两个整数部件使用 32 个 32 位寄存器组完成 32 位整数运算,每一条整数运算指令采用 4 级功能流水线,其中包括取指令 IF,指令译码 ID,执行指令 EX 和写回结果 WR,每个时钟周期可以完成两条整数指令。

MC88110 的浮点部件使用 32 个 80 位的寄存器组完成字长 80 位的浮点运算,乘法部件、除法部件及浮点加法部件都采用 3 级流水,每个时钟周期可完成一条浮点加法指令和一条乘法指令。另外还有两个图形处理部件。上述的两个寄存器堆,每个都有 8 个端口,可以同时读出 8 个操作数,供各功能部件使用。在读数存数部件中有一个先进先出的先行读数栈和一个先进先出后行写数栈。MC88110 的逻辑结构图如图 10-1 所示。

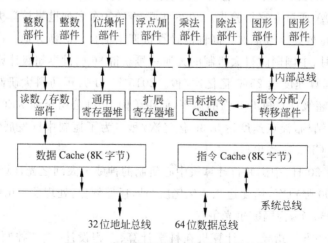

图 10-1 超标量处理机 MC88110 的结构

指令和数据分别存放在两个独立的高速 Cache 中,其容量都是 8KB,每个时钟周期可提供两个 64 位的指令和数据。另外为了减少转移指令对流水线的影响，又设置一个转移目标 Cache，遇到条件转移指令时，在指令 Cache 和目标 Cache 中分别存放两个程序分支上的指令，由指令分配/转移部件根据条件码决定把哪一分支上的指令送到操作部件。MC88110 是每个时钟周期同时发送两条指令的多发射处理机，其指令流水线结构图如图 10-2 所示。

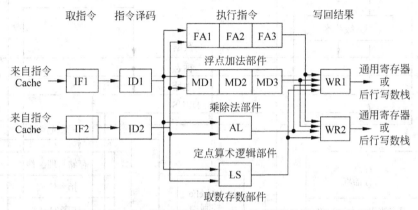

FA：浮点加减法运算，MD：乘除法运算，AL：定点算术逻辑运算，LS：取数存数部件

图 10-2　MC88110 多发射处理机的指令流水线

10.3.2　超流水线处理机

一般标量流水线处理机中，通常把指令执行过程分为取指、指令译码、执行和写回结果四级。如果把每级时钟周期再分成两个流水线周期，则一条指令执行时要经过 8 级流水线。这样在一个基本时钟周期就可取两条指令，对两条指令译码，执行两条指令的运算，写回两条指令的结果。这种每一个基本时钟周期能够分时发射多条指令的处理机称为超流水线处理机(Superpipeline Processor)。SGI 的 MIPS 系列处理器是属于超流水线处理机。现以典型的 MIPS R4000 为例说明超流水线基本原理如图 10-3 所示。R4000 有 2 个 8KB 的 Cache，分别存放指令和数据，其数据宽度都是 64 位。每个时钟周期可以访问两次 Cache，取出两条指令或读写 2 个数据。

整数部件是 R4000 的核心部件。负责取指令，对整数指令操作码进行译码以及进行 Load 与 Store 操作等，整数部件包括一个算术逻辑部件、32 个 32 位的双端口通用寄存器。乘除法部件能够执行 32 位乘法或除法，可以与 ALU 并行执行。

浮点部件包括三个独立的功能部件：浮点加法、浮点乘法、浮点除法，三个部件可以并行工作。浮点部件包括 16×84 位的通用寄存器组，它还可以设置成 32×32 位的浮点寄存器，如图 10-3 所示。

R4000 的指令流水线有 8 级，采用超流水线结构。取两条指令需要两次访问指令 Cache，跨越两个流水级 IF、IS，访问数据 Cache 取两个操作数也要跨越两个流水级 DF、DS。实际上每个时钟周期包含两个流水级。取出指令后即进入指令译码流水级 RF，同时从寄存器堆中取操作数。并且在指令执行流水线级 EX 末尾得到指令处理结果。

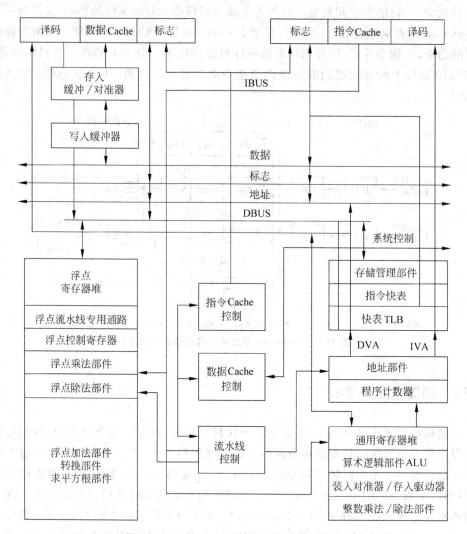

图 10-3 MIPS R4000 超流水线处理机结构

把运算结果写回时,需要考虑虚拟地址与物理地址的转换。存储管理部件 MMU 在 DF、DS 流水级按照访存地址中的页号访问 Cache,读出 Cache 对应页中的标志在标志检验流水级 TC 对 Cache 中标志与虚拟地址高位进行比较,如果比较相等说明命中,按照页内地址访问 Cache,在 WB 流水级把要写的数据送入写入缓冲器,由写入缓冲器把数据写入数据 Cache 中。对于不访问存储器的操作,在写回结果流水级 WB 时把指令结果写入通用寄存器堆中。MIPS R4000 指令流水线操作过程如图 10-4 所示。

在正常情况下,一条指令经过 8 个流水线周期。由于一个时钟周期包含两个流水线周期,因此执行一条指令经过 4 个时钟周期。

从流水线输入端看,每一个流水线周期启动一条指令。从流水线输出端看,每一个流水线周期执行完一条指令。当流水线充满时,每一个时钟周期执行完两条指令,因此 MIPS R4000 是一种典型的超流水线处理机。

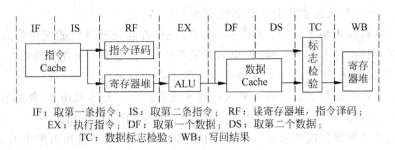

IF：取第一条指令； IS：取第二条指令； RF：读寄存器堆，指令译码；
EX：执行指令； DF：取第一个数据； DS：取第二个数据；
TC：数据标志检验； WB：写回结果

图 10-4 MIPS R4000 处理机的流水线操作

为了进一步提高处理机指令级的并行度，可以把超标量技术与超流水线技术结合在一起。称为超标量超流水线处理机，如 DEC 公司的 Alpha 21064，每个时钟周期可同时发射两条指令，处理机有三条指令流水线，每个流水线周期可以发射两条指令，数据总线 64 位宽度。

10.3.3 大规模并行处理系统 MPP

大规模并行处理 MPP(Massively Parallel Processing)指具有几百台或几千台处理机的大规模并行处理系统。

MPP 使用分布存储方式，使系统很容易扩充。但处理机访问非本地存储器较困难。可以采用虚拟共享存储器来解决，其基本思想是将物理上分散的各处理机的局部存储器在逻辑上统一编址，形成一个统一的虚拟地址空间，达到存储器的共享。

超级计算机一般采用多指令流多数据流 MIMD 结构或 SIMD 结构。MIMD 机器善于处理独立的转移，但同步和通信存在一些问题；SIMD 则与之相反。CM-5 系统把二者之优点结合在一起，设计成同步的 MIMD 结构，并同时支持两种并行计算方式。

CM-5 包含 32 到 16 384 个处理器结点。每个结点有一台 32MHz 的 SPARC 处理机，可以执行 64 位浮点和整数运算，存储器 32MB，其处理速度达 128Mflops。

CM-5 使用若干台 Sun 计算机作为控制处理机，通过数据网络提供处理结点间高速点对点的数据通信，通过控制网络提供协同操作和系统管理功能。CM-5 系统 16K 个结点的总峰值性能为 2Tflops。

2016 年获得世界超级计算机 500 强第一名的中国神威·太湖之光计算机也是采用 MPP 结构使用处理器 40960 个。

*10.4 智能计算机进展

制造像人一样的具有感知、推理、学习，甚至创造能力的机器是人类几千年来追求的梦想。人们正向着这一目标艰难地攀登。

计算机的出现，为人工智能领域的研究提供一种强大的工具，但并不能满足关于智能研究的愿望、还需努力探索适合人工智能研究的机器。

智能计算机技术很不成熟，当前主要从事识别、智能处理及智能应用等方面的工作。和人们期望的目标还有很大距离，但也取得某些成果，如专家系统在管理调度、辅助决策、故障诊断、图像识别、机器翻译方面也取得一些进展。

许多国家都将研制智能计算机列入高技术发展计划。日本经历 10 年的五代机计划，虽未实现预期目标，但在促进智能处理系统研究上发挥了积极推动作用。

函数型及逻辑型智能表示语言及推理机制的研究，数据库与知识库机的研究都对智能计算机发展起到积极的作用。

10.4.1 数据流计算机

与冯·诺依曼计算机的工作原理不同，它的指令不是在中央控制器控制下顺序执行的，而是在数据可用性控制下并行执行的，即当指令所需数据可用时，即可执行该指令，不受其他条件约束。

数据流计算机中没有变量的概念，不设置状态，指令之间直接传送数据，操作结果不改变机器状态，任何操作都是纯函数操作。因此，与函数语言有极密切的内在联系。有利于开发程序中各级的并行性，改善软件环境。

数据流计算机用数据权标（data token，原数据令牌）传送数据并激活指令，用有向图表示数据流程序。一条指令由一个操作符和若干个操作数以及后继指令地址组成，后继指令地址也可有若干个，作用是把本指令执行结果送往需要这个数据的地方。

例如计算 $x=(a+b)\times(a-c)$ 的结果，在数据流计算机中的计算过程如图 10-5 所示。

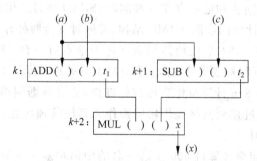

图 10-5　数据流中计算函数 $x=(a+b)\times(a-c)$ 的指令执行过程

图中"( )"表示数据令牌携带的操作数

数据流计算机有以下特点：

（1）异步性：只要本条指令所需数据权标都已到达，指令即可独立执行，不必关心其他指令执行情况。

（2）并行性：可同时并行执行多条指令，而且这种并行性是隐含的。

（3）函数性：计算过程中不使用其他共享的数据存储单元，数据流程序不会改变其他存储单元的内容。

(4) 局部性：数据流运算产生的操作数，不是作为"地址"变量，而是作为数据权标直接传送给需要的指令，运算结果不会产生全局性的影响，所以其运算结果具有局部性特点。

由于数据流运算具有异步性、并行性、函数性、局部性的特点，使得其适合分布环境，也可把数据流计算机看成是一种分布式多处理机系统。其在人工智能领域研究推理机制方面备受重视。

10.4.2 数据库机与知识库机

冯·诺依曼结构主要用来解决复杂的数值计算问题。随着计算机应用领域的扩大，非数值处理任务已经超过对数值计算任务的要求。如企业管理几乎都是符号处理和符号推理，生物、医学方面的应用，甚至某些物理、化学等基础理论的研究也多为推理问题。

用传统的计算机解决非数值计算任务速度慢、效率低。数据库(Data Base)和知识库(Knowledge Base)的出现和应用，以及数据库管理系统 DBMS 知识库管理系统 KBMS 能够满足多方面用户的需要，特别是数据库查询语言 SQL、知识查询语言 KQL 为不同用户提供一个有力的工具，但并未解决现代数据库管理系统的关键问题。

非数值处理任务的关键是知识存储和知识处理问题。人们希望研制新型的数据库计算机和知识库计算机来解决访问中的长时间等待，同时增加数据和知识处理的灵活性，把数据库和知识库的管理功能改由硬件来实现。

数据库机和知识库机实现数据和知识的采集、存储、查询、删除和修改等功能，并且有效地维护数据库和知识库的一致性和完整性。

数据库机和知识库机应该具备快速的查询能力；能够存储大量的数据和知识；采用模块化结构，便于扩充和利用 VLSI 技术，提供良好的用户接口，使数据库机能与各种前端机相连接，让更多的用户访问它们。

数据库和知识库计算机主要用于智能计算机系统及网络系统中，这些应用都是今后应该更加关注的系统。

10.5 分布式计算机系统与机群系统

计算机的发展在很大程度上决定于器件的发展与单计算机技术的发展，如 RISC、多发射计算机等。如何利用这些最新成果构造更加快速的计算机也是人们关注的焦点。

如何利用多个最快的计算机构成一个并行环境，解决大型复杂的计算问题，成为研制大型机的另一种途径。

10.5.1 分布式计算机系统

分布式计算机系统利用多台独立的计算机和高速的计算机网连接起来，在分布式操作系统的控制下,实现程序级的并行操作。对于用户来说,就像使用一台计算机一样使用分布式计算机系统,可以具有比单机更高的速度和处理能力。

分布式系统建立在 RISC 技术、计算机网络发展的基础上,在并行编程环境的支持下具有良好的发展前景。

分布式系统的特点:

（1）系统开发周期短,由于结点计算机和通信网络的成熟性、可靠性,使系统设计的重心放在分布式操作系统的开发上。

（2）系统对用户是透明的,任务调度、资源的使用、负载的平衡都是由操作系统自动完成的,对用户有良好的使用界面。

（3）系统扩展性好。为了提高性能可以适当扩充计算机的结点数,扩充起来很方便。

（4）价格低。由于单机产品、网络产品已经批量生产。组成系统的成本降低,不再支出开发单机及通信网络的费用。

分布式系统主要问题在于通信开销上,显然采用新型高速网络,提高网络带宽,设计新的通信协议,设法减少通信延迟。

10.5.2 计算机支持的协同工作

计算机支持的协同工作（Computer-Supported Cooperative Work）,简称 CSCW 是分布式系统中一种新型应用,正在吸引人们花费精力进行研究。

CSCW 对一个群体中许多人为了完成一个共同的任务,提供直接交互与协同工作的支持。其应用领域包括远程多媒体会议系统、协同编著系统、协同诊断系统等。

CSCW 要求各种技术的支持,包括高速的网络技术、多媒体技术、分布式数据库等,以及人与人关系的心理学、社会学的支持。

10.5.3 机群系统 （Cluster）

2002 年 11 月公布的第 20 次 TOP 500 计算机排行榜表明,世界上最快的计算机是日本的"地球模拟器"超级计算机,其速度为 35.86Tflops,NEC 研制的这种机器占地达 2 个网球场大小,使用的技术是来自美国 Cray 公司的向量处理技术,而使用的专用处理器造价非常昂贵。

使用通用的标准处理器及互连技术构造高性能计算系统已是全球性的趋势。从国际上 TOP 500 排行榜看出 SMP 和 Cluster 已经成为迅速增长的高性能机的实现方案。因此研制时不仅要使超级计算机速度更快,也要使构建系统的成本更低。在 TOP 10 的排名中有两台 PC Cluster,说明这种结构的机器性能提高较快。

2002 年 11 月公布的首届中国 TOP 50 高性能计算机排行榜中,排名最前的两台机器是联想和曙光的 Cluster 系统。

从全球来看 2002 年 11 月份公布的国际 TOP 500 中,基于高性能 PC 和快速互联网络的 Cluster 系统达到 93 台,而在同年 6 月份时才只有 43 台。

2015 年 11 月连续六届获得国际 500 强冠军的中国天河二号也是采用 Cluster 结构。不过 Cluster 潜在的问题也不少，如机器数目增多后，机器的效率难以提高，编程难度加大。

另外网格计算，也是基于高性能计算机和高性能互联网实现的高端计算技术，主要特征是资源共享、动态配置、协同工作，不存在集中控制。系统中使用标准、开放、通用的接口进行互连，可减少大量的研制工作量。网格计算将是未来高性能计算机重要发展方向之一。

10.6　计算机网络

计算机网络是指不同地方的多台独立的计算机通过软硬件设备互相连接起来，实现资源共享和信息交换的系统。

调查表明，80％的计算机都要求联网，Internet 的快速发展，把世界上的计算机连在一起，为单位、企业、个人间的通信提供一条快速的交往通道。网络在重要的部门如石油、民航、金融、铁路、海关的应用，取得很大进展，在电子政务、电子商务方面的应用也将逐步展开。网络在信息化社会中起着决定性的作用。

网络在应用的推动下，各种新型局域网将不断涌现，如 UNIX 系统下的局域网，基于 TCP/IP 的局域网等。光纤网具有损耗低、频带宽、数据传输率高、抗干扰能力强等特点，缺点是连接器和光端机费用较高。无线网也是便于移动的一种好方案，不需要安装线路，具有良好的发展前景。综合业务数字通信网 ISDN 已成为各国发展的重点。

大型高速的计算机通信网、智能网也是各国非常重视的。

网络安全已成为网络发展的关键问题。

电子商务、物联网、云计算都是基于计算机网络、分布计算的新型应用，近年得到很快发展。

10.7　多媒体计算机

多媒体技术使计算机具有综合处理和管理声音、文字、图形、图像的能力，使人们更容易得到生动的信息服务。多媒体计算机将进入家庭、商店、学校、旅游、娱乐、艺术等几乎所有的生活与生产领域。

多媒体技术的关键问题，包括数据压缩技术，如高压缩比的算法研究及高性能的数字信号处理器等。

分布式多媒体系统，把多媒体技术、计算机技术、网络技术结合起来，形成一个新的研究领域，如分布式多媒体协同工作系统。

参 考 文 献

[1] 金兰.计算机组成与结构.北京:高等教育出版社,1986.
[2] 王爱英等.计算机组成与结构.第 3 版.北京:清华大学出版社,2001.
[3] 金兰,金波.计算机组织:原理、分析与设计.北京:清华大学出版社,2006.
[4] 张效祥,等.计算机科学技术百科全书.北京:清华大学出版社,2005.
[5] 郑纬民,汤志忠.计算机系统结构.北京:清华大学出版社,1998.